15-16 Version

한국STATA학회
The Korean Association of STATA

3rd Edition

기초적 이해와 활용 STATA

민인식 | 최필선 공저

Introduction and Practical Applications

기초적 이해와 활용 *3rd Edition*

STATA

Introduction and Practical Applications

민인식 | **최필선** 공저

15-16
Version

MEDIA JIPHIL
(주)지필미디어

머리말

통계패키지는 일단 어느 하나에 익숙해지면 나중에 다른 것으로 바꾸기가 어렵다. 비용도 문제일 뿐 아니라 사용방법을 새로 익히기가 쉽지 않기 때문이다. 사실 어떤 통계패키지가 좋은지는 일률적으로 말할 수 없다. 편의성(convenience)은 우수한 반면 유연성(flexibility)이 떨어질 수도 있고, 반대로 유연성은 뛰어나지만 접근이 지나치게 어려울 수도 있다. 이 점에서 STATA는 현존하는 통계패키지 중 편의성과 유연성을 가장 잘 조화시킨 프로그램이라 할 수 있다. 메뉴 방식으로 쉽게 접근할 수 있으면서도 통계학의 전 분야에 걸쳐 활용이 가능할 만큼 유연성이 뛰어나기 때문이다. 기존의 통계프로그램이 버티고 있는 상황에서 지난 수년간 STATA가 보여준 성장세는 놀랄 만하다. 최근 국내에서도 사회과학은 물론 의학을 비롯한 자연과학 분야에서도 STATA 사용자들이 크게 증가하고 있다.

그러나 이와 같은 성장에도 불구하고 영문 STATA 매뉴얼의 경우에는 내용이 지나치게 방대하여 초보자로서는 접근할 엄두가 나지 않을 정도이다. 본서는 이런 현실을 고려하여 STATA에 대한 기본적인 소개, 데이터 관리, 그래프 작성 등 STATA를 처음 배우는 사용자들이 가장 기본적으로 알아야 할 내용에 초점을 맞추었다. STATA의 많은 기능을 모두 소개하기보다는 사용자들이 STATA의 기능을 보다 효과적으로 활용하기 위한 입문서의 역할을 추구했다. 특히 이번 증보판에서는 가장 최신의 STATA 버전 15/16를 기반으로 내용을 설명, 새롭게 변화된 내용을 책에 반영시키고자 하였다. 이 책에 사용된 모든 예제 데이터 파일(⊡ 표시)은 STATA학회 홈페이지(kastata.org/html/sub02-04.asp)에서 내려받아 독자들이 직접 실습할 수 있다.

본서가 출간되는데 물심양면으로 후원을 아끼지 않은 (주)지필미디어 김성남 사장님께 무한한 감사를 드린다. 책의 편집과 오탈자 검토에 최선을 다한 편집진에게도 감사드린다. 저자의 연구 활동을 항상 마음으로 후원해주는 소중한 가족들에게 이 책을 바친다.

2020년 12월

저 자

목 차

Chapter 01 STATA 시작하기 • 1

Chapter 02 로그파일과 데이터파일 • 24

Chapter 03 날짜 데이터 활용 • 35

Chapter 04 데이터파일 형식 전환 • 49

Chapter 05 데이터관리 기본 명령어 • 63

Chapter 06 데이터관리 고급 명령어 • 98

Chapter 07 기초 통계분석 • 142

Chapter 08 그래프 그리기 • 197

CHAPTER 01 | STATA 시작하기

1 STATA 소개

Stata는 1980년대 중반 미국의 StataCorp이 개발한 통계 소프트웨어 패키지이다. Stata라는 이름은 Statistics와 Data를 합쳐놓은 것이다. Stata는 학술적으로뿐만 아니라 업무용으로 이용되고 있으며, 경제학을 비롯하여 사회학, 정치학 등 사회과학 전반은 물론, 의학 분야 등 자연과학에서도 활발히 이용되고 있다. 전 세계적으로 사용되는 프로그램으로서 미국과 유럽지역에서는 다양한 유저 모임이 개최될 정도로 사용자층이 광범위하다. Stata는 SAS 및 SPSS보다 20여 년 늦게 등장했음에도 불구하고 이들 기존 프로그램의 부족한 부분을 채워가면서 이들을 점점 대체해가고 있다.

Stata의 다양한 장점을 제대로 활용하기 위해서는 Stata 사용법과 활용분야 등을 제대로 이해해야 할 것이다. 여기에서는 대표적인 장점만을 간단히 언급하고 지나가기로 한다. 그 구체적인 내용에 대해서는 이 책의 내용을 모두 소화한 후에 더욱 명확해질 것이다.

- Stata는 통계분석은 물론 데이터관리(data management)와 그래픽(graphics)에서도 탁월한 능력을 발휘한다.
- Stata는 광범위한 내용의 통계분석이 가능하여 매우 다양한 분야의 사용자들의 요구

에 부합한다.

- Stata는 인터넷과의 상호작용을 통해 다양한 부가적인 기능을 발휘한다.
- Stata는 가격과 유지비용이 타 통계프로그램에 비해 저렴하다.

TIP 1.1 ● Stata의 버전과 종류

Stata는 1984년 버전 1.0을 시작으로 2019년 여름에 버전 16이 출시되었다. 평균적으로 2년 내지 2년 6개월마다 업그레이드가 되고 있다. Stata는 세 가지 종류로 판매되고 있다. 즉 Stata MP, Stata SE, Stata IC이 그것이다. 이들은 데이터 처리능력과 속도에서 차이가 난다. 아래의 표 1.1은 버전 16를 기준으로 각 종류별 데이터 처리능력을 보여주고 있다. Stata MP(Multiprocessor)는 세 종류 중에서 처리 속도와 능력 면에서 다른 것들에 비해 월등히 앞선다. 그만큼 가격도 가장 비싸다. 예를 들어 한 번에 불러올 수 있는 변수가 최대 120,000개에 이르며, 따라서 많은 변수를 가진 빅데이터의 처리가 가능하다. 뿐만 아니라 최대 불러들일 수 있는 관측치 개수는 Stata 프로그램 상으로는 한계가 없으며, 사용자의 컴퓨터 메모리의 한계까지 가능하다 (최대 200억 개). 14버전 이전에는 문자(string) 변수의 경우에는 하나의 관측치가 최대 2045글자(한글의 경우에는 그 절반인 1022글자)까지 가능하다. 그러나 14버전 이후에서는 문자변수를 strL 타입으로 지정하면 거의 무한한 크기의 텍스트를 저장하는 것이 가능하다.

학부생들이 수업용으로 사용하는 Stata IC(Intercooled)는 한 번에 불러올 수 있는 변수의 수가 2,048개로 제한되어 있어 변수가 많은 데이터는 불러오지 못하는 경우가 생길 수 있다. 그러나 관측치는 거의 무한히 불러오는 것이 가능하다.

표 1.1 Stata의 종류별 데이터 처리능력(ver. 16 기준)

	Stata MP	Stata SE	Stata IC
처리속도	최상	상	중
최대 변수 개수	120,000개	32,767개	2,048개
최대 관측치 개수	RAM 허용범위 (최대 200억 개)	RAM 허용범위 (최대 21억 개)	RAM 허용범위 (최대 21억 개)
문자변수 관측치 최대 글자 수(영어)	2045 글자 (strL 타입인 경우 무한 크기)	2045 글자 (strL 타입인 경우 무한 크기)	2045 글자 (strL 타입인 경우 무한 크기)
최대 행렬 규모	11,000× 11,000	11,000× 11,000	800×800

2 STATA 켜기: 창(window)

Stata를 설치한 뒤 바탕화면에 있는 아이콘을 더블 클릭하여 시작하면 그림 1.1과 같은 레이아웃을 확인할 수 있다. 화면의 맨 위에는 좌에서 우로 각종 메뉴들이 있으며, 그 아래로 5개의 작업창을 볼 수 있다. 맨 왼쪽에 Review 창이 있으며, 그 옆으로 Command 창과 Results 창이 크게 자리 잡고 있고, 맨 오른쪽으로는 Variables 창과 Properties 창이 위 아래로 자리잡고 있다. Stata 예전 버전에 익숙한 연구자들은 흰 색의 Results 창을 검정색으로 바꾸고자 할 수 도 있다. Edit > Preferences > General Preferences에서 Color scheme을 Standard로 바꿔주면 된다.

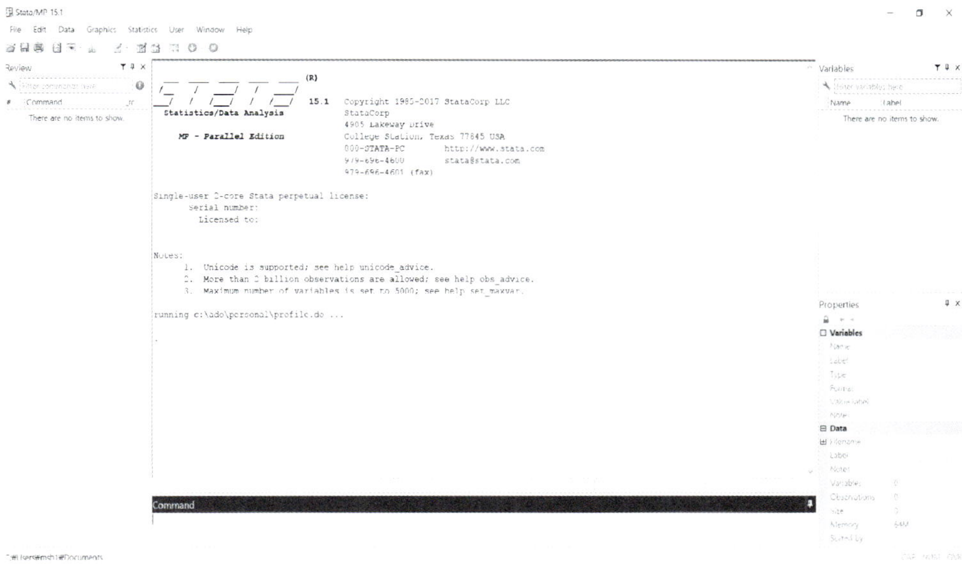

그림 1.1 Stata 기본 레이아웃

TIP 1.2 ● Stata 작업창 구성 저장

Stata 화면구성을 이것저것 바꿔보다가 마음에 들지 않아 다시 최초의 상태로 되돌리기 위해서는 메뉴에서 Edit 〉 Preferences 〉 Manage Preferences 〉 Load Preferences 〉 Combined layout를 선택하면 된다. 한편 사용자가 특별히 선호하는 화면구성이 있는 경우에는 이를 저장시켜 놓음으로써 나중에 실수로 화면의 구성이 바뀌었을 경우 사전에 저장시켜 놓은 화면구성을 불러올 수도 있다. 이를 위해서는 메뉴에서 Edit 〉 Preferences 〉 Save Preferences 〉 New Preferences Set을 선택하면 이름을 넣게 되어있다. 이를 통해 자신이 작성한 화면구성을 저장해 놓으면 나중에 화면구성이 바뀌더라도 Edit 〉 Preferences 〉 Load Preferences로 가서 메뉴판 맨 아래에 자신이 저장해 놓은 이름을 선택하면 화면구성을 복구할 수 있다.

Command 창

Command 창은 실행시키고자 하는 명령어(command)를 입력하는 창이다. 앞으로 이 책을 통해 다양한 명령어들과 그것들의 사용법을 배울 것이다. 우선은 Command 창의 역할을 이해하는 차원에서 간단한 실행을 해보기로 하자. 예를 들어 Command 창에 sysuse auto라고 입력해 보자. 여기에서 "sysuse"가 명령어이고 "auto"는 데이터파일의 이름이다. 앞으로 자주 나오겠지만 sysuse 명령어는 Stata 프로그램 시스템 내부에 들어있는 예제 데이터세트를 불러들이는 명령어이다(즉 system data를 use 하겠다는 명령어이다). 또한 auto라는 파일명은 auto.dta가 원래 이름이지만 확장자인 dta를 입력하지 않아도 데이터파일로 인식한다. 여기에서 보듯이 Stata 데이터파일의 확장자는 dta이다. Stata의 명령어들은 이처럼 명령어 다음에 한 칸 스페이스를 두고 파일명이나 변수명을 적는 형태가 일반적이다. 이 책에서 우리는 Command 창에 입력하는 명령문을 다음과 같은 식으로 표기하기로 한다.

```
. sysuse auto
```

위와 같이 Command 창에 입력해보자(맨 앞의 점은 빼고). 여기에서 한 가지 주의해야 할 것은 Command 창에서는 대문자와 소문자를 구별해야 한다는 점이다. 따라서 위의 명령문을 입력할 때 sysuse를 소문자로 해야 한다. 위와 같이 입력하고 엔터를 치면 작업창에 그림 1.2와 같은 변화가 나타난다.

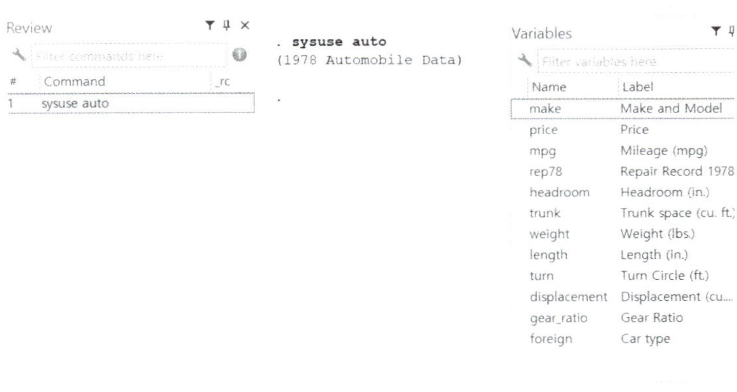

그림 1.2 Command 창에 sysuse auto 입력시 Stata 작업창의 변화

각 창의 기능에 대해서는 바로 설명이 이어지겠지만 여기에서는 위와 같은 명령문의 실행결과를 간단히 설명하고 넘어가기로 한다. 우선 맨 처음에 나와 있는 Review 창을 보면 Command 창에 입력한 sysuse auto가 그대로 나타난다. 이처럼 Review 창은 사용자가 행한 명령문들을 다시 한번 보여주고 보관하는 기능을 한다. 다음으로 Variables 창은 데이터파일(auto.dta)에 들어 있는 모든 변수들의 이름과 설명(즉 레이블)들을 보여준다. 예를 들어 make라는 변수는 레이블(Make and Model)에 나와 있는 대로 차량의 메이커와 모델을 의미한다. 마지막으로 Results 창은 그림 1.3에서 보는 것과 같이 된다. 즉 입력한 명령문인 sysuse auto를 검정색 글씨로 보여주고 바로 그 아래에 명령의 실행결과를 보여준다. 여기에서는 화면에 "(1978 Automobile Data)"를 보여줌으로써 데이터를 읽어 들였다는 것을 나타내고 있다.

이번에는 불러들인 데이터가 어떤 내용인지 눈으로 한번 살펴보자. 이를 위한 명령어는 다음과 같다.

```
. browse
```

Command 창에 위와 같이 입력하고 엔터를 치면 Stata의 화면이 그림 1.3과 같이 된다.

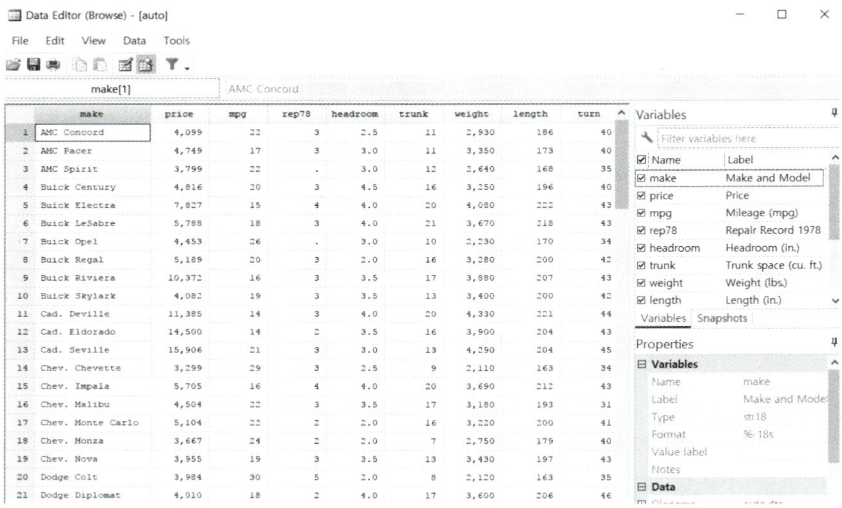

그림 1.3 **Command 창에 browse 입력시 Stata 화면의 변화**

즉 Data Browser라는 스프레드시트 형태의 또 다른 창이 나타나며 이를 통해 데이터 파일의 내용을 눈으로 확인할 수 있다. 이를 보면 74개의 차량 종류(make)에 대해 가격(price)이나 연비(mpg) 등이 기록되어 있다. 이들 모두가 앞에서 본대로 Variables 창에 나와 있는 변수들이다. 한편 Review 창을 보면 이전에 실행했던 sysuse auto에 이어 새롭게 입력한 명령어 browse가 기록되어 있음을 알 수 있다. 이처럼 Review 창은 수행한 모든 명령문들을 차례대로 기록하는 기능을 한다.

이처럼 Command 창에서 원하는 모든 작업의 명령문을 입력한다. Command 창에서는 오른쪽 클릭을 통해 일반적인 텍스트 작성 프로그램에서처럼 붙여넣기(paste)나 잘라내기(cut) 기능이 가능하고 폰트(font)도 변경 가능하다. 직접 명령문이나 변수이름을 입력하는 대신 키보드의 몇몇 키를 이용하여 보다 손쉽게 작업을 할 수 있다. 예를 들어 Command 창에 커서를 놓고 키보드에서 PgUp을 누르면 지금까지 입력했던 명령문들이 가장 최근에서 과거 순으로 차례로 하나씩 나타나는 것을 알 수 있다. 그 상태에서 PgDn을 누르면 과거에서 최근 순으로 하나씩 바뀌게 된다.

또 한 가지 기능을 소개하면 변수이름을 full name으로 입력하지 않은 상태에서 키보드에서 Tab을 누르면 변수이름이 자동으로 완성된다. 예를 들어 Command 창에 다음과 같이 입력해보자.

```
. su p
```

여기에서 su는 어떤 변수(들)의 요약 통계량(summary statistics)을 구하는 명령어이고, p는 Variables 창에 나와 있는 여러 변수 중 price의 맨 앞 글자이다. 즉 원래는 su price를 입력해야 하는데 타이핑을 끝까지 하지 않은 것이다. 이 상태에서 키보드에서 Tab을 누르면 다음과 같이 된다.

```
. su price
```

즉 price라는 변수의 첫 글자만으로도 이를 인식하고 자동으로 완성시켜 주는 것이다. 변수이름이 긴 경우에 사용하면 유용할 것이다. 사실 Stata는 변수이름을 완전히 입력하지 않은 상태에서도 명령이 실행될 수 있다. 즉 su p로 입력해도 su price로 인식하여 동일한 결과를 얻는다. 위의 명령문을 실행하면 다음과 같은 결과를 얻게 된다.

```
. su price

    Variable |       Obs        Mean    Std. Dev.       Min        Max
-------------+--------------------------------------------------------
       price |        74    6165.257    2949.496       3291      15906
```

위의 결과에서 알 수 있듯이 명령어 su는 해당 변수(들)에 대해(여기에서는 price 변수) 관측치(Obs), 평균(Mean), 표준편차(Std. Dev.), 최소값(Min), 최대값(Max) 등을 제공한다(추후 7.1절에서 자세히 설명).

Review 창

앞서 본대로 Review 창은 Command 창에서 입력한 명령문들이 모이는 장소이다. 자신이 입력했던 명령문들이 한곳에 모여 있기 때문에 명령문의 실행 이력을 한눈에 볼 수 있다. Review 창에 있는 명령문을 한 번 클릭하면 Command 창에 해당 명령문이 그대로 입력되는 편리한 기능이 갖춰져 있다. 또한 Review 창에 있는 명령문을 더블 클릭하면 그 명령문이 바로 실행이 된다. 따라서 이미 한 번 실행한 명령을 다시 행하고자 할 때 동일한 명령문을 다시 한 번 타이핑할 필요가 없다. 또한 명령어는 동일하고 파일명이나 변수명만 다를 경우에도 위 기능은 편리함을 제공한다.

Review 창에 모이는 명령문 중에서 문법에 맞지 않아 에러 메시지를 가진 명령문은 빨간색으로 나타난다. 이를 통해 실행된 명령문과 실행되지 못한 명령문을 구분할 수 있다. Review 창에 모여 있는 명령문들을 하나의 텍스트 파일로 저장할 수 있는 기능도 있다. 그 방법은 Review 창에 커서를 놓고 오른쪽 마우스 클릭을 하면 메뉴가 나온다. 이를 통해 원하는 방식을 선택해 나가면 된다. 버전 15의 경우 Save All과 Save Selected 메뉴가 있다. Save All의 경우 Review 창에 모여 있는 명령문들을 하나의 텍스트 파일 형태로 저장할 수 있다. 명령문을 텍스트 파일로 저장함으로써 Stata do 파일(추후 9장에서 자세히 설명)을 작성할 때 편리하게 사용할 수 있다. 한편 Save Selected의 경우에는 원하는 명령문들만 선택한 후에 저장할 수 있다. 이런 경우 빨간색으로 표시된 에러 명령문들은 제외하고 필요한 것들만 do 파일로 옮길 수 있다.

Variables 창

Variables 창은 데이터파일에 포함되어 있는 변수이름, 변수의 레이블, 데이터의 포맷 형태 등을 보여준다. 변수이름의 경우에는 반드시 영어, 숫자, 사용가능한 특수문자로 구성되어야 하며 한글을 사용할 수도 있다. 또한 변수이름 중간에 숫자가 들어가는 것은 괜찮지만 첫 글자를 숫자로 시작할 수는 없으며, 띄어쓰기도 허용되지 않는다. 변수이름은 32글자까지 가능하다(변수이름 작성 규칙은 5.4절 참조). 변수를 설명하는 레이블에는 영어뿐만 아니라 한글도 사용할 수 있다. Stata IC(Intercooled)의 경우 변수 레이블은 80글자(한글로만 작성하는 경우 40글자)까지 가능하다. 변수 레이블 작성에서는 띄어쓰기가 가능하다. 데이터의 포맷 형태에 대해서는 2.4절에서 자세히 설명하기로 한다. 한편 커서를 Variables 창으로 가져가 변수를 한 번 왼쪽 클릭하면 Command 창에 해당 변수이름이 그대로 입력되는 편리한 기능이 있다.

Results 창

Results 창은 Stata 명령문이 실행되어 결과가 제시되는 창이다. Results 화면의 내용은 텍스트 형태이므로 복사하여 다른 문서작성 프로그램(훈글 또는 MS-Word)으로 붙여넣기가 가능하다. 이를 위해서는 왼쪽 마우스 클릭을 한 상태에서 드래그하여 복사하고자 하는 부분을 블록으로 설정한 후 오른쪽 클릭을 하면 여러 메뉴가 나온다. 이중 Copy Text를 선택한 다음, 다른 문서작성 프로그램에 가서 붙여넣기를 할 수 있다. Copy Table의 경우에는 Results 창의 실행결과가 표 형태인 경우에 유용하게 활용할 수 있다. 즉 Copy Table을 선택한 후 문서작성 프로그램에서 붙여넣기를 하고 여기에 약간의 추가적인 손질을 가하면 표의 형태로 전환시킬 수 있다. MS-Word나 훈글에서 이런 식으로 표를 만드는 방법에 대해 아래 Tip 1.4에 설명이 나와 있다. 한편 복사하여 붙여넣기를 하고자 하는 부분의 양이 많은 경우에는 로그파일(log file)을 만들어서 사용하는 경우가 일반적이다. 로그 파일에 대해서는 2.1절에서 자세히 설명하기로 한다. Copy as Picture 메뉴를 이용하면 Result 창의 내용을 MS-Word나 훈글에 깔끔하게 옮길 수 있으나 그림파일로 저장되기 때문에 편집이 불가능하다는 한계가 있다.

TIP 1.3 ● Stata 실행결과를 붙여넣기 할 때의 폰트종류

Stata의 Results 창에 나온 실행결과를 훈글, MS-Word, 워드패드, 메모장 등 문서작성 프로그램에 붙여넣기를 하는 경우 폰트 종류를 한글 굴림체, 바탕체, 돋움체나 영어 SimSun으로 하면 줄맞춤이 가능하다.

TIP 1.4 ● Stata 실행결과를 표 형태로 옮기는 방법

Stata의 실행 결과를 문서작성 프로그램에 '표의 형태로' 옮기는 방법을 설명한다. 우선 MS-Word의 경우에는 다음의 절차를 따른다(출처: *The Stata Journal* (2004) 4, No. 2, p. 220).

1) Stata의 Result 창에 있는 실행 결과를 블록으로 지정한다.
2) 오른쪽 마우스를 클릭하여 Copy Table을 선택한다.
3) MS-Word 프로그램에 들어가 적절한 위치에 오른쪽 마우스를 클릭하여 붙여넣기를 실행한다.
4) 붙여넣은 표를 다시 블록 지정한다.
5) Word 상단의 메뉴에서 표 〉 변환 〉 텍스트를 표로를 선택한다.
6) 텍스트 구분 기호에서 탭을 선택한다. 이 단계에서 열의 숫자를 기본값이 아니라 자신이 적절하게 변경할 수도 있다.
7) 불필요한 행 또는 열을 합치거나 삭제함으로써 표를 정리해 준다.

훈글의 경우에는 다음의 절차를 따른다.

1) ~ 4)는 앞의 MS-Word의 경우와 같다.
5) 훈글 상단의 메뉴에서 표 〉 문자열을 표를 선택한다.
6) 분리 방법 지정에서 자동을 선택한다.
7) 불필요한 행 또는 열을 합치거나 삭제함으로써 표를 정리해 준다.

3 데이터파일 불러오기

Stata 데이터파일의 확장자는 dta이다. 데이터파일은 Stata 화면 상단의 메뉴 중 File > Open을 이용하여 원하는 디렉터리에서 필요한 파일을 불러들일 수 있다. 또한 File > Save를 통해 작성된 (혹은 수정된) 파일을 저장할 수 있다. *.dta 파일은 이미 만들어져 있을 수도 있고, 혹은 직접 데이터를 입력하여 새로운 데이터파일을 만드는 방법도 있다.

기존의 데이터파일을 불러오는 방법

Stata를 설치하면 예제 dta 파일들이 Stata 디렉터리에 저장되게 된다. 이러한 dta 파일을 불러오기 위해서는 File > Example Datasets을 선택한 후 Example datasets installed with Stata를 클릭하면 저장된 파일들의 목록이 나온다. 맨 처음에 있는 auto.dta에서 use를 클릭하면 auto.dta파일을 불러올 수 있다. 위 작업을 메뉴 방식이 아니라 명령문으로도 간단히 할 수 있는데, 시스템 상의 데이터를 사용하기 위한 명령문은 다음과 같다.

```
. sysuse auto.dta
```

앞에서도 보았지만 auto.dta 대신 .dta를 생략하고 sysuse auto로 입력해도 같은 결과를 얻는다. 여기에서 sysuse 명령어는 C:\Program Files (x86)\Stata16\ado\base\ 디렉토리 아래에 있는 dta 파일을 불러오는 작업을 한다. Stata 본사의 홈페이지인 www.stata.com 서버에 저장되어 dta파일도 간단한 명령문을 통해서 불러올 수 있다. 즉 File > Example Datasets을 선택한 후 Stata 16 manual datasets을 클릭하면 불러올 수 있는 파일들의 목록을 알 수 있다. 예를 들어 맨 처음에 있는 User's Guide [U]를 클릭하여 auto.dta의 use를 클릭하면 지정한 파일을 불러 올 수 있다. 이 경우 Results 창에는 다음과 같은 결과가 나타난다.

```
. use http://www.stata-press.com/data/r16/auto.dta
(1978 Automobile Data)
```

즉 Stata 웹사이트에 저장되어 있는 데이트를 불러들였다는 의미이다. Stata 웹사이트에 있는 데이터를 사용하기 위해서는 다음과 같은 간단한 명령문을 이용할 수도 있다.

```
. webuse auto
```

Stata를 설치하면 작업 디렉터리(working directory)를 지정할 수 있고 기본(default)으로 c:\Users\Documents가 작업 디렉터리가 된다. 만약 dta 파일이 작업 디렉터리에 있다면 use 명령어를 이용하여 바로 불러 올 수 있다.

현재 자신의 작업 디렉터리를 알고자 하는 경우에는 다음과 같이 명령하면 된다.

```
. cd
```

위는 pwd를 입력해도 동일한 결과를 얻는다. 한편 디렉터리를 다른 디렉터리(가령, c:\state)로 바꾸고자 할 때는 다음과 같이 한다.

```
. cd c:\stata
```

Stata 프로그램을 종료한 후에 다시 시작하면 작업 디렉터리가 원래로 돌아간다는 것에 주의해야 한다.

데이터를 직접 입력하는 방법

Stata에서 엑셀처럼 숫자(numeric) 또는 문자(string)를 직접 입력하여 데이터파일을 만드는 데는 2가지 방법이 있다. 즉 Data Editor 창을 이용하는 방법과 input 명령어를 이용하는 방법이다. 먼저 Data Editor 창을 이용하는 방법은 엑셀에서 데이터를 입력하는 것과 비슷한 방식으로 데이터를 입력한다. 이를 위해서는 (i) Stata 화면 상단의 메뉴에서 Data > Data editor를 실행하거나, (ii) 메뉴 바로 아래에 있는 도구상자에 있는 여러 아이콘 중 을 클릭하거나, 혹은 (iii) Command 창에 edit이라고 입력한다(세 가지 방법 모두 동일한 결과를 제공한다). 그런데 Data Editor 창을 열기 전에 한 가지 염두에 두어야 할 점은 Stata에서는 하나의 데이터파일만 로딩이 가능하다는 점이다. 다시 말하면 하나의 Stata 세션에서 여러 개의 데이터파일을 불러들일 수는 없다. 따라서 예를 들어 "auto.dta" 파일이 (sysuse auto라는 명령문에 의해) 로딩된 상황에서 Data Editor 창을 열면 auto.dta 파일의 스프레드시트가 나타나며, 이 데이터파일의 로딩을 제거하지 않는 이상, 백지 상태의 스프레드시트를 열 수 없다. 기존의 데이터파일 로딩을 제거하기 위한 명령어는 다음과 같다.

```
. clear
```

Command 창에 clear를 입력하고 엔터를 치면 로딩된 모든 데이터 정보들이 사라지게 된다. 이 상태에서 Data Editor 창을 열면 백지 상태의 스프레드시트가 나타난다.

Data Editor 창에서는 숫자 또는 문자를 입력할 수 있다. 숫자는 검정색으로 표시되고 문자는 빨간색으로 표시된다. 각 열(column)이 하나의 변수가 된다. 데이터 입력 시 주의해야 할 점은 특정 변수의 첫 번째 데이터값을 숫자로 시작하는 경우 이 열의 모든 값이 숫자변수로 인식된다는 것이다. 따라서 이 경우 중간에 문자를 입력하면 에러 메시지가 나온다. 마찬가지로 첫 번째 데이터 값을 문자(string)로 시작하는 경우에는 문자변수로 인식되며, 숫자를 입력하더라도 하나의 문자로 인식된다.

Data Editor 창을 이용한 데이터 입력 방법은 프로그래밍을 하는 경우에는 사용이 불가하다. 따라서 데이터 입력이 프로그래밍과 관련된 경우에는 input 명령어를 활용할 수 있다. 먼저 숫자변수의 경우를 예로 들면, 다음과 같은 식으로 input 명령어를 활용한다.

```
. input aa bb cc
. 1 2 3
. 4 5 6
```

```
. 7 8 9
. end
```

Command 창에 이 명령들을 각 라인별로 엔터를 쳐가면서 실행하면 Results 창에는 다음과 같은 결과가 나온다.

```
. input aa bb cc
            aa          bb          cc
  1. 1 2 3
  2. 4 5 6
  3. 7 8 9
  4. end
```

위의 명령문에서 보듯이 input 명령어 다음에 변수의 이름들을 aa bb cc 식으로 한 칸씩 띄어가면서 적는다. 그 다음 줄부터는 각 변수에 해당하는 값을 차례로 입력한다. 변수를 3개 지정했기 때문에 각 라인마다 값을 3개씩 입력해야 한다. 필요한 만큼 입력을 마친 후에는 반드시 end라고 입력해야 그 다음 작업을 수행할 수 있다.

이제 문자변수가 들어 있는 경우를 생각해보자. 예를 들어 각 지역별 소득을 보여주는 데이터세트를 만드는 경우를 생각해보자. Command 창에 다음과 같은 식으로 입력하면 된다.

```
. input str10 region rgdp
. 서울 1500
. 부산 1200
. 대구 1000
. end
```

첫 번째 줄에서 input 다음에 있는 str10 region은 두 단어가 하나의 묶음으로 작용하여 문자변수를 지정한다. 여기에서 후자인 region은 문자변수의 이름을 의미하고 전자인 str10은 문자변수의 저장형태(storage type; 2.3절에서 보다 자세히 설명)를 나타낸다. 여기에서 10의 의미는 알파벳 문자 기준으로 최대 10글자(한글을 입력하는 경우 5글자)까지 입력할 수 있다는 것이다. 문자 길이가 길면 이 숫자를 더 높이면 된다. 앞의 예를 약간 응용해보자. 예를 들어 각 연도별-지역별-소득을 보여주는 데이터세트는 다음과 같이 입력하면 된다.

```
. input year str10 region rgdp
. 1998 서울 1500
. 1998 부산 1200
. 1998 대구 1000
. end
```

이런 식으로 만든 데이터를 스프레드시트 형태로 보기 위해서는 (i) Stata 화면 상단의 메뉴에서 Data > Data browser (read-only editor)를 실행하거나, (ii) 메뉴 바로 아래에 있는 도구상자에 있는 아이콘 중 을 클릭하거나, 혹은 (iii) Command 창에 browse라고 입력한다.

4 STATA 관련 디렉터리

Stata 시스템 내부적으로 사용하는 디렉터리에 대해서 알아보자. 먼저 시스템 디렉터리를 확인하기 위해서는 Command 창에 sysdir을 입력하면 다음과 같은 결과를 얻는다.

```
. sysdir

   STATA:  C:\Program Files\Stata16\
 UPDATES:  C:\Program Files\Stata16\ado\updates\
    BASE:  C:\Program Files\Stata16\ado\base\
    SITE:  C:\Program Files\Stata16\ado\site\
    PLUS:  c:\ado\plus\
PERSONAL:  c:\ado\personal\
OLDPLACE:  c:\ado\
```

여기에 나온 디렉터리의 의미에 대해 정확히 알기 위해서는 Stata의 제반 기능에 대해 잘 알아야 한다. 현 단계에서는 대략적인 의미만을 짚고 넘어가기로 하자. 우선 UPDATES 디렉터리는 업데이트를 통해서 새로운 ado 파일이 자동으로 저장되는 디렉터리이다(ado 파일에 대해서는 나중에 프로그래밍을 다루는 9장에서 자세한 설명이 나온다). BASE 디렉터리는 Stata를 처음 설치할 때 기본적인 ado 파일이 저장되는 공간이다. PLUS와 PERSONAL 디렉터리는 Stata 사용자가 개인적으로 업데이트한 ado 파일이나 혹은 직접 작성한 ado 파일을 저장하는 공간이다.

5 명령어와 대화창

Stata에서 명령을 실행시키는 방법은 크게 2가지가 있다. 명령문을 입력하는 방법과 대화창(dialog box)을 이용하는 방법이다. 명령문을 입력하는 방법은 필요한 명령어들을 외운 후 Command 창에서 이들 명령어를 직접 작성하여 엔터를 쳐 실행하는 방법으로서 앞에서도 몇 가지 명령어들을 소개했다. 그러나 Stata는 기본적으로 매우 많은 종류의 명령어들을 내장하고 있을 뿐만 아니라 명령어의 문법(syntax)도 다양하기 때문에 이들을 모두 외워서 활용하는 것에는 한계가 있다. 이러한 한계는 특히 Stata를 처음 배운 사람들에게 큰 어려움으로 작용한다. 따라서 Stata의 명령어에 익숙하지 않은 사람들에게는 두 번째 방법인 대화창을 활용하는 것이 많은 도움이 될 것이다. 대화창을 이용하는 또 하나의 장점은 대화창을 통해서 Stata의 다양한 명령어들을 익혀 나갈 수 있다는 점이다. 이하에서는 이에 대해 설명하기로 한다.

만약 명령어는 알고 있지만 그 명령어의 문법을 제대로 모른다면 다음과 같은 식으로 도움을 얻을 수 있다. 예를 들어 명령어 summarize를 생각해보자. 앞의 1.2절에서 나왔지만 이는 su로도 쓸 수 있으며, 요약 통계량(summary statistics)을 구하는 명령어이다. 먼저 시스템에 탑재되어 있는 auto.dta 데이터세트를 불러들이고 db summarize라고 입력해보자. 즉 Command 창에 다음과 같이 입력한다.

```
. sysuse auto
. db summarize
```

명령어 db는 dialog box를 의미한다. 위의 명령어를 실행하면 그림 1.4와 같은 대화창이 나타난다. summarize의 정확한 문법을 몰라도 이 대화창을 이용하여 하나씩 클릭해가면서 명령을 실행시킬 수 있다. 즉 그림에서 보는 것처럼 요약 통계량을 구하고자 하는 변수(price, mpg)를 선택한 다음 OK를 누르면 해당 변수들에 대한 요약 통계량을 구할 수 있다.

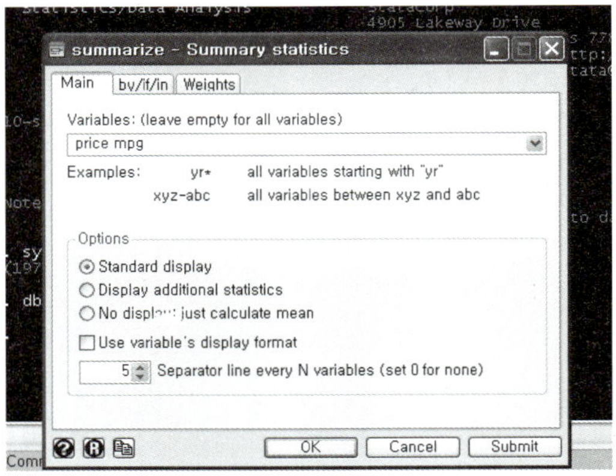

그림 1.4 db summarize 입력시 나타나는 대화창

그림 1.4와 같은 식으로 명령을 실행시키면 Results 화면에 기본적인 요약 통계량의 결과뿐만 아니라 해당 명령어의 문법(summarize price mpg)도 나타난다. 즉 다음과 같은 결과를 얻는다.

```
. summarize price mpg

    Variable |       Obs        Mean    Std. Dev.       Min        Max
-------------+--------------------------------------------------------
       price |        74    6165.257    2949.496       3291      15906
         mpg |        74     21.2973    5.785503         12         41
```

이처럼 대화창의 실행을 통해서 명령어의 활용방법을 습득할 수 있다. 더욱이 대화창에는 많은 옵션도 포함되어 있어 옵션 관련 문법(syntax)을 외우지 않고도 쉽게 사용할 수 있다. 또한 대화창을 활용하여 명령어들의 옵션에 대한 문법도 습득할 수 있다. 명령어의 옵션과 관련된 예를 들어보자. 그림 1.4의 대화창에서 Options라고 적힌 부분을 보면 세 가지 옵션이 나와 있는데 여기에서 Standard display 대신 Display additional statistics를 선택해보자. 그 결과는 다음과 같다.

```
. summarize price mpg, detail

                            Price
-------------------------------------------------------------
      Percentiles      Smallest
 1%        3291          3291
 5%        3748          3299
10%        3895          3667       Obs                  74
25%        4195          3748       Sum of Wgt.          74

50%      5006.5                     Mean           6165.257
                        Largest     Std. Dev.      2949.496
75%        6342         13466
90%       11385         13594       Variance        8699526
95%       13466         14500       Skewness       1.653434
99%       15906         15906       Kurtosis       4.819188

                        Mileage (mpg)
-------------------------------------------------------------
      Percentiles      Smallest
 1%          12            12
 5%          14            12
10%          14            14       Obs                  74
25%          18            14       Sum of Wgt.          74

50%          20                     Mean            21.2973
                        Largest     Std. Dev.      5.785503
75%          25            34
90%          29            35       Variance       33.47205
95%          34            35       Skewness       .9487176
99%          41            41       Kurtosis       3.975005
```

이 결과를 통해 우리는 무엇보다 명령어의 옵션 syntax를 알 수 있다. 위에서 보듯이 summarize price mpg 다음에 콤마를 하고 detail을 추가하는 것이다. 콤마를 찍고 옵션 이름을 적는 방식은 다른 명령어에서도 동일하다. 위와 같은 식으로 실행하면 평균, 표준편차와 같은 기본적인 통계량 외에도 보다 자세한 요약 통계량을 얻을 수 있다. 즉 백분위수(Percentiles), 중앙값(50백분위수), 분산(Variance), 왜도(Skewness), 첨도(Kurtosis) 등 다양한 통계량을 얻을 수 있다.

6 Help 메뉴 이용방법

Stata 명령어의 용법을 정확히 외워서 사용하면 편리하겠지만, 수많은 명령어의 syntax와 옵션들을 모두 외워서 사용하는 것은 거의 불가능한 일이다. 따라서 명령어의 용법을 모르거나 잊었을 때 쉽게 찾아볼 수 있는 기능을 알아둘 필요가 있다. help 명령어가 그것이다. 먼저 본인이 사용하고자 하는 명령어(예를 들어 summarize)의 활용법을 알고 싶다면 Command 창에 다음과 같이 입력한다.

```
. help summarize
```

이를 실행하면 그림 1.5와 같은 창이 나타나 summarize에 대한 각종 도움말을 제공한다.

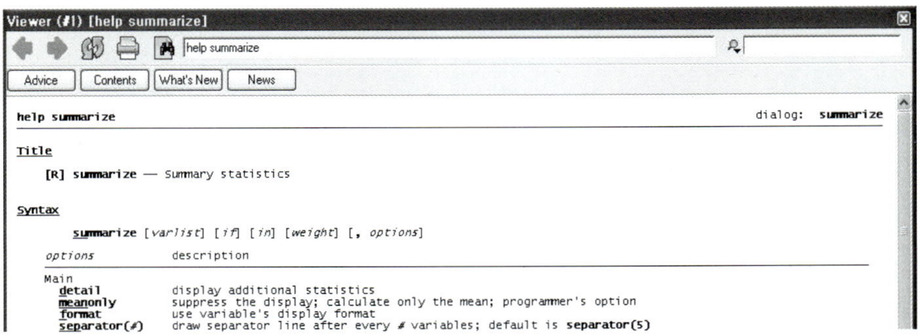

그림 1.5 help summarize 실행 시 나타나는 도움말 창

그림 1.5의 syntax 부분을 자세히 보면 summarize의 명령어 바로 다음에는 변수이름('varlist')이 와야 한다는 것을 알 수 있다. 또한 옵션에는 detail, meanonly, format, separator 등이 있다는 것도 알 수 있다. 한편 이 그림의 오른쪽 위 구석을 보면 Dialog라고 쓰여 있다. 여기에서 summarize 부분을 클릭하면 summarize 명령어에 대한 대화창이 실행된다. 물론 앞서 설명하였듯이 db summarize를 실행해도 동일한 결과를 얻는다.

TIP 1.5 ● Stata 명령어 줄임말

아래 나와 있는 그림은 그림 1.5에 있는 help 메뉴의 일부분을 옮겨놓은 것이다. 이를 보면 summarize의 처음 두 글자인 su에 밑줄이 그어져 있는 것을 알 수 있다.

```
Syntax

        summarize [varlist] [if] [in] [weight] [, options]

    options              description
    ---------------------------------------------------------------------------
    Main
      detail             display additional statistics
      meanonly           suppress the display; calculate only the mean; programmer's option
      format             use variable's display format
      separator(#)       draw separator line after every # variables; default is separator(5)
```

이는 명령어를 모두 다 입력할 필요 없이 밑줄 친 부분만 입력해도 충분하다는 의미이다. 옵션 이름에도 밑줄이 쳐져 있는 것을 볼 수 있는데, 이것 역시 마찬가지 의미이다. 예를 들어 다음과 같은 명령문은 모두 같은 결과를 보여준다.

```
. su price mpg
. sum price mpg
. summarize price mpg
```

즉 최소한 su만 입력하면 summarize가 실행되는 것이다. 따라서 긴 명령어라 해도 밑줄 친 부분만 정확히 기억해두면 된다. 그러나 어떤 명령어들은 축약형이 없고 전체를 모두 입력해야 되는 예도 있다.

7 작업환경 설정과 업데이트

Stata 프로그램의 메모리 등 각종 설정(setting) 상태를 알기 위해서는 Command 창에 set라고 입력하면 된다. 그림 1.6은 결과의 한 예를 보여준다. 이 그림의 내용을 보면 많은 설정들이 나와 있다. 이하에서는 이들 중 중요한 설정에 대해 설명하고, 또한 필요시 이들 설정을 바꾸는 방법에 대해 알아보자.

```
. set

-------------------------------------------------------------------------------
  Memory settings
    set maxvar          5000      2048-120000; max. vars allowed
    set matsize         5000      10-11000; max. # vars in models
    set niceness        5         0-10
    set min_memory      0         0-1600g
    set max_memory      .         32m-1600g or .
    set segmentsize     32m       1m-32g
-------------------------------------------------------------------------------
  Output settings
    set more            off
    set rmsg            off
    set dp              period    may be period or comma
    set linesize        129       characters
    set pagesize        33        lines
    -----------------------------------------------------------------------------
    set level           95        percent confidence intervals
    set clevel          95        percent credible intervals
    -----------------------------------------------------------------------------
```

그림 1.6 set 실행 시의 결과 화면

Output 설정

Output 설정은 실행 결과가 제시되는 방식에 관한 것이다. 우선 Output과 관련된 자신의 설정 상태를 알기 위해서는 Command 창에 query output이라고 입력하면 아래와 같은 결과가 나온다.

```
. query output
--------------------------------------------------------------------------------
   Output settings
     set more           off
     set rmsg           off
     set dp             period     may be period or comma
     set linesize       129        characters
     set pagesize       33         lines
     set logtype        smcl       may be smcl or text
```

위에서 보듯이 여러 가지 설정들이 나오는데, 우선 "set more"의 의미를 알아보자. 앞서 보았듯이 명령을 실행하면 그 결과가 Results 창에 나온다. 그런데 어떤 결과는 그 양이 많아 Results 창의 한 페이지로 부족한 경우가 있다. 이 절의 맨 앞부분에서 실행했던 set 명령어가 그 예이다. 이처럼 결과가 한 페이지로 부족한 경우 "set more"가

on으로 되어 있으면 한 페이지까지만 보여주고 나머지는 임의의 키나 엔터를 쳐야만 차례로 볼 수 있다. 반면 이것을 off로 설정하면 한 페이지 이상의 결과라도 마지막 부분까지 모두 출력된다. 이 경우 맨 위의 결과는 화면에 보이지 않고 scroll up해야만 볼 수 있을 것이다. 여기에서 on 설정을 off로 바꾸는 명령문은 다음과 같다.

```
. set more off
```

이와 같이 설정을 바꿔 놓고 예를 들어 set 명령을 실행하여 on과 off의 차이를 비교해보기 바란다. on과 off 중 어느 쪽으로 설정하는가는 사용자의 취향에 달려 있다. 작업에 따라 on과 off를 바꿔가며 설정하기를 권한다.

한편 "set rmsg"은 Stata 프로그램의 작동 시간과 관련된 것이다. 이것을 on으로 설정해 놓으면 어떤 명령을 실행했을 때 실행 결과를 얻는데 걸린 시간과 해당 작업이 완료된 시간을 보여준다. 이것을 on으로 바꾸어 주는 명령문은 다음과 같다.

```
. set rmsg on
```

이 상태에서 예컨대 sysuse auto를 실행하면 다음과 같은 결과를 얻는다.

```
. sysuse auto

(1978 Automobile Data)
r; t=0.11 23:16:33
```

여기에서 맨 아래 줄의 의미는 auto.dta를 불러들이는데 걸린 시간이 0.11초이고 이 작업이 완료된 시각이 23시 16분 33초라는 의미이다.

마지막으로 "set logtype"에 관해서는 2.1절에서 그 의미가 설명되며, 여기에서는 단지 설정을 바꾸는 방법만을 언급하기로 한다. 위 설정은 로그파일의 기본(default) 파일 타입이 *.smcl로 설정되어 있다는 것으로, 만약 이를 text 파일 타입으로 바꾸고자 한다면 set logtype text를 입력한다.

업데이트

앞에서 간단히 언급한 바 있지만 Stata의 장점 중의 하나는 인터넷과 상호작용을 손쉽게 할 수 있고, 인터넷 접속을 통해 프로그램을 업데이트할 수 있다는 점이다(관련 내용은 10장을 참고). 업데이트를 위해서는 Command 창에 아래와 같이 입력하며 된다.

```
. update all
```

이 명령을 실행하면 www.stata.com 웹사이트에 접속하여 update 파일들을 확인한 후 자동으로 설치한다. 이와 같은 업데이트를 주기적으로 실행하도록 설정해 놓을 수도 있다. 즉 프로그램 상단의 메뉴에서 Edit > Preference > General preferences를 선택한 후 Internet 탭에서 Enable automatic update checking에서 update 주기를 설정해 주면 된다.

8 Stata do file

```
sysuse auto
browse
su price

sysuse auto.dta
use http://www.stata-press.com/data/r16/auto.dta
webuse auto

cd
cd c:\stata
clear

input aa bb cc
1 2 3
4 5 6
7 8 9
end

clear
```

```
input str10 region rgdp
서울 1500
부산 1200
대구 1000
end

clear
input year str10 region rgdp
1998 서울 1500
1998 부산 1200
1998 대구 1000
end

sysdir
sysuse auto
db summarize

summarize price mpg
summarize price mpg, detail

help summarize
su price mpg
sum price mpg
summarize price mpg

query output
set more off
set rmsg on
sysuse auto

update all
```

CHAPTER 02 | 로그파일과 데이터파일

1 로그파일의 종류와 작성

Stata의 Results 창은 실행한 명령문과 그 결과가 나오는 화면이다. Stata 사용 시 실행 결과를 흔글이나 MS-Word로 옮기기 위해 Results 화면의 원하는 부분을 블록으로 설정하여 복사 및 붙여넣기를 하는 경우가 많다. 그러나 Result 화면이 보관할 수 있는 내용의 용량이 32,000 Bytes(즉 32KB)로 그리 많지 않다. 따라서 실행 결과물이 많은 경우에는 원하는 결과들이 Results 화면에서 사라져 없어질 수 있다. 이러한 문제점을 해결하고, 또한 복사 및 붙여넣기의 번거로움을 피하기 위한 것이 로그파일(log file)이다. 로그파일은 Results 창에 나오는 모든 명령문과 output을 텍스트 파일형태로 저장한 것이다. 따라서 Stata로 작업을 시작하기 전에 로그파일 이름을 지정할 경우, 나중에 저장된 로그파일을 이용하여 자신이 실행했던 모든 결과물을 열람 혹은 편집할 수 있다.

Stata에서 로그파일을 지정하는 방법은 메뉴 방식과 명령어 방식 2가지가 있다. 먼저 메뉴를 이용하는 방법은 File > Log > Begin을 선택한다. 그러면 그림 2.1과 같은 대화창이 나온다.

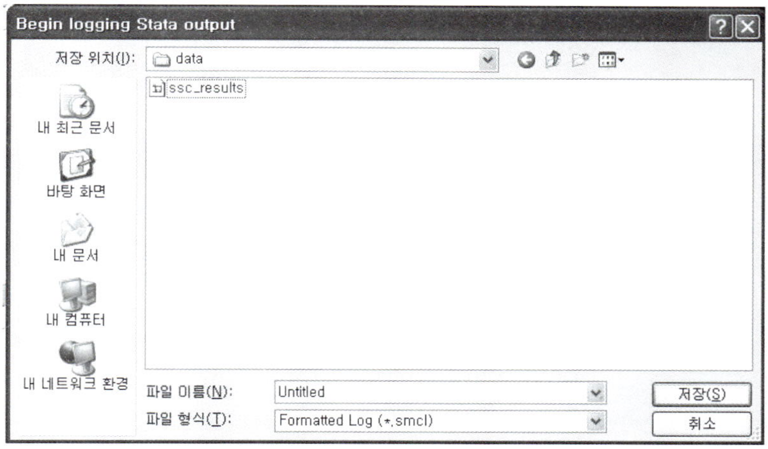

그림 2.1 Stata에서 로그파일 지정

여기에서 적절한 디렉터리 경로와 파일이름을 정하고 파일형식을 지정해 주어야 한다. 파일형식에는 2가지가 있다. 우선 *.smcl 형식이다. 이는 포맷된 로그파일 형식으로서 이렇게 저장된 로그파일은 Results 화면과 동일한 형태이다. 따라서 한눈에 보기에 용이하며 프린트를 하는 경우 Stata 화면처럼 깔끔하게 나온다는 장점이 있다. 그러나 smcl 파일은 Stata에서만 불러올 수 있고 흔글이나 MS-Word에서 불러올 수 없는 단점이 있다. 따라서 로그파일을 나중에 문서작성 프로그램에서 편집하고자 하는 경우에는 그리 유용하지 않은 파일형식이다.

TIP 2.1 ● 저장된 smcl 파일을 불러오는 방법

저장된 *.smcl 파일을 불러오는 방법은 다음과 같다. Stata가 실행된 상태에서 File 〉 Log 〉 View를 선택한 후, 저장한 smcl 파일을 선택하면 된다. Stata가 실행되지 않은 상태에서 저장된 smcl 파일을 더블클릭할 경우에는 Stata가 자동으로 실행되며, 여기에서 앞서 언급한 대로 File 〉 Log 〉 View로 접근하면 된다.

로그파일의 또 다른 형태는 *.log이다. 이는 일반적인 텍스트 파일이라고 생각하면 된다. 따라서 log 파일 형식으로 저장하면 흔글이나 MS-Word에서 불러들일 수 있으며 편집할 수 있다. 그러나 log 파일을 이들 프로그램에서 여는 경우 Stata의 Results 화면과 달리 줄이 안 맞거나 폰트가 많이 달라진다. 따라서 사용자가 적절히 폰트 종류와 폰트 크기를 정해줄 필요가 있다.

TIP 2.2 ● 저장된 log 파일을 불러오는 방법

저장된 *.log 파일을 불러오는 방법은 다음과 같다. Stata가 실행된 상태에서 File 〉 Log 〉 View를 선택한 후, 저장한 *.log 파일을 선택하면 된다. 이때에는 smcl 파일과 마찬가지로 깔끔하게 정리된 화면을 볼 수 있고 이를 프린트 할 수 있지만 이 화면에서는 편집이 불가능하다. 편집을 하기 위해서는 ᄒᆞᆫ글이나 MS-Word에서 불러오기(혹은 열기)를 통해 이들 문서작성 프로그램으로 불러와야 한다.

로그파일을 지정하고 시작하는 것을 대화창이 아니라 명령어로 할 수도 있다. 다음과 같은 명령문을 Command 창에 입력하면 된다.

```
. log using 로그1.smcl
```

위에서 보는 것처럼 처음에 log using이라 적고 이어 따옴표를 한 다음 그 안에 저장하고자 하는 디렉터리와 로그파일 이름(예: 로그1)을 써준다. 한편 로그파일 실행을 마치고자 한다면 메뉴방식으로 File > Log > Close로 접근하거나, 혹은 다음과 같은 명령문을 입력하면 된다.

```
. log close
```

Stata에서는 단 한 개의 로그파일만을 실행시킬 수 있으며, 2개의 로그파일을 동시에 열고 사용할 수는 없다. 따라서 새로운 로그파일을 열기 위해서는 반드시 기존의 로그파일을 종료하여야 한다.

기존에 만들었던 로그파일을 나중에 계속 이어 사용할 수도 있다. 이를 위해서는 로그파일을 지정할 때 기존의 로그파일 이름을 지정하면 된다. 이 경우 그림 2.2에서 보는 것과 같은 대화창이 나타나는데, 3가지 옵션 중 하나를 선택할 수 있다.

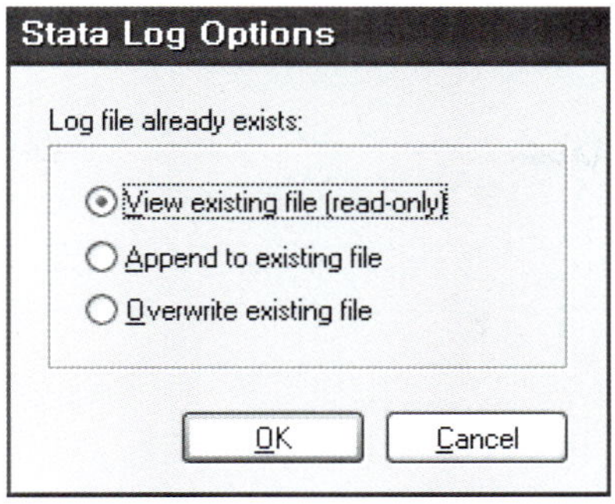

그림 2.2 기존의 로그파일을 다시 지정하는 경우 3가지 옵션

이들 가운데 기존의 로그파일에 계속 이어서 Stata 결과를 저장하고자 한다면 두 번째 옵션인 Append to existing file을 선택한다. Overwrite existing file을 선택하면 기존 로그파일 내용이 지워지고 그 위에 새로 기록하기 때문에 주의해야 한다. 기존의 로그파일에 덧붙여서 저장하는 것을 다음과 같은 명령문을 이용하여 실행할 수도 있다.

```
. log using 로그1.smcl, append
```

한편 translate 기능을 이용하면 *.smcl 파일을 *.log(또는 *.txt) 형식으로 변환시킬 수 있다. 메뉴 방식에 의한 변환은 File > Log > Translate로 실행한다. 여기에서 Input File에 이미 저장된 smcl 로그파일을 지정하고, Output File에 새롭게 저장될 txt 또는 log 파일 이름과 경로를 지정한다. 물론 log → smcl이 아니라 그 반대인 smcl → log 전환도 가능하지만 그다지 많이 사용되지는 않는다. 명령문에 의한 전환은 다음과 같다.

```
. translate "로그1.smcl" "로그1.log", replace linesize(79)
translator(smcl2log)
```

2 STATA 데이터파일의 형태와 종류

Stata 데이터파일을 하나 열어보자. 예를 들어 시스템 상에 들어있는 auto.dta를 열어보자(이를 위해서는 Command 창에 sysuse auto라고 치면 된다). 데이터를 불러들인 다음

이를 확인하기 위해서는 Command 창에 edit 혹은 browse라고 입력하면 된다. 두 명령어의 차이는 edit의 경우 데이터의 수정 등 편집이 가능하지만, browse 창에서는 단지 데이터를 볼 수만 있고 수정이나 편집이 불가능하다. 불러들인 Stata 데이터파일을 보면 엑셀과 유사한 스프레드시트 형태로 되어 있는 것을 알 수 있다. 즉 엑셀 스프레드시트처럼 행과 열의 구조로 이루어져 있다. 그림 2.3에 불러들인 auto.dta 파일의 일부분이 나와 있다. 여기에서 보듯이 스프레드시트에서 각 열(column)은 변수(variable)를 의미하며, 각 행(row)은 관측치(observation)를 나타낸다. 각 변수의 이름은 스프레드시트의 맨 상단에 나와 있다.

	make	price	mpg	rep78
1	AMC Concord	4,099	22	3
2	AMC Pacer	4,749	17	3
3	AMC Spirit	3,799	22	.
4	Buick Century	4,816	20	3
5	Buick Electra	7,827	15	4
6	Buick LeSabre	5,788	18	3
7	Buick Opel	4,453	26	.
8	Buick Regal	5,189	20	3
9	Buick Riviera	10,372	16	3
10	Buick Skylark	4,082	19	3
11	Cad. Deville	11,385	14	3
12	Cad. Eldorado	14,500	14	2
13	Cad. Seville	15,906	21	3
14	Chev. Chevette	3,299	29	3
15	Chev. Impala	5,705	16	4
16	Chev. Malibu	4,504	22	3
17	Chev. Monte Carlo	5,104	22	2
18	Chev. Monza	3,667	24	2
19	Chev. Nova	3,955	19	3
20	Dodge Colt	3,984	30	5
21	Dodge Diplomat	4,010	18	2
22	Dodge Magnum	5,886	16	2
23	Dodge St. Regis	6,342	17	2

그림 2.3 auto.dta 파일 스프레드시트

Stata 데이터파일에서 사용되는 변수는 두 종류로 구별된다. 변수의 모든 값들이 숫자인 경우를 숫자변수(numeric variable)라 하고 변수 특성이 문자인 경우를 문자변수(string variable)라 한다. Stata에서는 숫자변수와 문자변수를 색깔로 구별하는데, 전자는 검정색이고 후자는 빨간색으로 표시된다. 그림 2.3에서 볼 수 있듯이 "make" 변수는 빨간색으로 표시되는 문자변수이고 그 이외 변수는 검정색으로 표시되는 숫자변수이다. 변수는 문자변수든 숫자변수든 반드시 둘 중 하나여야 한다. 즉 하나의 변수가 문자와 숫자 특성을 동시에 가질 수 없다.

3 데이터의 저장 형태(storage type)

데이터파일에 대해 좀 더 자세한 정보를 얻기 위해서 describe 명령어를 실행해보자. 그림 2.4는 auto.dta 파일을 불러들인 후 describe 명령어를 실행한 결과이다.

```
. sysuse auto, clear

. describe

Contains data from C:\Program Files\Stata16\ado\base/a/auto.dta
  obs:            74                          1978 Automobile Data
 vars:            12                          13 Apr 2007 17:45
 size:         3,478 (99.9% of memory free)   (_dta has notes)
-------------------------------------------------------------------------------
               storage  display     value
variable name   type    format      label      variable label
-------------------------------------------------------------------------
make            str18   %-18s                  Make and Model
price           int     %8.0gc                 Price
mpg             int     %8.0g                  Mileage (mpg)
rep78           int     %8.0g                  Repair Record 1978
headroom        float   %6.1f                  Headroom (in.)
trunk           int     %8.0g                  Trunk space (cu. ft.)
weight          int     %8.0gc                 Weight (lbs.)
length          int     %8.0g                  Length (in.)
turn            int     %8.0g                  Turn Circle (ft.)
displacement    int     %8.0g                  Displacement (cu. in.)
gear_ratio      float   %6.2f                  Gear Ratio
foreign         byte    %8.0g       origin     Car type
-------------------------------------------------------------------------
Sorted by:  foreign
```

그림 2.4 auto.dta 파일의 describe 명령 실행 결과

여기에서 볼 수 있듯이 "describe" 또는 (줄여서) "d" 명령어는 로딩된 데이터에 대해 다양한 정보를 제공한다. 즉 변수 개수, 관측치의 수, 사용하고 있는 메모리의 크기 등의 정보가 주어진다. 또한 각 변수에 대해 저장형태(storage type)를 알 수 있다. 숫자변수와 문자변수의 저장 형태가 다른데, 각각에 대해 좀 더 자세히 알아보자.

우선 문자변수를 살펴보자. 그림 2.4에 나온 auto.dta 데이터에서 문자변수는 make 하나이다. 이 make 변수의 저장형태를 보면 "str18"이라고 되어 있다. 여기에서 앞쪽의 "str"은 string(문자)을 줄인 것이고 뒤쪽 "18"의 의미는 make 변수에 사용할 수 있는 문자의 길이가 최대 (영문) 18개 글자라는 의미이다. Stata SE 버전의 경우 "str244"까지 가능하다. 즉 문자의 길이가 최대 (영문자) 244개이다.

다음으로 숫자변수의 저장형태를 보면 위의 예에서도 알 수 있듯이 여러 형태를 취할 수 있다. 여기에는 byte, int, long, float, double의 5가지 형태가 있다. 먼저 "byte"는 0과 1의 값을 갖는 더미 변수인 경우에 사용된다. 또한 "int"는 정수(integer) 값을 갖는 숫자변수이다. 숫자변수의 디폴트(default) 저장형태는 "float"이다. 한편 사용자가 숫자변수를 불러오면 Stata에서 자동으로 저장 형태를 지정해 주며, 사용자가 직접 저장 형태를 지정하는 경우는 거의 없다.

4 데이터의 디스플레이 포맷(display format)

앞의 그림 2.4를 보면 storage type에 이어 display format이 나와 있다. 이는 데이터(숫자 또는 문자)를 Stata 스프레드시트(혹은 그래프)에서 어떻게 보여주는지 그 방식을 결정하는 기능이다. 이를 설명하기 위해 그림 2.5와 같은 데이터파일(data2_1.dta[1])을 예시적으로 제시한다. 이를 보면 4개의 변수가 있다. 처음 3개는 숫자변수이고 나머지 1개는 문자변수이다.

---

1) 예제 데이터 파일은 Hamilton(2006)에서 인용 후 필요에 따라 수정하였다.

```
. cd c:\stata
. use data2_1, clear
. browse
```

	e_fmt	f_fmt	g_fmt	s_fmt
1	2.80e+00	2.80	2.801785	서울
2	3.96e+06	3962322.50	3962323	부산
3	4.85e+00	4.85	4.852834	대구
4	-5.60e-06	-0.00	-5.60e-06	광주
5	6.26e+00	6.26	6.264982	인천

그림 2.5 디스플레이 포맷의 유형

2.801785
3962323.5
4.852834
−0.0000056
6.264982

위 그림에서 먼저 숫자변수를 보자. 여기에서 세 종류의 숫자변수(e_fmt, f_fmt, g_fmt)는 값은 정확히 동일하지만 디스플레이 포맷이 서로 다르다. 실제로는 다음과 같은 숫자를 똑같이 입력했는데도 디스플레이 포맷에 따라 보이는 형태가 크게 달라진다.

숫자변수의 디스플레이 포맷에는 세 가지, 즉 e-포맷, f-포맷, g-포맷이 있다. 이들 각각에 대해 알아보자. 우선 e-포맷이다(그림 2.5에서 e_fmt의 경우). 이는 scientific notation이라고 불리우는 "e" 기호를 사용한다. 이 기호의 의미는 예컨대 3.96e+06은 3.96×10^6=3,960,000을 의미한다. 또한 −5.60e−06은 $-5.60 \div 10^6 = -0.0000056$을 의미한다. 일상적으로는 e-포맷에 익숙하지 않기 때문에 잘 사용하지 않지만 숫자의 자릿수가 많은 경우 e-포맷을 사용하면 메모리 공간을 줄일 수 있는 장점이 있다.

다음으로 f-포맷이다(그림 2.5에서 f_fmt의 경우). 이는 fixed format의 의미로서 소수점 이하 자릿수를 고정시키고자 할 때 사용한다. 위 f_fmt 변수는 소수점을 2자리로 고정시킨 예를 보여주고 있다. 주로 그래프 상에서 숫자를 표현할 때 사용된다. 마지막으로 g-포맷이다(그림 2.5에서 g_fmt의 경우). 이는 general format의 의미로서 Stata에서 숫자를 표현할 때 기본(default) 포맷으로 사용된다. g-포맷은 일반적으로 입력한 숫자를 그대로 보여 준다. 그러다 보니까 위 g_fmt 변수의 경우처럼 소수점 자릿수가 일정하지 않게 된다. g-포맷에서 입력한 숫자를 그대로 보여주지 않는 경우도 있는데, 이는 (전체 숫자를 표현할 수 있는 최대 자릿수를 충분하게 지정하지 않음으로써) 셀의 폭이 입력한 숫자를 다 보여주기에 충분하지 않는 경우이다. 즉 그림 2.5에서 보는 것처럼 -5.60e-06과 같은 표현도 나타난다[2].

그림 2.5에 나온 변수들의 디스플레이 포맷을 구체적으로 알기 위해 describe 명령을 실행하여 다음과 같은 결과를 얻었다.

```
. de

Contains data from data2_1.dta
  obs:             5
 vars:             4                        8 Jun 2015 18:15
 size:            90
-----------------------------------------------------------------------------
              storage   display    value
variable name   type    format     label      variable label
-----------------------------------------------------------------------------
e_fmt           float   %9.2e
f_fmt           float   %10.2f
g_fmt           float   %9.0g
s_fmt           str6    %9s
-----------------------------------------------------------------------------
```

앞의 결과에서 알 수 있듯이 디스플레이 포맷 형식은 모두 %로 시작한다. 예를 들어 e_fmt 변수의 경우 “%9.2e”로 되어 있다. 여기에서 “9”는 전체 숫자를 표현할 수 있는 최대 자릿수를 의미하며, “.2”는 소수점 이하 자릿수를 말하고, 마지막 “e”는 e-포맷을 의미한다. f_fmt 변수의 포맷인 %10.2f도 마찬가지 방식으로 해석할 수 있다. g_fmt

2) scientific notation이라고도 부른다.

변수는 디스플레이 포맷이 %9.0g로 되어 있는데, 여기에서 "0"은 최소 소수점 자릿수를 의미한다. 즉 어떤 숫자의 소수점 이하 자리수가 1개 이상이라면 그 소수점을 그대로 표현해주고 소수점 이하 자리수가 0이라면 소수점을 표현하지 않는다는 의미이다. 따라서 예를 들어 %9.1g라고 되어 있다면 최소 소수점 자릿수가 1개이기 때문에 설사 소수점이 없는 숫자, 가령 "21"이라 하더라도 이를 "21.0"으로 표현하게 된다. 특히 %9.0g 포맷은 Stata에서 숫자변수를 읽어 들일 때 기본 포맷으로 사용된다. 마지막으로 s_fmt 변수는 문자변수인데, 디스플레이 포맷이 %9s로 되어 있다. 여기에서 "9"는 최대 (알파벳으로) 9글자까지 표현할 수 있다는 것을 말하고, "s"는 문자(string) 포맷이라는 의미이다. 그림 2.5의 s_fmt 변수 예에서는 문자변수 값이 모두 오른쪽 줄맞춤이 되어 있는데, 이를 왼쪽 줄맞춤으로 바꾸기 위해서는 디스플레이 포맷을 %-9s로 바꾸어 주면 된다.

한편 주어진 변수의 포맷을 바꾸는 방법에 대해 생각해보자. 만약 g_fmt의 g-포맷을 최대 자릿수를 11로 늘리고, 최소 소수점 자릿수를 1로 늘리고자 한다면 format이라는 명령어 다음에 변환하고자 하는 변수이름, 그리고 새로운 포맷 형태를 다음과 같이 써주면 된다.

```
. format g_fmt %11.1g
```

또 다른 예로서 만약 문자변수인 s_fmt의 포맷을 왼쪽 줄맞춤으로 바꾸고자 한다면 다음과 같이 입력하면 된다.

```
. format s_fmt %-9s
```

5 Stata do file

```
cd c:\stata
log using 로그1.smcl
log close

log using 로그1.smcl, append
log close
translate "로그1.smcl" "로그1.log", replace linesize(79) translator(smcl2log)
```

```
sysuse auto, clear
browse
describe

use data2_1, clear
browse
de
```

CHAPTER 03 | 날짜 데이터 활용[3)]

1 STATA 날짜 데이터

Stata에서 변수(variable)는 크게 문자(string) 변수와 숫자(numeric) 변수로 나뉜다. 변수의 모든 값이 숫자인 경우를 숫자변수라 하고 변수 특성이 문자인 경우를 문자변수라 한다. Stata에서 변수는 문자변수든 숫자변수든 반드시 둘 중 하나여야 한다. 즉 하나의 변수가 문자와 숫자 값을 동시에 가질 수 없다. 그런데 일반적으로 날짜 데이터는 '1999년 1월 1일' 또는 '1999/01/01'과 같이 문자(기호 포함)와 숫자가 섞여서 기록되어 있는 경우가 많다. 이런 식으로 기록된 데이터를 그대로 불러들이면 Stata는 이를 문자변수로 인식하고 만다. 그러나 문제는 날짜 데이터를 문자로 인식할 경우 다양한 응용(재직기간의 산정, 주민등록번호를 이용한 나이계산, 시계열 데이터에서 그래프 그리기 등)이 곤란하다는 점이다. 따라서 날짜 데이터가 어떤 형태이든 최종적으로는 숫자변수인 경과기간(elapsed date)으로 인식시키는 것이 여러모로 편리하다. 경과기간으로 전환시켜 인식시킴으로써 다양한 응용이 가능하기 때문이다.

날짜 데이터를 경과기간으로 변환시키는 방법은 날짜 데이터의 형태만큼이나 다양한 경우가 있을 수 있다. 어떤 날짜 데이터는 문자를 포함하는 경우가 있기 때문에 Stata

3) 이 장의 내용은 민인식·최필선(2008a)을 재구성하였다.

에서 이를 불러들일 때 특정 날짜함수(date function)를 사용해야 한다. 또한 숫자만으로 구성된 날짜 데이터라 하더라도 예를 들어 주민등록번호 앞 6자리와 같은 경우에는 우리가 원하는 날짜 형태로 인식시키기 위해서는 일정한 작업이 요구된다.

날짜 데이터는 모두 7가지 주기(시·분·초, 일, 주, 월, 분기, 반기, 연도)를 가질 수 있다. 이 중 연도별 데이터의 경우에는 그 자체가 숫자이므로 변환이라는 절차를 거칠 필요가 거의 없다. 그러나 연도 이외의 주기의 경우에는 일반적으로 날짜 데이터를 경과기간으로 변환시켜야 한다. 일(day)보다 단위가 짧은 시간(1/1000초)까지 경과시간이라는 숫자 개념으로 변환하는 것이 가능하다. Stata에서는 날짜함수를 이용하면 모든 날짜를 1960년 1월 1일을 기준으로 한 경과기간으로 바꾸어 준다. 아래 표에 몇 가지 예가 나와 있다. 예를 들어 1960년 1월 1일의 경과기간은 0이다. 날짜가 기준일과 동일하기 때문이다. 또한 1960년 1월 2일은 기준일보다 하루가 경과했기 때문에 경과기간이 1(일)이다. 같은 논리로 1959년 12월 31일은 경과기간이 −1이다.

날짜	경과기간
1959년 12월 01일	−31
1959년 12월 31일	−1
1960년 01월 01일	0
1960년 01월 02일	1
1960년 02월 01일	31
2001년 01월 25일	15,000

문제는 위의 표에서 첫 번째 열의 날짜 시리즈를 두 번째 시리즈인 경과기간으로 어떻게 변환시키느냐는 것이다. 이처럼 날짜를 경과기간으로 변환시켜야만 날짜변수를 다양하게 활용할 수 있기 때문에 경과기간으로의 변환이 중요한 의미를 지닌다. 다음 절부터는 다양한 형태의 날짜 데이터를 경과기간으로 변환시키는 방법에 대해 소개한다. 우선 일별 데이터에 대해 살펴보고, 이어서 일별 데이터가 아닌 경우를 설명하기로 한다.

2 문자변수 형태 날짜 데이터의 변환(data3_1.dta)

날짜를 '1999년 1월 1일' 또는 '1999/01/01'과 같이 입력할 경우 Stata는 이를 문자로 인식한다. 따라서 Stata에서 위와 같이 저장된 날짜를 불러들이면 빨간색의 문자변수로 나타난다. 이와 같은 문자변수를 검은색의 숫자변수, 즉 경과기간으로 바꾸어야만 이를 활용하는 것이 가능하다. 아래에는 첫 번째 예제로서 사람들의 생일이 '1955-12-05' 식으로 저장된 경우이다.

```
· cd c:\stata
· use data3_1, clear
· list name date1
```

	name	date1
1.	James	1955-12-05
2.	Susan	1971-10-25
3.	Mike	1965-03-17
4.	Lara	1982-09-20
5.	John	1925-01-01

앞에서 date1 시리즈가 일별 데이터이므로 이를 경과기간으로 전환하기 위해서는 날짜함수 명령어 중 date(varname,"YMD")를 사용한다.[4] 여기서 varname은 날짜변수의 이름(본 예제에서는 date1변수)이며, "YMD"는 년월일의 순서를 의미하며, 따옴표 " "는 varname이 문자변수이기 때문에 사용하였다. 이처럼 년월일의 순서만 제대로 정해주면 Stata가 필요한 숫자들을 제대로 인식하여 이를 경과기간으로 전환시켜 준다. 위 date1 변수를 예컨대 date1_1이라는 이름을 가진 경과기간으로 변환하기 위해서는 다음과 같은 명령문이 필요하다.

```
· gen date1_1=date(date1,"YMD")
```

4) Stata 10버전 이후에서는 일별주기인 경우에는 반드시 "YMD"처럼 대문자로 입력해야 경과기간으로 변환된다.

이와 같은 방법으로 변환한 결과는 다음과 같다.

	name	date1	date1_1
1.	James	1955–12–05	–1488
2.	Susan	1971–10–25	4315
3.	Mike	1965–03–17	1902
4.	Lara	1982–09–20	8298
5.	John	1925–01–01	–12783

여기에서 보듯이 새로 만들어진 date1_1 변수는 앞서 설명한대로 1960년 1월 1일을 기준으로 며칠이 지났는지 또는 며칠 전인지를 알려주는 경과기간 변수이다. 예를 들어 Mike의 생일인 1965년 3월 17일은 1960년 1월 1일로부터 1,902일째 되는 날이라는 의미이다.

두 번째 예제로 '12/5/1955' 형태에 대해 생각해 보자. 이 경우에도 날짜 데이터에 '/'와 같은 특수문자가 들어 있다. 이를 변환하기 위해서는 앞에서와 마찬가지로 date( )라는 명령어가 필요하다. 표현방법은 앞의 예와 거의 동일하다.

```
· gen date2_1=date(date2,"MDY")
```

앞의 예와 비교해보면 알 수 있듯이 차이점은 단지 "YMD"대신 "MDY"를 입력했다는 점이다. 그 이유는 date2 변수가 앞의 date1 변수와 달리 날짜의 순서가 월(month), 일(day), 년(year)이기 때문이다. 이와 같은 방법으로 변환한 결과는 다음과 같다.

	name	date2	date2_1
1.	James	12/5/1955	–1488
2.	Susan	10/25/1971	4315
3.	Mike	3/17/1965	1902
4.	Lara	9/20/1982	8298
5.	John	1/1/1925	–12783

만약 date2 시리즈에서 연도가 두 자릿수, 즉 '12/5/55'처럼 되어있다면, 명령문을

다음과 같이 작성해야 한다.

```
. gen date2_1=date(date2,"MD19Y")  // 예시로만 제시함. 실행되지 않음
```

만약 연도가 19xx년이 아니라 20xx년일 경우에는 명령문이 다음과 같다.

```
. gen date2_1=date(date2,"MD20Y") // 예시로만 제시함. 실행되지 않음
```

경우에 따라서는 날짜 데이터가 19xx년과 20xx년을 동시에 포함할 수도 있는데 이 경우에는 날짜함수를 다음과 같이 변형시킬 수 있다.

```
. gen date2_1=date(date2,"MDY", 2030) // 예시로만 제시함. 실행되지 않음
```

여기에서 date( ) 안에 있는 세 번째 조건인 2030의 의미는 두 자리 연도의 값이 2030의 뒤쪽 두 자리 숫자인 30보다 작으면 20xx년으로 전환하고, 30보다 크면 19xx년으로 바꾸어 준다. 결과적으로 '2030'의 의미는 2030년을 넘지 않도록 자동으로 19xx년과 20xx년으로 변환해 주는 기능을 한다.

세 번째 예제는 날짜 데이터가 '1955년12월05일' 식으로 한글을 포함하고 있는 경우이다. - (hyphen)이나 /(slash)와 같은 특수 문자로 구분된 것과 마찬가지로 간주하고 명령문을 작성한다.

```
. gen date3_5=date(date3,"YMD")
```

3 숫자변수 형태 날짜 데이터의 변환

숫자변수로 저장된 날짜는 크게 두 가지 형태가 있다. 첫 번째는 년, 월, 일이 각각 별개의 숫자변수로 저장되어 있는 경우이고, 두 번째는 주민등록번호 앞 6자리와 같이 하나의 숫자변수 안에 년, 월, 일이 모두 포함되어 있는 경우이다. 첫 번째 경우의 예가 아래 나와 있다.

	name	date4_y	date4_m1	date4_d
1.	James	1955	12	5
2.	Susan	1971	10	25
3.	Mike	1965	3	17
4.	Lara	1982	9	20
5.	John	1925	1	1

이처럼 별개로 나뉘어 있는 숫자변수를 합하여 이를 경과기간으로 전환하는 작업은 mdy( )라는 함수를 사용하면 된다. mdy( ) 함수의 괄호 안에 월, 일, 년 순으로 변수이름을 입력하면 경과기간을 계산해 준다.

```
. gen date4_1=mdy(date4_m1, date4_d, date4_y)
```

위와 같은 명령을 실행한 다음, 아래와 같이 입력하면 다음의 표와 같은 결과를 확인할 수 있다.

```
. list name date4_y date4_m1 date4_d date4_1
```

	name	date4_y	date4_m1	date4_d	date4_1
1.	James	1955	12	5	−1488
2.	Susan	1971	10	25	4315
3.	Mike	1965	3	17	1902
4.	Lara	1982	9	20	8298
5.	John	1925	1	1	−12783

만약 앞의 예에서 연도 변수(date4_y)가 19xx년에서 xx에 해당하는 두 자리만 존재한다면, 아래와 같은 명령문이 필요하다.

```
. gen date4_1=mdy(date4_m1, date4_d, 1900+date4_y) // 예시로만 제시함. 실행되지 않음
```

이번에는 월(month)에 해당하는 변수가 위의 예와 같이 숫자변수가 아니라 'Dec,'

'Oct'와 같은 문자변수인 경우를 생각해 보자. 이 경우에는 mdy( )를 사용할 수 없다. 그 이유는 mdy( )에 들어가는 세 변수는 반드시 숫자변수이어야 하기 때문이다. 이 경우에는 (i) date4_y 변수와 date4_d 변수를 문자(string)로 변환시키고 (ii) 이들 세 변수를 하나의 문자변수로 묶은 다음 (iii) 앞서 살펴보았던 방법으로 이 문자변수를 경과기간으로 전환하는 방법을 생각해 볼 수 있다. 즉 다음과 같다.

```
. gen date4_y1=string(date4_y)
. gen date4_d1=string(date4_d)
. gen date4_2= date4_y1+"/"+ date4_m2+"/"+ date4_d1
. gen date4_3=date(date4_2,"YMD")
```

첫 번째와 두 번째 줄에서는 string( ) 명령어를 이용하여 숫자를 문자로 변환시켰고, 세 번째 줄은 년, 월, 일에 해당하는 문자변수들을 "/"으로 구분된 하나의 문자로 묶었다. 마지막 줄은 그 결과로 생성된 date4_2 변수를 이미 앞에서 설명한 방식에 의해 경과기간으로 변환한 것이다.

이번에는 주민등록번호 앞 6자리와 같은 형태의 날짜변수를 경과기간으로 전환하는 방법에 대해 설명하고자 한다. 다음과 같은 경우이다.

	name	date5
1.	James	551205
2.	Susan	711025
3.	Mike	650317
4.	Lara	820920
5.	John	250101

Stata에서는 위의 date5 변수를 1955년 12월 5일이 아니라 551,205라는 숫자로 인식한다. 이를 경과기간으로 전환하기 위해서는 date5 변수에서 년, 월, 일에 해당하는 세 개의 숫자들을 분리하여 각각 하나의 변수를 만든 다음, 앞에서와 마찬가지로 mdy( )함수를 이용하여 경과기간을 계산하는 방법을 이용할 수 있다. 이를 위한 명령문은 다음과 같다.

```
. gen date5_y=int(date5/10000)
. gen date5_m=int((date5-date5_y*10000)/100)
. gen date5_d=date5-date5_y*10000-date5_m*100
. gen date5_1=mdy(date5_m, date5_d, 1900+date5_y)
```

여기에서 첫 번째와 두 번째 줄에서 사용한 int( ) 명령어는 소수점 이하를 절단하여 정수부분만 취하는 함수이다. 즉 int(date5/10000)의 경우 date5 변수를 10,000으로 나눈 다음 소수점 이하는 없애고 정수부분만 취하는 것이다. 이렇게 하면 "551202"에서 연도에 해당하는 "55"만 떼어낼 수 있다. "551202"에서 월에 해당하는 "12"를 떼어내는 것은 약간 더 복잡한데, 위 명령문 두 번째 줄에 있는 int((date5-date5_y*10000)/100)이 그 기능을 수행하고 있다(각자 확인해 보라!). 위의 네 번째 줄에서는 앞의 예(별개의 숫자변수로 되어 있는 날짜 데이터를 경과기간으로 전환하는 방법)에서와 마찬가지로 mdy( )함수를 이용하여 변환한다. 만약 date5의 변수가 6자리가 아니라 19551205처럼 8자리라면 위의 네 번째 줄을 다음과 같이 바꾸어 주면 될 것이다.

```
. gen date5_1=mdy(date5_m, date5_d, date5_y) // 예시로만 제시함. 실행되지
  않음
```

4 일별 주기 이외의 경우(data3_2.dta)

일별 주기 이외에 변환가능한 주기는 주, 월, 분기, 반기, 연도별 등이 있다. 이 중 연도별 데이터의 경우에는 경과기간으로의 변환이 필요치 않기 때문에 나머지에 대해서만 생각해 보자. 일별 주기의 경우 경과기간 계산의 기준점이 1960년 첫 번째 날(즉 1월 1일)이었던 것처럼 주, 월, 분기, 반기도 기준점이 각각 1960년 첫 번째 주, 월, 분기, 반기이다. 다음 표는 각 주기별로 다섯 개씩의 예제에 대해 경과기간을 계산한 것을 보여주고 있다.

주	경과기간	월	경과기간	분기	경과기간	반기	경과기간
1940년 10주	−1031	1957년 6월	−31	1938년 3분기	−86	1950년 하반기	−12
1959년 52주	−1	1959년 12월	−1	1959년 4분기	−1	1959년 하반기	−1
1960년 1주	0	1960년 1월	0	1960년 1분기	0	1960년 상반기	0
1960년 2주	1	1960년 2월	1	1960년 2분기	1	1960년 하반기	1
1995년 25주	1844	1999년 1월	468	2007년 2분기	189	2000년 상반기	80

날짜변수에서처럼 각 주기의 변수는 문자 또는 숫자 형태로 저장되어 있을 수 있다. 우선 문자변수 형태로 주어진 데이터를 생각해 보자. 이를 위해 다음과 같은 주(weekly) 변수를 생각해 보자.

```
. use data3_2, clear
```

	week1	week1_1
1.	1946w1	−728
2.	1962w36	139
3.	1992w25	1688
4.	2002w50	2233

앞에서 일별 데이터에 date( )를 사용했듯이 week1을 week1_1과 같은 경과기간으로 변환하기 위해서는 weekly( )라는 명령어가 필요하다. 즉 다음과 같다.

```
. gen week1_1=weekly(week1,"yw")
```

여기에서 weekly( ) 괄호 안에 년, 주의 순서만 제대로 정해주면 Stata가 알아서 이를 경과기간으로 전환시켜 준다. 년-주가 아니라 주-년으로 되어 있다면 위의 명령문에 “yw” 대신 “wy”라고 입력해야 한다.

다음으로 월 변수인 경우, 명령어는 monthly( )로서 예를 들면 다음과 같다.

```
. gen month1_1=monthly(month1,"ym")
```

또한 분기 변수인 경우, 명령어는 quarterly( )로서 예를 들면 다음과 같다.

```
. gen quarter1_1=quarterly(quarter1,"yq")
```

마지막으로 반기 변수인 경우, 명령어는 halfyearly( )로서 예를 들면 다음과 같다.

```
. gen half1_1=halfyearly(half1,"yh")
```

이제 문자변수가 아니라 숫자변수 형태로 입력되어 있는 경우를 생각해 보자. 날짜 변수의 경우 mdy( ) 명령어를 이용한 것처럼 주기가 일별이 아닌 경우에도 여기에 해당하는 명령어가 있다. 우선 주(weekly) 변수의 경우에는 다음과 같다.

```
. gen week2_1=yw(year, week2)
```

여기에서 yw( ) 괄호 안의 순서는 반드시 연도(year)가 먼저 나오고 그 다음에 주(week)가 나와야 한다. 순서가 바뀌면 에러가 발생한다. 위의 명령문을 실행하면 다음과 같은 week2_1이 생성된다.

	year	week2	week2_1
1.	1946	1	−728
2.	1962	36	139
3.	1992	25	1688
4.	2002	50	2233

한편 월(monthly) 변수인 경우에는 명령문이 다음과 같으며, ym( ) 괄호 안의 순서는 반드시 년, 월이어야 한다.

```
. gen month2_2=ym(year, month2)
```

또한 분기(quarterly) 변수인 경우에는 명령문이 다음과 같으며, yq( ) 괄호 안의 순서는 반드시 년, 분기이어야 한다.

```
. gen quarter2_2=yq(year, quarter2)
```

마지막으로 반기(half-yearly) 변수인 경우에는 명령문이 다음과 같으며, yh( ) 괄호 안의 순서는 반드시 년, 반기이어야 한다.

```
. gen half2_2=yh(year, half2)
```

5 경과기간 변수의 표현 방식

지금까지 다양한 형태로 저장된 날짜변수를 경과기간으로 변환하는 방법에 대해 알아보았다. 이렇게 날짜변수를 경과기간으로 바꿀 경우 날짜 정보를 고스란히 담고 있으면서도 숫자변수가 되기 때문에 다양한 활용이 가능해진다. 하지만 한 가지 문제는 시각적인 면에서 우리가 인지할 수 있는 날짜와는 거리가 있다는 점이다. 따라서 경과기간 변수에 대해 디스플레이 포맷(display format)을 적절히 적용하여 시각적인 면에서도 날짜로 쉽게 인식할 수 있게 만들 수 있다.

다음의 예는 앞서도 설명한 적이 있지만, 날짜변수인 date1을 date( ) 명령어를 사용하여 date1_1으로 변환시킨 것이다.

	name	date1	date1_1
1.	James	1955-12-05	-1488
2.	Susan	1971-10-25	4315
3.	Mike	1965-03-17	1902
4.	Lara	1982-09-20	8298
5.	John	1925-01-01	-12783

여기에서 보듯이 경과기간으로 전환된 date1_1 변수는 date1의 날짜 정보를 모두 담고 있지만 시각적으로는 일상적인 날짜 표현과 거리가 멀다. 이를 다음과 같은 명령문을 통해 시각적으로 훨씬 이해하기 쉬운 형식으로 나타낼 수 있다.

```
. format  date1_1 %td
```

이 명령문을 실행할 경우 date1_1 변수는 기존의 경과기간을 나타내는 숫자에서 아래와 같이 시각적인 측면에서 쉽게 인식될 수 있는 날짜 표현으로 전환된다.

	name	date1	date1_1
1.	James	1955-12-05	05dec1955
2.	Susan	1971-10-25	25oct1971
3.	Mike	1965-03-17	17mar1965
4.	Lara	1982-09-20	20sep1982
5.	John	1925-01-01	01jan1925

이와 약간 다른 몇 가지 포맷 형식을 소개하면, 다음과 같은 명령문을 실행할 경우 date1_1 변수는 다음 표와 같은 표현으로 전환된다.

```
. format  date1_1 %tdD_m_CY
```

	name	date1	date1_1
1.	James	1955-12-05	05 Dec 1955
2.	Susan	1971-10-25	25 Oct 1971
3.	Mike	1965-03-17	17 Mar 1965
4.	Lara	1982-09-20	20 Sep 1982
5.	John	1925-01-01	01 Jan 1925

위에 나와 있는 명령문 "%tdD_m_CY"에서 D는 일(day), m은 월(month), C는 세기(century)를 포함하고, Y는 년도의 끝 두 자리를 의미한다. 그리고 이들을 연결하고 있는 "_"는 일, 월, 연도 사이에 space를 두라는 의미한다. 이를 약간 응용하여 아래와 같이 순서를 년, 월, 일로 하고 m 대신 M을 입력하면, 다음과 같은 결과를 얻는다.

```
. format  date1_1 %tdCY_M_D
```

	name	date1	date1_1
1.	James	1955-12-05	1955 December 05
2.	Susan	1971-10-25	1971 October 25
3.	Mike	1965-03-17	1965 March 17
4.	Lara	1982-09-20	1982 September 20
5.	John	1925-01-01	1925 January 01

일별 주기가 아닌 경우에는 다음과 같은 디스플레이 포맷을 생각해 볼 수 있다.

- 주(weekly) 경과기간인 경우: format week1_1 %tw
- 월(monthly) 경과기간인 경우: format month1_1 %tm
- 분기(quarterly) 경과기간인 경우: format quarterly1_1 %tq
- 반기(half-yearly) 경과기간인 경우: format half1_1 %th

이 외에도 각 주기별로 다양한 포맷들이 있으나 자세한 소개는 생략하기로 한다.

6 Stata do file

```
cd c:\stata
use data3_1, clear
list name date1
gen date1_1=date(date1,"YMD")
gen date2_1=date(date2,"MDY")
gen date3_5=date(date3,"YMD")

gen date4_1=mdy(date4_m1, date4_d, date4_y)
list name date4_y date4_m1 date4_d date4_1

gen date4_y1=string(date4_y)
gen date4_d1=string(date4_d)
gen date4_2= date4_y1+"/"+ date4_m2+"/"+ date4_d1
gen date4_3=date(date4_2,"YMD")
```

```
gen date5_y=int(date5/10000)
gen date5_m=int((date5-date5_y*10000)/100)
gen date5_d=date5-date5_y*10000-date5_m*100
gen date5_1=mdy(date5_m, date5_d, 1900+date5_y)

use data3_2, clear
gen week1_1=weekly(week1,"yw")
gen month1_1=monthly(month1,"ym")
gen quarter1_1=quarterly(quarter1,"yq")
gen half1_1=halfyearly(half1,"yh")
gen week2_1=yw(year, week2)
gen month2_2=ym(year, month2)
gen quarter2_2=yq(year, quarter2)
gen half2_2=yh(year, half2)

format  date1_1 %td
format  date1_1 %tdD_m_CY
format  date1_1 %tdCY_M_D
format week1_1 %tw
format month1_1 %tm
format quarterly1_1 %tq
format half1_1 %th
```

CHAPTER 04 | 데이터파일 형식 전환

Stata의 데이터 파일은 *.dta 형식의 파일이다. 따라서 만약 데이터파일이 dta 이외의 형식으로 되어 있다면 이를 dta 형식으로 전환해야만 Stata에서 사용할 수 있다. 다양한 형식의 데이터파일을 dta 파일로 변환하는 데는 다양한 형식만큼이나 다양한 방법이 있을 것이다. 가장 대표적으로는 Stata의 import 기능을 이용하는 방법이다. 또 다른 방법으로는 Stata와는 별도로 판매되는 Stat-Transfer라는 프로그램을 이용하는 것인데, 이를 이용하면 다양한 형식(Stata, SAS, SPSS, ODBC, Access, Excel, Text, Gauss, MATLAB 등)의 데이터파일을 어느 한쪽에서 다른 쪽으로 변환하는 것이 가능하다. Stat-Transfer에 대한 자세한 정보는 https://stattransfer.com/을 참고할 수 있다.

본 장에서는 Stat-Transfer를 이용하는 대신 Stata의 import 기능을 이용하는 방법을 소개한다. 이를 통해 ASCII, Excel, SAS, SPSS 형식의 파일을 Stata 데이터파일로 변환하는 것이 가능하다. 한편 이와 정 반대 방향의 전환이 필요할 때도 있다. 즉 Stata 데이터 파일을 다른 통계프로그램에서 사용하기 위해서 텍스트(text) 파일형태로 저장할 필요도 있다. Stata에서는 이를 data export라고 부른다. 따라서 본 장에서는 dta 파일로 불러들이는(import)하는 방법뿐만 아니라 dta 파일을 텍스트 파일로 내보내는(export)하는 방법에 대해서도 설명한다.

1 엑셀 파일(data4_1.xls)

Stata 12버전 이후에서는 엑셀파일을 직접 dta 파일로 변환할 수 있다. 메뉴 방식에 의한 접근은 File > Import > Excel spreadsheet이다. 이 메뉴를 선택하면 그림 4.1과 같은 대화창이 나온다. 엑셀 데이터파일 data4_1.xlsx을 지정하면 해당 워크시트를 불러들인다. 만약 변수이름이 첫 번째 줄에 있다면 first 옵션을 추가한다. Stata 명령문은 다음과 같다.

```
. cd c:\stata
. import excel using data4_1.xlsx, sheet("Surv") clear
```

엑셀파일을 text 파일형식으로 저장하고 파일이름을 data4_1.txt로 저장하였다. 이제 다음은 위의 절차를 통해 생성된 텍스트 파일을 Stata 파일로 전환시키는 것이다. 명령문을 이용하는 방법과 메뉴로 접근하는 방법이 있다. 메뉴 방식에 의한 접근은 File > Import > Text data이다. 이 메뉴를 선택하면 그림 4.1과 같은 대화창이 나온다.

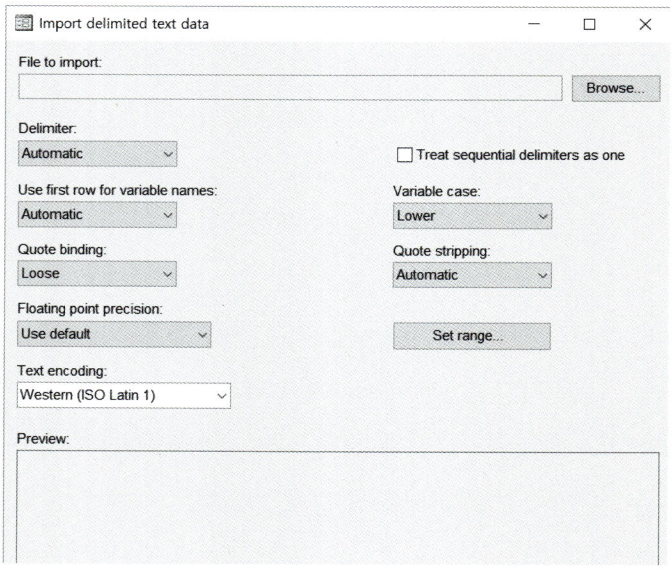

그림 4.1 ASCII 파일 import 대화창

여러 옵션 중 맨 위에 있는 File to import에 불러들이고자 하는 텍스트 파일(본 예제에서는 data4_1.txt 파일)을 지정한다. 이를 위해서는 Browse를 클릭하여 data4_1.txt 파일이 저장되어 있는 디렉터리에 들어가서 해당 파일을 선택해야 한다. 나머지 옵션은 현재 주어진 대로 그대로 사용하면 된다. Use first row for variables names은 Automatic으로 설정되어 있기 때문에 text 파일의 맨 첫 번째 줄에 변수이름이 있으면 자동으로 변수이름으로 가져온다. 이상과 같은 절차를 거쳐 텍스트 파일을 불러들인 다음 이를 dta 파일로 저장함으로써 Stata 데이터파일로의 전환이 끝나게 된다. 저장은 File > Save를 선택한 다음 적절한 파일명을 지정하면 된다.

한편 메뉴 방식이 아니라 명령문을 이용하여 텍스트 파일을 불러들일 수 있는데, 명령문은 다음과 같다.

```
. import delimited using data4_1.txt , clear
```

여기에서 보듯이 텍스트 파일을 불러오는 명령어는 import delimited이다. 이어 using 다음에 따옴표를 하고 불러들일 파일의 디렉터리를 지정해주며, 옵션으로 clear를 사용하여 메모리에 로딩되어 있는 기존의 데이터파일을 제거한다.

2 포맷되지 않은 ASCII 파일(data4_2.raw)[5]

엑셀에서 저장한 ASCII 파일이 아니라 처음부터 ASCII 파일 형식으로 저장된 경우에도 Stata에서 import할 수 있다. 예제 데이터파일로서 data4_2.raw을 이용하기로 한다. 그림 4.2는 해당 파일을 notepad(메모장) 프로그램에서 불러들인 것이다. 그림을 보면 각 변수들의 데이터값들이 space를 이용하여 서로 구분은 잘 되어 있지만, 위치가 체계적으로 정돈되어 있지는 않다. 이렇게 되어 있는 파일을 앞에서와 같은 방식으로 Stata에서 불러들일 경우 각 변수별로 데이터값을 구분하지 못한 채 하나의 행 전체를 하나의 관측치로 받아들이는 결과가 초래된다. 즉 data4_2.raw 파일을 앞에서와 같이 File > Import > Text data으로 불러들이면 11개 관측치로 이루어진 단 하나의 문자 변수로 받아들이게 된다.

5) 예제 데이터 파일은 Kohler and Kreuter(2005)에서 인용 후 필요에 따라 수정하였다.

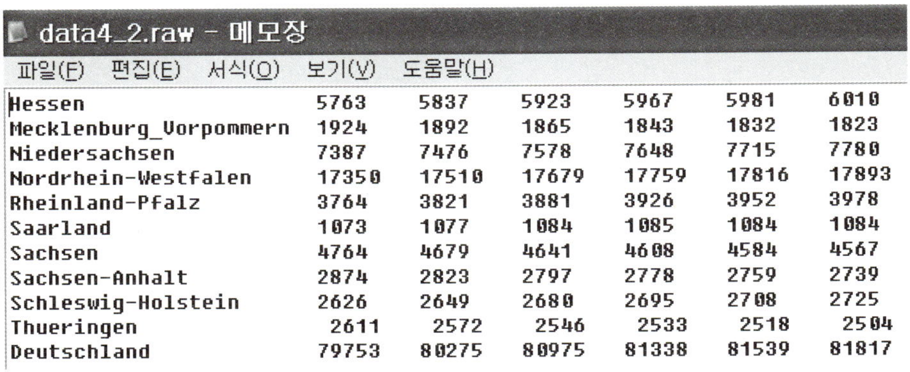

data4_2.raw - 메모장

파일(F) 편집(E) 서식(O) 보기(V) 도움말(H)

Hessen	5763	5837	5923	5967	5981	6010
Mecklenburg_Vorpommern	1924	1892	1865	1843	1832	1823
Niedersachsen	7387	7476	7578	7648	7715	7780
Nordrhein-Westfalen	17350	17510	17679	17759	17816	17893
Rheinland-Pfalz	3764	3821	3881	3926	3952	3978
Saarland	1073	1077	1084	1085	1084	1084
Sachsen	4764	4679	4641	4608	4584	4567
Sachsen-Anhalt	2874	2823	2797	2778	2759	2739
Schleswig-Holstein	2626	2649	2680	2695	2708	2725
Thueringen	2611	2572	2546	2533	2518	2504
Deutschland	79753	80275	80975	81338	81539	81817

그림 4.2 notepad 프로그램에서 불러들인 data4_2.raw 파일

그림 4.3과 같은 파일형태를 불러들이기 위해서는 앞의 4.1절과는 다른 선택이 필요한데, File > Import에서 Unformatted text data를 선택해야 한다. 이를 선택하면 그림 4.4와 같은 대화창이 나온다. 이 대화창은 앞에서 본 그림 4.1과 유사하지만 동일하지는 않다. 이 대화창에서 먼저 ASCII dataset filename 란에서는 불러들이고자 파일(본 예제의 경우에는 data4_2.raw 파일)의 디렉터리와 파일이름을 선택한다.

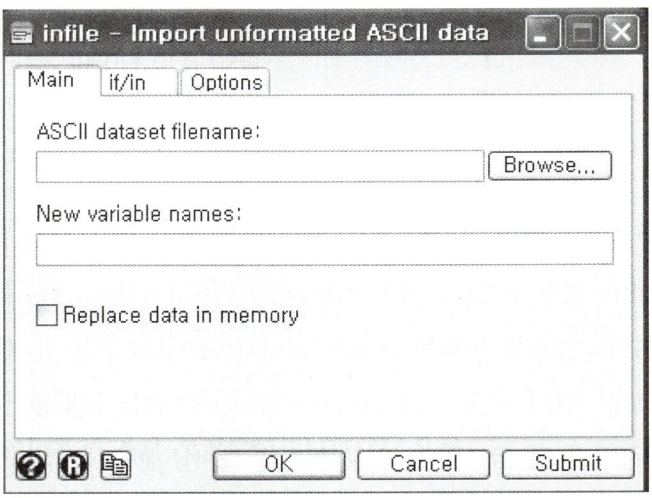

그림 4.3 포맷되지 않은 ASCII 파일 import 대화창

그 다음에 있는 New variable name은 변수 이름을 적어주는 곳이다. 그런데 주의할 것은 앞에서 설명했던 ASCII data created by a spreadsheet의 경우에는 변수의 이름을 입력하지 않아도 자동으로 생성되는 기능이 있지만 이번 경우에는 그렇지 않다는 것이다. 즉 변수이름이 option이 아니라 반드시 입력해야 하는 부분이다. 입력하지 않고 실행하면 에러 메시지가 나온다. 그림 4.2을 보면 첫 번째 열의 이름들은 문자변수이고 나머지 6개 열은 숫자변수이다. 그리고 첫 번째 행에 변수이름이 없고 데이터값이 바로 주어져 있다. 모두 7개의 변수를 Stata로 불러들여야 하는데, 만약 사용자가 변수이름을 미리 알고 있다면 그것을 써주면 되고 그렇지 않다면 임의의 변수이름을 "str23 var1 var2-var7"으로 입력할 수 있다. 여기에서 "var2-var7"은 "var2 var3 var4 var5 var6 var7"을 하이픈(-)을 이용하여 간단히 표현하는 방법이다. 한편 var1 앞에 저장형태(storage type)에 해당하는 "str23"이라고 써주는 이유는 첫 번째 변수가 문자변수이기 때문이다. 숫자변수 앞에는 저장형태를 지정할 필요가 없지만 문자변수의 경우에는 이를 지정해주어야 한다. 앞의 2장에서 설명하였듯이 문자변수의 저장 형태인 "str23"에서 "str"은 문자변수임을 의미하고 "23"은 최대 글자수를 의미한다. 예제 데이터세트에서 글자수가 가장 많은 것이 Mecklenburg-Vorpommern으로서 하이픈을 포함하여 22개 글자이기 때문에 한 글자 여유를 두어 최대 글자수를 23으로 지정하였다. 만약 str23을 지정해 주지 않는다면 Stata에서는 첫 번째 변수를 숫자변수로 받아들인다. 그런데 우리의 예에서는 첫 번째 열에 숫자가 아니라 문자들이 있기 때문에 결국 이를 모두 결측치로 받아들이게 된다.

포맷되지 않은 ASCII 파일의 경우 이와 같이 Stata에서 불러들일 때 변수이름을 모두 기입해주기 때문에 그림 4.3에서와 같이 ASCII 파일 데이터 상에는 첫 번째 줄에 변수이름이 없어야 한다. 만약 변수이름이 원 데이터에 있다면 이를 삭제하고 불러들여야 한다. 또한 그림 4.3에서 보는 것처럼 문자 변수의 경우에는 문자 간에 space가 있어서는 안 된다. 만약 어떤 이름의 중간에 space가 있다면 dta 파일로 정확히 불러들일 수 없게 된다. 따라서 이러한 경우에는 data4_2.raw 파일 상에서 -(하이픈) 또는 _(언더바)를 이용해서 space를 없애주는 작업을 미리 수행해야 한다. 한편 포맷되지 않은 ASCII 파일을 명령문을 이용하여 불러들이기 위해서는 다음과 같이 infile이라는 명령어를 사용한다.

```
. infile str23 var1 var2-var7 using data4_2.raw, clear
```

3 Dictionary 파일이 있는 고정포맷 ASCII 파일(data4_3.dct)[6]

이 절에서 살펴볼 dictionary 파일은 *.dct의 형식으로서 Stata에서만 사용되는 파일형식이다. 특별한 파일형식은 아니고 ASCII 파일형태이며, notepad 등에서 열어볼 수 있다. 예제 파일 data4_3.dct을 notepad에서 열면 다음 그림 4.4와 같다. 여기에서 보듯이 *.dct 파일에는 데이터값뿐만 아니라 데이터에 대한 기본적인 정보가 함께 들어있다. 즉 그림 4.4를 보면 아래쪽에는 데이터 값이 나와 있고, 그 위에는 데이터의 변수이름, 디스플레이 포맷(display format), 변수 레이블(variable label) 등이 나와 있다. 따라서 이런 식으로 되어 있는 dct 파일을 불러들이면 데이터 값뿐 아니라 제반 정보도 함께 따라오는 장점이 있다. 이 때문에 dct 파일의 경우 Stata 사용자들끼리 데이터파일을 주고받을 때 많이 사용된다. 이 장의 뒷부분(4.7절)에 dct 파일을 만드는 방법이 나와 있다.

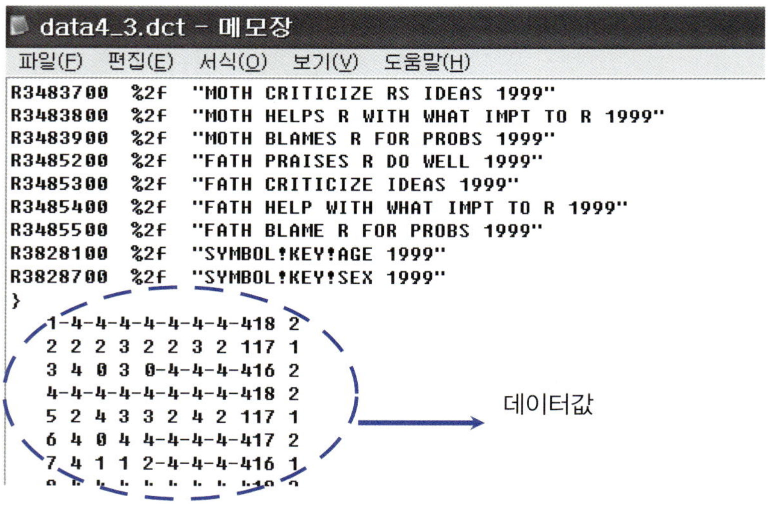
data4_3.dct - 메모장

파일(F) 편집(E) 서식(O) 보기(V) 도움말(H)

```
R3483700  %2f  "MOTH CRITICIZE RS IDEAS 1999"
R3483800  %2f  "MOTH HELPS R WITH WHAT IMPT TO R 1999"
R3483900  %2f  "MOTH BLAMES R FOR PROBS 1999"
R3485200  %2f  "FATH PRAISES R DO WELL 1999"
R3485300  %2f  "FATH CRITICIZE IDEAS 1999"
R3485400  %2f  "FATH HELP WITH WHAT IMPT TO R 1999"
R3485500  %2f  "FATH BLAME R FOR PROBS 1999"
R3828100  %2f  "SYMBOL!KEY!AGE 1999"
R3828700  %2f  "SYMBOL!KEY!SEX 1999"
}
 1-4-4-4-4-4-4-4-418 2
 2 2 2 3 2 2 3 2 117 1
 3 4 0 3 0-4-4-4-416 2
 4-4-4-4-4-4-4-4-418 2
 5 2 4 3 3 2 4 2 117 1
 6 4 0 4 4-4-4-4-417 2
 7 4 1 1 2-4-4-4-416 1
```


그림 4.4 notepad 프로그램에서 불러들인 data4_3.dct 파일

6) 예제 데이터 파일은 Kohler and Kreuter(2005)에서 인용 후 필요에 따라 수정하였다.

이와 같은 dct 파일을 dta 파일로 변환하기 위해서는 File > Import에서 Text data in fixed format with a dictionary를 선택한다. 이 경우 그림 4.5과 같은 대화창이 나타난다.

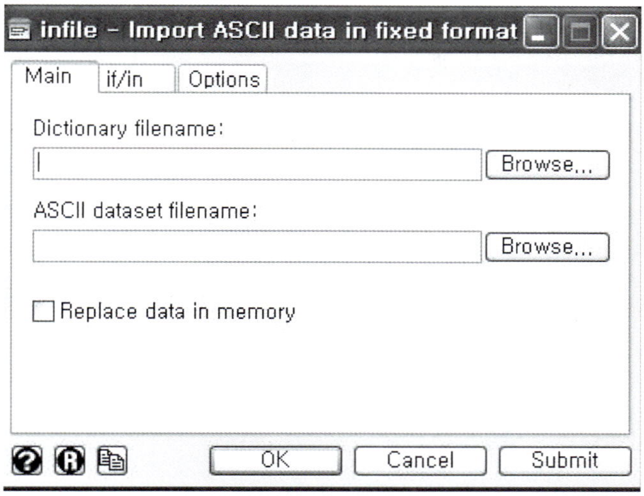

그림 4.5 dictionary 파일의 import 대화창

우선 맨 위의 Dictionary file name 란에서는 불러들이고자 하는 dictionary 파일을 지정한다. 만약 이것을 data4_3.dct 파일로 지정할 경우에는 그 다음에 있는 ASCII data file 부분은 파일이름을 지정하지 않고 공란으로 비워둔다. 그 이유는 본 예제 파일의 경우 그림 4.4에서 보듯이 dct 파일이 데이터값(그림의 하단)까지 모두 담고 있기 때문이다. 따라서 ASCII data file을 따로 지정할 필요가 없다. 그러나 인터넷 상에서 만나는 dct 파일의 경우에는 주어진 dct 파일과 연계되는 ASCII 데이터파일이 따로 저장되어 있는 경우가 있다. 이런 경우에는 그림 4.5의 ASCII data file 부분에 해당되는 데이터파일 이름을 지정해 주어야 한다. 그림 4.5에서 볼 수 있듯이 dictionary 파일을 불러들일 때는 파일 이름을 지정하는 것 말고는 변수이름 등을 지정하는 부분이 없다. 그 이유는 그림 4.4의 상단에서 보듯이 dct 파일에 이미 변수들과 관련된 제반 내용이 코딩되어 있기 때문이다. 한편 dictionary 파일이 있는 고정포맷 ASCII 파일을 명령문을 이용하여 불러들이기 위해서는 다음과 같이 infile이라는 명령어를 사용한다.

```
. infile using data4_3.dct, clear
```

4 고정포맷 ASCII 파일(data4_4.raw)

ASCII 데이터 형태 중에는 포맷이 고정된(fixed) 경우가 있다. 예제 파일 data4_4.raw를 notepad에서 열면 다음 그림 4.6과 같다.

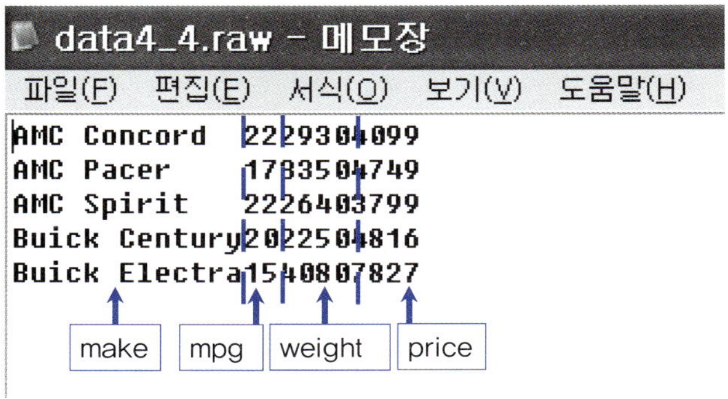

그림 4.6 notepad 프로그램에서 불러들인 data4_4.raw 파일

여기에서 첫 번째 변수는 차종을 가리키는 문자변수("make")로서 AMC Concord 등의 이름을 갖고 있다. 문자변수 오른쪽으로는 일련의 숫자들이 기입되어 있는데, 이 숫자들은 하나의 값이 아니라 여러 변수들의 값을 연속해서 기록해 놓은 것이다. 예를 들어 첫 번째 행의 숫자인 2229304099에서 처음 두 자리 숫자인 22는 연비("mpg")를 의미하며, 그 다음 네 자리 숫자인 2930은 차의 무게("weight"), 그리고 마지막 네 자리 숫자인 4099는 차의 가격("price")를 의미한다. 다른 행에 나와 있는 모든 숫자들이 이와 같은 방식으로 체계적으로 포맷되어 있기 때문에 각 숫자들이 space로 구분되어 있지 않아도 변수별로 나누어 불러들이는 데 문제가 없다. 다만 데이터를 불러들일 때 각 변수의 위치를 정확히 지정해주어야 하는 것은 물론이다. 즉 make 변수는 각 행의 1-13열에 위치하고 있고, mpg 변수는 14-15열, weight 변수는 16-19열, price 변수는 20-23열 등이다(사용자에게 이러한 모든 정보가 사전에 주어져 있어야 할 것이다).

이와 같은 고정포맷 ASCII 파일을 Stata에서 불러들이기 위해서는 File > Import에서 Text data in fixed format를 선택한다. 이 경우 그림 4.7과 같은 대화창이 나타난다.

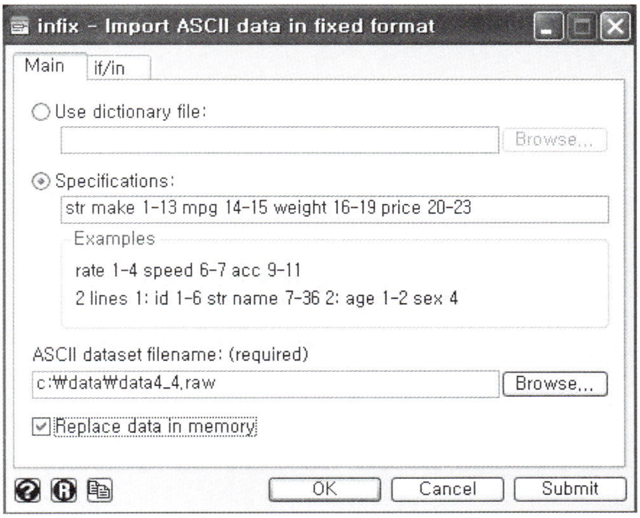

그림 4.7 고정포맷 ASCII 파일의 import 대화창

앞의 대화창을 보면 먼저 Use dictionary file란이 있다. 그런데 dictionary 파일은 4.3절에서 설명한 대로 각 변수에 대한 정보가 들어 있는 *.dct 파일이 있을 경우에는 이를 선택한다. 그러나 본 예제의 경우는 그런 상황이 아니다. 즉 dct 파일은 없고, 단지 각 변수가 어떤 열에 위치하는지에 대한 정보만 알고 있을 뿐이다. 따라서 그 다음 지정란인 Specifications에 다음과 같은 식으로 정보를 입력해 주어야 한다.

```
. str make 1-13 mpg 14-15 weight 16-19 price 20-23
```

짐작할 수 있겠지만, 먼저 첫 번째 변수(make)는 문자변수이기 때문에 str로 시작하고, 이어 변수이름과 열의 위치를 지정해 준다. 기타 다른 변수들은 숫자 변수이기 때문에 바로 변수이름과 열의 위치를 지정해 주면 된다. 대화창에서 맨 아래에 있는 Replace data in memory를 선택하면 메모리 상에 기존에 로딩되어 있던 데이터세트가 제거된다. 한편 고정포맷 Text 파일을 명령문을 이용하여 불러들이기 위해서는 다음과 같이 infix라는 명령어를 사용한다.

```
. infix str make 1-13 mpg 14-15 weight 16-19 price 20-23 using
  data4_4.raw, clear
```

5 SAS 파일(data4_5.sas7bdat)

앞서 언급한 대로 STAT-Transfer라는 프로그램을 이용하면 SAS 데이터파일을 Stata 파일로 바로 전환이 가능하지만, 그렇지 않은 경우에는 SAS 파일을 Stata에서 바로 불러들일 수는 없었다. 그러나 Stata 16버전부터는 import sas 명령어를 이용하여 *.sas7bdat 파일을 손쉽게 *.dta 파일로 변환할 수 있다.7)

```
. import sas using data4_5.sas7bdat, clear
```

6 SPSS 파일(data4_6.sav)

SPSS 데이터 파일의 확장자명은 *.sav이다. Stata 16 버전부터는 import spss 명령어를 이용하여 손쉽게 Stata로 import 할 수 있다.

```
. import spss using data4_5.sav, clear
```

7 데이터 export(auto.dta)

지금까지는 엑셀, SAS, SPSS 등 다른 통계프로그램의 데이터파일을 Stata에서 불러들이는 방법에 대해 설명했다. 그런데 경우에 따라서는 Stata 데이터파일을 다른 통계프로그램에서 사용할 필요가 있을 것이다. 이 때에는 다른 프로그램에서 사용하기 적합한 파일로 Stata에서 export를 하면 된다. 그 방법은 기본적으로 SAS나 SPSS에서의 export하는 방식과 동일하다. 즉 Stata에서 해당 파일을 오픈한 다음 File > Export를 통해 적절한 파일의 종류를 선택하면 된다.

예를 들어 Stata *.dta 파일을 ASCII text 파일로 전환하기 위해서는 해당 dta파일(본

7) sas 파일을 저장한 working directory를 반드시 영어만 포함해야 한다. working directory가 한글을 포함하는 경우 에러메세지가 발생한다. sas 파일 이름 역시 영어로만 만들 수 있다. 한글이 포함된 파일이름은 에러가 발생한다.

예제에서는 auto.dta)을 오픈한 다음 File > Export에서 Text data(fixed or free format)를 선택한다. 그러면 아래 그림 4.8과 같은 대화창이 나타난다.

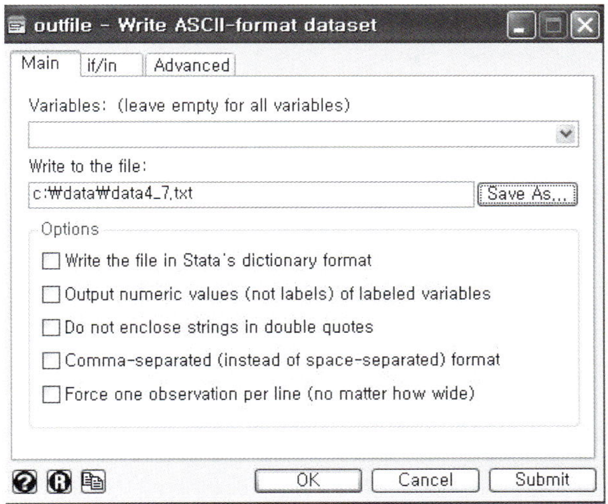

그림 4.8 Stata dta 파일의 export 대화창(Text 형식)

여기에서 먼저 Variables란을 보면 "leave empty for all variables"라고 되어 있다. 아무것도 쓰지 않고 공란으로 비워두면 해당 파일의 모든 변수가 저장된다. 그렇지 않고 특정 변수만을 text 파일로 저장하고자 하면 Variables 란에 원하는 변수를 지정해 주면 된다. 그 다음에 있는 Write to the file 란에는 Save As 버튼을 클릭하여 파일을 저장할 경로와 이름을 지정해 주면 된다. 여기에서 확장자 명은 비교적 자유롭게 지정할 수 있다. 예를 들어, *.txt, *.raw, *.dat 등으로 지정할 수 있다. 이어 Option을 보면 여러 선택사항이 있는데, 이 중 Write the file in Stata's dictionary format을 선택하면 4.3절에서 설명하였던 dictionary 파일 형식으로 저장할 수 있다. 아래 그림 4.11은 Stata 시스템에 있는 auto.dta 파일을 dictionary 파일로 전환한 다음 메모장(notepad)에서 오픈한 것이다.

그림 4.9에 나와 있는 파일의 구조는 앞에서 dictionary 파일의 예로 보았던 그림 4.3와 유사하다. 결국 Stata export 기능을 이용하면 쉽게 dictionary 파일로 변환하는 것이 가능하고, 이를 통해 dta 파일에 있는 제반 변수 정보를 파일 안에 기록해 놓을 수 있다.

```
1.dct - 메모장
파일(F) 편집(E) 서식(O) 보기(V) 도움말(H)
dictionary {
        str18  make               `"Make and Model"'
        int    price              `"Price"'
        int    mpg                `"Mileage (mpg)"'
        int    rep78              `"Repair Record 1978"'
        float  headroom           `"Headroom (in.)"'
        int    trunk              `"Trunk space (cu. ft.)"'
_newline
        int    weight             `"Weight (lbs.)"'
        int    length             `"Length (in.)"'
        int    turn               `"Turn Circle (ft.) "'
        int    displacement           `"Displacement (cu. in.)"'
        float  gear_ratio           `"Gear Ratio"'
        byte   foreign :origin    `"Car type"'
}
"AMC Concord"              4099        22        3      2.5
    2930        186        40       121     3.58  "Domestic"
"AMC Pacer"                4749        17        3      3.0
    3350        173        40       258     2.53  "Domestic"
"AMC Spirit"               3799        22        .      3.0
    2640        168        35       121     3.08  "Domestic"
"Buick Century"            4816        20        3      4.5
    3250        196        40       196     2.93  "Domestic"
"Buick Electra"            7827        15        4      4.0
    4080        222        43       350     2.41  "Domestic"
```

그림 4.9 Stata auto.dta 파일을 dictionary 파일로 전환

한편 그림 4.9에서 기억해야 할 중요한 옵션은 Output numeric values of labeled variables(nolabel 옵션)이다. 숫자 변수(foreign 변수)가 밸류 레이블(value label)을 가지고 있는 경우 이 옵션을 선택하지 않고 Text파일로 변환하는 경우, 그 숫자변수의 밸류 레이블이 변수 값으로 변환되는 문제가 발생한다. 명령문을 이용하여 실행할 수도 있는데, 다음과 같이 outfile이라는 명령어를 사용하며, nolabel 옵션을 선택하였다.

```
. outfile using data4_7.txt, nolabel replace
```

위의 명령문을 실행하면 현재 오픈되어 있는 Stata 파일(예: auto.dta)이 data4_7.txt로 저장된다.

다음으로 Stata 파일을 엑셀에서 쉽게 불러들이기 위해서는 File > Export에서 Text data(delimited, *.csv)를 선택한다. 이 경우 그림 4.10과 같은 대화창이 나온다. 앞의 그림 4.9과 비슷한 방식으로 Variables와 Write to the file을 지정해 주면 된다.

한편 명령문을 이용하여 Stata 파일을 스프레드시트 파일 형식으로 전환하기 위해서는 다음과 같이 outsheet라는 명령어를 사용한다. 앞서 설명한 것처럼 Output numeric values of labeled variables를 선택하면 밸류 레이블 대신 숫자 값으로 전환되어 저장된다.

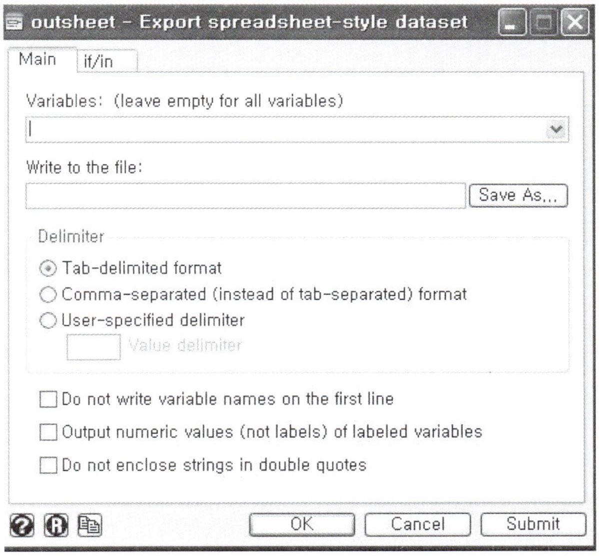

그림 4.10 Stata dta 파일의 export 대화창(스프레드시트 형식)

```
. outsheet using data4_8.txt, nolabel replace
```

TIP 4.1 ● 대화창 하단의 아이콘

그림 4.10의 왼쪽 아래 부분을 보면 와 같은 3개의 아이콘이 있다. 이 중 왼쪽 첫 번째 아이콘은 도움말 아이콘이다. 이 아이콘을 선택하면 help outsheet 명령문을 입력한 것처럼 outsheet 명령어에 대한 도움말 창이 뜬다. 두 번째 아이콘은 Reset 아이콘이다. 이 아이콘을 선택하면 대화창에 입력했던 이름이나 숫자, 혹은 선택내용들이 모두 사라지고 처음 상태로 돌아간다. 마지막 아이콘은 Copy Command to Clipboard이다. 그대로 해석하면 "명령문을 클립보드로 복사하기"이다. 구체적인 사용법을 예를 들면, 그림 4.11의 Write to the file에 c:₩data₩data4_8.txt를 입력한 후 세 번째 아이콘인 을 클릭해보자. 그 다음에 Command 창으로 마우스 커서를 가져간 후 오른쪽 마우스 클릭을 한 다음에 paste를 선택하면 대화창에서 작업한 내용이 Stata 명령문으로 만들어지는 것을 확인할 수 있다. 즉 바로 위에서 설명한 outsheet using data4_8.txt, replace이다. 이러한 기능은 Stata의 프로그래밍 파일인 do 파일(추후 9장에서 자세히 설명)을 만들 때 유용하게 활용할 수 있다. 즉 Stata의 복잡한 명령을 먼저 대화창으로 실행한 다음 이 기능을 이용하여 명령문으로 손쉽게 전환시켜 코딩을 수행하는 것이다.

8 Stata do file

```
cd c:\stata
import excel using data4_1.xlsx, clear sheet("Surv")
import delimited using data4_1.txt, clear
infile str23 var1 var2-var7 using data4_2.raw, clear

infile using data4_3.dct, clear

infix str make 1-13 mpg 14-15 weight 16-19 ///
price 20-23 using data4_4.raw, clear

import sas using data4_5.sas7bdat, clear
import spss using data4_6.sav, clear

outfile using data4_7.txt, nolabel replace
outsheet using data4_8.txt, nolabel replace
```

CHAPTER 05 | 데이터관리 기본 명령어

1장에서도 언급한 바 있지만 Stata의 장점 중 하나는 통계 프로그램으로서 데이터관리(data management)에 매우 뛰어난 능력을 보여준다는 것이다. 즉 데이터의 특성을 파악하고, 정렬이나 편집을 용이하게 수행하는 등 데이터와 관련된 제반 작업을 쉽게 행할 수 있다. 계량경제학에 특화된 여타 통계 프로그램의 경우 막상 데이터관리에는 어려움이 있는 경우가 있다. 이 때문에 엑셀에서 데이터를 편집하고 정리하여 다시 통계 프로그램으로 가져와 분석 작업을 하는 경우가 많다. 즉 데이터관리와 통계분석이 유기적으로 연결되지 못하는 사례라 할 수 있다. Stata는 이런 문제점을 인지하여 데이터관리에서도 매우 다양하고 강력한 명령어들을 가지고 있기 때문에 데이터관리를 위해서 굳이 엑셀과 같은 프로그램에 의존할 필요성을 느끼지 못한다. 본 장에서는 Stata에서 기본적으로 알아야 할 데이터관리 명령어를 예제와 함께 소개하며, 다음 장에서는 좀 더 고급의 데이터관리 명령어를 소개하기로 한다.

1 describe, codebook

명령어 describe(줄여서 d까지만 입력해도 됨)는 앞에서도 다룬 바 있지만, 어떤 데이터세트에 대해 전반적인 속성을 요약해서 보여준다. 그 내용에는 데이터파일의 디렉터리

위치, 관측치 개수, 변수 개수 등의 기본적인 정보, 그리고 2장에서 설명했던 각 변수들의 저장형태(storage type), 디스플레이 포맷(display format), 레이블(label) 등 기술적인 정보들이 들어있다.

어떤 데이터세트가 로딩된 상태(즉 데이터가 메모리 상에 있는 상태)에서 describe 명령을 실행할 수도 있지만, 굳이 메모리상에 있지 않고 파일로 저장된 상태에서도 이 명령을 실행할 수도 있다. 먼저 그림 5.1은 메모리상에 있는 데이터세트에 대해 describe 명령을 실행한 결과를 보여주고 있다. 만약 auto.dta를 메모리상으로 불러들이지 않은 채 describe 명령을 실행하기 위해서는 다음과 같은 명령문이 필요하다.

```
. describe using auto.dta
```

즉 describe 다음에 using을 적고 그 다음에 working directory 내에 있는 auto.dta 파일 이름을 입력한다. 이 명령문을 실행하면 sysuse auto를 실행시키지 않은 채 그림 5.1과 동일한 결과를 얻을 수 있다.

```
. cd c:\stata
. describe using auto.dta

  obs:            74                          1978 Automobile Data
 vars:            12                          13 Apr 2007 17:45
 size:         3,478 (99.9% of memory free)   (_dta has notes)
-------------------------------------------------------------------------
              storage  display     value
variable name   type   format      label      variable label
-------------------------------------------------------------------------
make            str18   %-18s                 Make and Model
price           int    %8.0gc                 Price
mpg             int    %8.0g                  Mileage (mpg)
rep78           int    %8.0g                  Repair Record 1978
headroom        float  %6.1f                  Headroom (in.)
trunk           int    %8.0g                  Trunk space (cu. ft.)
weight          int    %8.0gc                 Weight (lbs.)
length          int    %8.0g                  Length (in.)
turn            int    %8.0g                  Turn Circle (ft.)
displacement    int    %8.0g                  Displacement (cu. in.)
gear_ratio      float  %6.2f                  Gear Ratio
foreign         byte   %8.0g       origin     Car type
-------------------------------------------------------------------------
Sorted by:  foreign
```

그림 5.1 auto.dta 파일의 describe 명령 실행 결과

데이터세트의 변수 전체가 아니라 특정 변수에 대해서만 describe 명령문을 실행할 수도 있다. 이를 위해서는 describe 다음에 원하는 변수들의 이름을 차례대로 적어주면 된다. 아래 예는 auto.dta 데이터파일의 여러 변수 중 price와 mpg에 대해서만 describe 명령을 실행한 결과이다.

```
. describe price mpg

              storage  display     value
variable name   type   format      label      variable label
-------------------------------------------------------------------------
price           int    %8.0gc                 Price
mpg             int    %8.0g                  Mileage (mpg)
```

이상에서 살펴 본 describe가 주로 데이터의 '형식상' 속성을 보여주는 것이라면 명령어 codebook은 데이터의 '내용상' 속성을 보여주는 것이라 하겠다. command 창에 codebook이라고 입력하면 로딩되어 있는 데이터세트의 모든 변수에 대해 내용적 특성을 설명하기 때문에 output이 매우 길게 나오게 된다. 아래 나와 있는 결과는 auto.dta 데이터파일의 여러 변수 중 make, price, rep78 등의 세 변수에 대해서만 codebook 명령을 실행한 것이다.

```
. codebook make rep78 price

-------------------------------------------------------------------------
make                                                       Make and Model
-------------------------------------------------------------------------

           type:  string (str18), but longest is str17

  unique values:  74                       missing "":  0/74

       examples:  "Cad. Deville"
                  "Dodge Magnum"
                  "Merc. XR-7"
                  "Pont. Catalina"

        warning:  variable has embedded blanks

-------------------------------------------------------------------------
rep78                                                  Repair Record 1978
-------------------------------------------------------------------------
```

```
            type:  numeric (int)

                 range:  [1,5]                          units:  1
         unique values:  5                          missing .:  5/74

            tabulation:  Freq.  Value
                             2  1
                             8  2
                            30  3
                            18  4
                            11  5
                             5  .

--------------------------------------------------------------------------
price                                                                Price
--------------------------------------------------------------------------
            type:  numeric (int)

                 range:  [3291,15906]                   units:  1
         unique values:  74                         missing .:  0/74

                  mean:   6165.26
              std. dev:    2949.5

           percentiles:      10%       25%        50%        75%       90%
                            3895      4195     5006.5       6342     11385
```

위의 결과에서 예컨대 "make" 변수에 관한 내용을 보면, 우선 변수에 대한 설명, 즉 레이블(Make and Model)이 있고, 문자(string) 변수라는 것과 가장 긴 문자가 17 글자라는 정보들을 알려주고 있다. 또한 74개 데이터 포인트 중 결측치(missing)는 하나도 없으며, 모든 차 이름들이 서로 별개(unique)임을 말해주고 있다. 아울러 몇 개 차 이름들을 예제로 보여주고, 차 이름에 빈칸(blank)이 끼어 있다는 점을 주의사항으로 알리고 있다. 이처럼 codebook은 굳이 데이터 전체를 보지 않더라도 해당 변수에 대해 대략적인 감을 잡을 수 있는 정보들을 제공하고 있다. 숫자(numeric) 변수인 "rep78" 변수의 경우 데이터값의 범위(range), 즉 최소값과 최대값을 제공하고 있으며, 모든 값들이 정수(integer)로서 단위(unit)가 1이라는 점, 그리고 74개의 관측치 중 5개의 결측치가 있다는 것을 알려준다. 마지막에는 각 데이터값에 대한 빈도수(frequency)가 나와 있다. 마지막 "price" 변수는 데이터값이 연속형 데이터로서 모든 값들이 서로 다르다는 것을 알 수 있다. 범주형 변수와 달리 연속형 변수에 대해서는 평균(mean)과 분산(standard deviation), 그리고 백분위수(percentiles)에 대한 정보들이 제공되는 것을 알 수 있다.

2 display

명령어 중 display(줄여서 di)는 다른 용법도 있지만, 계산기로서 유용하게 사용할 수 있다. Stata 작업 중 간단한 계산이 필요할 때 다른 프로그램에 의존할 필요 없이 Command 창에서 바로 계산할 수 있다. 예를 들어 다음과 같다.

```
. di 4*(2+3)
20
```

첫 번째 줄은 4×(2+3)을 계산해서 그 결과를 보여 달라는 명령이고, 이를 실행하면 Result 창에 20이라는 결과가 나온다. 계산에 쓰이는 기호로는 곱하기를 의미하는 "*" 이외에도 "/"은 나누기, "^"은 멱(power) 함수이다. 이 밖에도 exp(즉 exponential)이나 log 등 다양한 함수도 사용할 수 있다. 또한 display는 Stata에 내장되어 있는 값을 확인할 때도 사용할 수 있다. 예를 들어 원주율 π값은 Stata에 _pi로 저장되어 있다. 그 값을 확인하기 위해서는 다음과 같이 명령문을 입력한다.

```
. di _pi
3.1415927
```

여기에서 _pi의 디스플레이 포맷(display format)을 다음과 같은 방식으로 사용자가 지정할 수도 있다.

```
. di %12.10f _pi
3.1415926536
```

명령문에 있는 %12.10f에서 "12"는 전체 숫자를 표현할 수 있는 최대 자릿수를 의미하며, ".10"은 소수점 이하 자릿수를 말하고, 마지막 "f"는 소숫점 자리수를 고정시키는 f-포맷을 의미한다(자세한 내용은 2.4절 참조). 또 다른 예로 동전을 6번 던져 앞면이 두 번 나올 확률은 다음과 같이 계산한다. 여기에서 comb( ) 함수는 combination(조합)을 의미한다.

```
. di comb(6,2)*0.5^2*0.5^4
.234375
```

한편 display에서 사용할 수 있는 함수에 대해서 자세히 알고자 한다면 display 명령어에 대한 대화창(dialog box)을 이용하는 것이 편리하다. 이를 위해서는 Command 창에 db display라고 치면 된다. 그 경우 그림 5.2의 왼쪽 그림과 같은 대화창이 나타난다. 여기에서 Expression을 기입하는 란의 맨 오른쪽에 Create를 클릭하면 그림 5.2의 우측 그림과 같은 Expression builder 창이 나타난다.

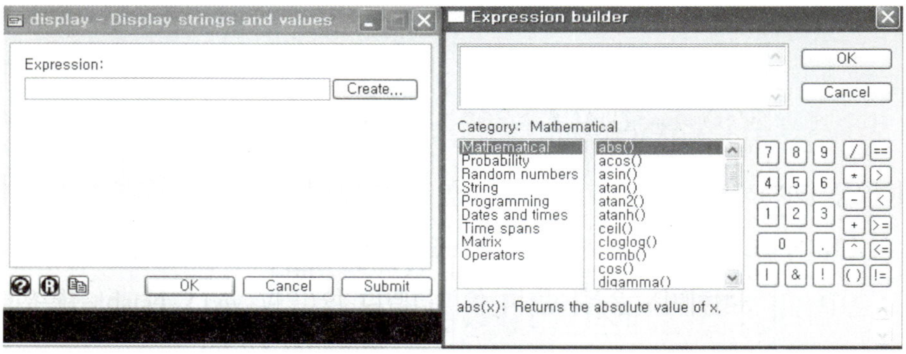

그림 5.2 db display 명령시 나타나는 대화창

위의 Expression builder 대화창의 빈 박스 안에 계산하기를 원하는 수식, 가령 4*(2+3)을 쓰고 OK를 클릭하면 계산 결과를 얻을 수 있다. 이 창에는 다양한 수학적 함수, 확률함수 등 Stata에 내장되어 있는 많은 함수가 있다. 따라서 내장 함수를 이용하고자 하지만 함수 명령어를 모르는 경우 이 대화창을 유용하게 사용할 수 있다. 각 함수에 대한 자세한 설명은 다음 명령문을 이용하여 도움말을 얻을 수 있다.

```
. help function
```

3 list와 in/if 구문

명령어 list는 데이터세트의 모든 값을 Results 창에 그대로 보여주는 기능을 한다. 변수들의 특성을 요약해서 보여주는 다른 명령어와 달리 모든 관측치를 있는 그대로 보여주는 것이다. 변수의 관측치는 Edit 또는 Browse 명령어를 통해서도 확인할 수 있지만, 이 경우에는 데이터 창이 새로 생기는 약간의 번거로움이 있다. 또한 list 명령어를 이용하면 자신이 원하는 변수와 그 변수의 특정 데이터값만을 확인할 수도 있다. 그림 5.3은 auto.dta에 대해 list 명령을 실행했을 때 Results 창에 나타나는 결과를 보여준다.

```
. list

     make                price  mpg  rep78  headroom  trunk  weight  length  turn  displa~t  gear_r~o   foreign

  1. AMC Concord         4,099   22      3       2.5     11   2,930     186    40       121      3.58  Domestic
  2. AMC Pacer           4,749   17      3       3.0     11   3,350     173    40       258      2.53  Domestic
  3. AMC Spirit          3,799   22      .       3.0     12   2,640     168    35       121      3.08  Domestic
  4. Buick Century       4,816   20      3       4.5     16   3,250     196    40       196      2.93  Domestic
  5. Buick Electra       7,827   15      4       4.0     20   4,080     222    43       350      2.41  Domestic

  6. Buick LeSabre       5,788   18      3       4.0     21   3,670     218    43       231      2.73  Domestic
  7. Buick Opel          4,453   26      .       3.0     10   2,230     170    34       304      2.87  Domestic
  8. Buick Regal         5,189   20      3       2.0     16   3,280     200    42       196      2.93  Domestic
  9. Buick Riviera      10,372   16      3       3.5     17   3,880     207    43       231      2.93  Domestic
 10. Buick Skylark       4,082   19      3       3.5     13   3,400     200    42       231      3.08  Domestic

 11. Cad. Deville       11,385   14      3       4.0     20   4,330     221    44       425      2.28  Domestic
 12. Cad. Eldorado      14,500   14      2       3.5     16   3,900     204    43       350      2.19  Domestic
 13. Cad. Seville       15,906   21      3       3.0     13   4,290     204    45       350      2.24  Domestic
 14. Chev. Chevette      3,299   29      3       2.5      9   2,110     163    34       231      2.93  Domestic
 15. Chev. Impala        5,705   16      4       4.0     20   3,690     212    43       250      2.56  Domestic

 16. Chev. Malibu        4,504   22      3       3.5     17   3,180     193    31       200      2.73  Domestic
 17. Chev. Monte Carlo   5,104   22      2       2.0     16   3,220     200    41       200      2.73  Domestic
 18. Chev. Monza         3,667   24      2       2.0      7   2,750     179    40       151      2.73  Domestic
 19. Chev. Nova          3,955   19      3       3.5     13   3,430     197    43       250      2.56  Domestic
 20. Dodge Colt          3,984   30      5       2.0      8   2,120     163    35        98      3.54  Domestic

 21. Dodge Diplomat      4,010   18      2       4.0     17   3,600     206    46       318      2.47  Domestic
 22. Dodge Magnum        5,886   16      2       4.0     17   3,600     206    46       318      2.47  Domestic
 23. Dodge St. Regis     6,342   17      2       4.5     21   3,740     220    46       225      2.94  Domestic
 24. Ford Fiesta         4,389   28      4       1.5      9   1,800     147    33        98      3.15  Domestic
 25. Ford Mustang        4,187   21      3       2.0     10   2,650     179    43       140      3.08  Domestic

 26. Linc. Continental  11,497   12      3       3.5     22   4,840     233    51       400      2.47  Domestic
 27. Linc. Mark V       13,594   12      3       2.5     18   4,720     230    48       400      2.47  Domestic
 28. Linc. Versailles   13,466   14      3       3.5     15   3,830     201    41       302      2.47  Domestic
 29. Merc. Bobcat        3,829   22      4       3.0      9   2,580     169    39       140      2.73  Domestic
 30. Merc. Cougar        5,379   14      4       3.5     16   4,060     221    48       302      2.75  Domestic

 31. Merc. Marquis       6,165   15      3       3.5     23   3,720     212    44       302      2.26  Domestic
 32. Merc. Monarch       4,516   18      3       3.0     15   3,370     198    41       250      2.43  Domestic
--more--
```

그림 5.3 auto.dta에 대해 list 명령 실행 결과

그림에서 맨 상단에 좌에서 우로 변수명이 나열되어 있고, 맨 왼쪽 위에서 아래로는 관측치의 순번이 1에서 32번까지 표시되어 있다. 이 데이터세트의 경우 관측치의 개수가 74개이지만 화면에 이들 모두를 나타낼 수 없으므로 32번째까지만 나와 있는 것이다. 키보드에서 ('한/영' 키가 영문으로 되어 있는 상황에서) 임의의 키를 누르면 그 다음 화면이 나타난다. 단, 다른 키가 아니라 엔터키를 치게 되면 화면 전체가 넘어가는 대신

엔터를 칠 때마다 한 줄씩 추가되는 방식으로 값들이 나타난다. 이처럼 한 페이지씩 표시되는 more 기능을 없애고자 한다면 앞서 설명하였듯이 다음과 같이 명령문을 입력하면 된다.

```
. set more off
```

그림 5.3을 보면 행간 구분을 쉽게 하기 위해 5, 10, 15번 등 다섯 행마다 좌우로 구분선을 그어 놓았음을 알 수 있다. 이 구분선의 간격을 조정할 수도 있는데, 예를 들어 매 10번째 행에 구분선을 긋고자 할 경우 명령문은 다음과 같다.

```
. list, sep(10)
```

위 명령문의 의미는 구분선(separator)을 매 10번째 행 아래에 두라는 의미이다. 변수의 개수가 많을 경우 특정 변수(들)만 지정하여 살펴볼 수 있다. 이 경우 list 다음에 원하는 변수를 적어주면 된다. 또한 list 명령어의 옵션을 적절히 사용하면 데이터값과 함께 기본적인 통계량 정보도 얻을 수 있다. 즉 list 다음에 원하는 변수이름을 기입한 후, 옵션으로 mean, sum, N(대문자이어야 함) 등을 추가하면 각 변수의 평균, 합계, (결측치를 제외한) 관측치 개수를 제공한다. 아래에 예가 나와 있다.

```
. list price mpg, mean sum N

      +-------------------+
      |  price        mpg |
      |-------------------|
  1.  |  4,099         22 |
  2.  |  4,749         17 |
  3.  |  3,799         22 |
  4.  |  4,816         20 |
  5.  |  7,827         15 |

         - 중략 -
 71.  |  5,397         41 |
 72.  |  4,697         25 |
 73.  |  6,850         25 |
 74.  | 11,995         17 |
      |-------------------|
Mean  | 6,165.3   21.2973 |
 Sum  |  456229      1576 |
   N  |      74        74 |
      +-------------------+
```

한편 특정범위에 해당하는 데이터값만을 보고자 하는 경우도 있는데, 이때에는 in이나 if와 같은 qualifier를 사용할 수 있다. in과 if는 데이터의 범위를 제한하는 데 있어서 매우 중요한 기능을 하며, 비단 list 명령어뿐만 아니라 데이터관리와 관련된 거의 모든 명령어와 결합이 가능하다. 따라서 여기에서 그 용법을 익혀놓으면 다양한 응용이 가능할 것이다.

예를 들어 price 변수의 1~10번째 관측치를 보고자 한다면 명령문과 그 결과는 다음과 같다.

```
. list price in 1/10

     +---------+
     |  price  |
     |---------|
  1. |  4,099  |
  2. |  4,749  |
  3. |  3,799  |
  4. |  4,816  |
  5. |  7,827  |
     |---------|
  6. |  5,788  |
  7. |  4,453  |
  8. |  5,189  |
  9. | 10,372  |
 10. |  4,082  |
     +---------+
```

여기서 "1/10"의 의미는 1부터 10까지라는 의미이다. 또 다른 경우로 예를 들어 마지막 5개 관측치(즉 70~74번째 관측치)를 열람하고자 하면 다음과 같다.

```
. list price in -5/L
```

여기서 "-5"의 의미는 끝에서부터 5번째(즉 70번째) 관측치를 의미하고 대문자 "L"은 마지막(Last) 관측치를 의미한다. 따라서 예를 들어 "in -5/-2"는 70~73번째 관측치를 의미하는 맞는 표현이지만 "in -2/-5"는 범위 순서가 잘못 지정된 표현이다.

한편 if는 어떤 조건에 해당하는 데이터만 선택하고자 할 때 사용한다. auto.dta의 여러 변수 중 foreign이라는 변수에 if 명령어를 적용해보자. 이 foreign 변수는 더미변수

(0과 1로 구성된 변수)로서 값이 0이면 국산차(domestic)이고, 1이면 수입차(foreign)를 의미한다. 이 foreign 변수에 대해서는 약간의 추가적인 설명이 필요하므로 이를 먼저 짚고 넘어가자. 우선 list foreign이라는 명령문을 실행한 다음 foreign 변수의 데이터값을 각자 열람해보라. 바로 앞에서 foreign 변수가 0과 1로 구성된 더미변수라고 했는데, 우리가 볼 수 있는 것은 “domestic”과 “foreign”이라는 문자들임을 바로 확인할 수 있을 것이다. 그런데도 이 foreign 변수는 문자변수가 아니며, 숫자변수이다. 실제로는 0과 1의 값을 가진 숫자이지만, 이들 숫자가 display될 경우 그 의미를 알기 힘들기 때문에 “domestic”과 “foreign”이라는 레이블(label)을 부여해놓은 것이다. 즉 데이터값에 대한 레이블로서 5.7절에서 다시 다루기로 한다.

이제 if의 사용법을 익히기 위해 다음을 생각해보자. 즉 74개 차종이 있는데 이 중 수입차의 가격에만 관심이 있어 이 가격들만 열람하려고 한다. 이 경우 명령문은 다음과 같다.

```
. list price if foreign==1
```

위 명령문을 보면, 우선 list 다음에 원하는 변수이름(price)을 기입하고 if를 적은 다음 조건을 부여한다. 즉 foreign 변수의 값이 1(즉 수입차)인 차종에 대해서만 가격 데이터를 제시하라는 의미한다. 조건인 “foreign==1”에 등호가 2개 들어간다는 점에 유의하라. 짐작할 수 있겠지만, 조건을 지정할 때 다양한 경우가 있을 수 있다. 따라서 여기에 사용되는 operator들도 다음과 같이 여러 종류가 있다.

operator	의미
==	특정 값
~= 또는 !=	특정 값을 제외한 값
〉=	크거나 같다
〉	크다
〈=	작거나 같다
〈	작다
&	and
| (vertical bar)	or

위 operator 중에서 문자변수에 사용될 수 있는 것은 ==와 ~=(혹은 !=)뿐이다. 그림 5.4는 제공된 데이터파일 data5_1.dta[8]을 이용하여 조건부 명령을 실행한 것이다. 즉 place와 pop 2개 변수의 데이터값을 보여주되, place가 Canada 혹은 Yukon인 경우만을 제시하라는 명령문이다.

```
. use data5_1, clear
. list place pop if place=="Canada" | place=="Yukon"

     +------------------+
     |  place       pop |
     |------------------|
  1. | Canada   29606.1 |
 12. |  Yukon      30.1 |
     +------------------+
```

그림 5.4 조건부 명령 실행 결과(data5_1.dta)

여기에서 place 변수는 문자변수이기 때문에 place가 Canada와 같다는 표현을 할 때 반드시 " "(double quotation mark)를 해 주어야 한다. 마지막으로 언급해 둘 것은 하나의 명령문에서 if와 in을 동시에 사용할 수 없다는 점이다.

4 rename

Stata 데이터파일들을 보면 변수이름이 거의 영어와 숫자로만 만들어져 있다. 그러나 Stata에서 변수이름으로 여전히 한글을 사용할 수 있다. Stata에서 변수이름을 만드는 데에는 다음과 같은 몇 가지 규칙이 있다.

8) 예제 데이터 파일은 Hamilton(2006)에서 인용 후 필요에 따라 수정하였다.

(1) 한글, 영문자, 숫자, 특수문자의 조합으로만 만들 수 있다.
(2) 최대 32 글자(숫자와 특수문자 포함)만 사용할 수 있다.
(3) 숫자로 시작할 수 없다.
(4) 일부 특수문자, 가령 –(하이픈)이나 *(asterisk)는 사용할 수 없다.
(5) space를 사용할 수 없다.

이미 주어진 변수이름을 변경하고자 할 때는 rename 명령어를 이용할 수 있다. 다음과 같은 식으로 사용한다.

```
. sysuse auto, clear
. rename price price1000
. rename mpg _mpg1
. rename weight 자동차무게
```

위 명령문의 첫째 줄은 기존의 데이터세트를 메모리상에서 제거하고(clear) 시스템상에 있는 auto.dta를 불러들이라는 것이다. 두 번째 줄에서는 변수 price의 이름을 price1000으로 바꾸었으며, 세 번째 줄에서는 변수 mpg의 이름을 _mpg1로 바꾸었다. 이처럼 기존 변수이름을 먼저 쓰고 바꾸고자 하는 새로운 변수이름을 나중에 쓰면 된다. 한글을 포함한 변수이름을 만드는 것도 역시 가능하다.

Command 창에 db rename를 실행하면 그림 5.5와 같은 rename 명령어의 대화창(dialog box)을 불러올 수 있다.

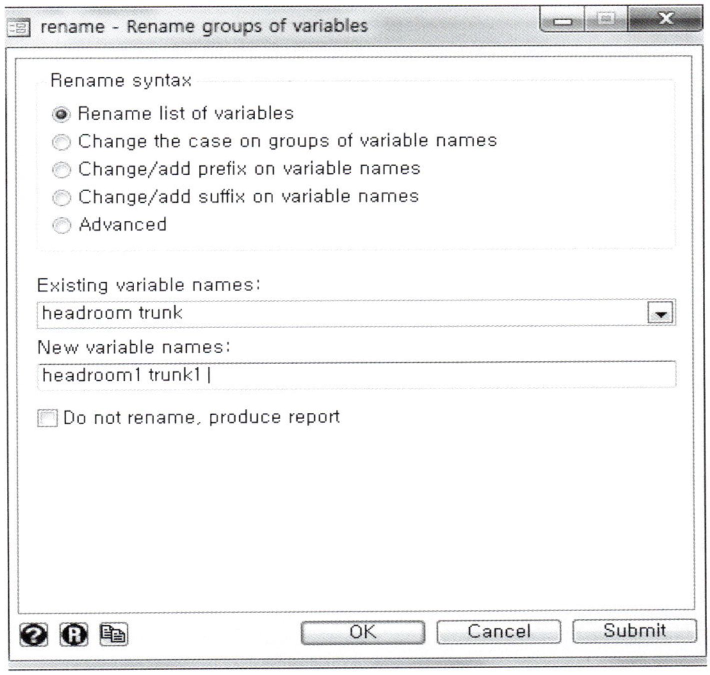

그림 5.5 rename 명령어의 대화창

여기에서 Existing variable name 란에 바꾸고자 하는 변수이름을 지정하고 New variable name에는 새로운 변수이름 지정하면 된다. 버전 11에서는 변수이름을 한 번에 하나씩만 바꿀 수 있다. 그러나 버전 12 이후에서는 동시에 2개 이상 변수이름을 바꿀 수 있다. 그림 5.5에서 headroom과 trunk 변수이름을 headroom1과 trunk1으로 바꾸는 대화창을 보여준다. 명령문은 아래와 같이 괄호 ( )를 사용한다.

```
. rename (headroom trunk) (headroom1 trunk1)
```

TIP 5.1 ● OK와 Submit의 차이

그림 5.5의 대화창 맨 하단 오른쪽을 보면 익숙한 OK와 Cancel 외에 Submit이라는 버튼이 있다. Submit은 OK와 마찬가지로 어떤 명령을 실행시키는 버튼이다. 단지 OK의 경우에는 주어진 명령의 실행과 동시에 그림 5.5와 같은 대화창 자체가 사라진다. 반면 Submit의 경우에는 명령은 실행되지만 대화창은 여전히 화면에 남아 있게 된다. 작업에 따라서는 대화창

이 계속 남아있으면 편리할 수가 있다. 바로 rename도 그러한 명령어 중의 하나이다. 변수 이름을 바꾸는 작업을 반복적으로 시행하는 경우에는 OK 보다는 Submit을 선택하는 것이 편리하다. 이밖에도 Submit은 대화창을 이용하여 그래프를 그릴 때 OK 대신 많이 사용된다.

앞의 그림 5.5에서 Change/Add suffix on variable names를 선택하면 기존 변수이름에 일정한 숫자를 부여할 수 있다. 이와 관련된 예를 제시하기 위해 auto.dta를 열고 기존 변수이름에 "1999"(일종의 년도)를 포함한 새로운 변수이름을 만들어 보자. 아래 명령문에서 "* *"는 데이터세트에 있는 모든 변수를 의미하고, "_1999"는 기존 변수이름의 뒤 쪽에 추가할 부분을 의미한다.

```
. sysuse auto, clear
. rename * *_1999
```

변수이름이 make_1999, price_1999와 같이 연도가 포함된 변수이름으로 변경되었음을 확인할 수 있다. 이러한 변수이름 변경작업은 노동패널데이터와 같이 연도 별로 분리된 데이터를 하나의 패널데이터로 만들고자 할 때 유용할 수 있다.

5 sort, gsort, bysort

이번 절에서는 데이터를 정렬하는 명령어에 대해 살펴보기로 한다. 여러 변수가 있을 때 먼저 어떤 변수를 기준으로 정렬할 것인지를 결정해야 한다. 기준변수가 결정되면 sort 명령어 다음에 기준변수를 적어주면 된다. 다음은 auto.dta 데이터를 price 변수를 기준으로 정렬하는 명령이다.

```
. sysuse auto, clear
. sort price
```

위와 같이 정렬한 결과를 list 명령어를 사용하여 열람해보자. 아래는 3개 변수에 대해 1~10번째 관측치를 제시하게 만든 것이다.

```
. list make price mpg rep78 in 1/10

     +-------------------------------------+
     | make              price   mpg   rep78 |
     |-------------------------------------|
  1. | Merc. Zephyr      3,291    20       3 |
  2. | Chev. Chevette    3,299    29       3 |
  3. | Chev. Monza       3,667    24       2 |
  4. | Toyota Corolla    3,748    31       5 |
  5. | Subaru            3,798    35       5 |
     |-------------------------------------|
  6. | AMC Spirit        3,799    22       . |
  7. | Merc. Bobcat      3,829    22       4 |
  8. | Renault Le Car    3,895    26       3 |
  9. | Chev. Nova        3,955    19       3 |
 10. | Dodge Colt        3,984    30       5 |
     +-------------------------------------+
```

위 결과에서 보듯이 모든 관측치들이 price 변수를 기준으로 오름차순으로 정렬되어 있다. sort로 정렬한 다음 list 명령어를 잘 이용하면 필요한 데이터만 손쉽게 뽑아낼 수 있다. 예를 들어 가격 기준 최상위 5개 차종을 골라내기를 원한다면, 먼저 price를 기준으로 정렬한 다음 list 명령어 다음에 −5/L을 적어주면 된다. 즉 다음과 같은 식이다.

```
. list make price in -5/L

     +---------------------------+
     | make                price |
     |---------------------------|
 70. | Peugeot 604        12,990 |
 71. | Linc. Versailles   13,466 |
 72. | Linc. Mark V       13,594 |
 73. | Cad. Eldorado      14,500 |
 74. | Cad. Seville       15,906 |
     +---------------------------+
```

명령어 sort가 오름차순만 가능한 데 반해 gsort는 오름차순은 물론 내림차순도 가능하다. 변수이름 앞에 "+"를 붙이거나 혹은 변수이름만 입력하면 sort와 마찬가지로 오름차순으로 정렬되고 "-"를 붙이면 내림차순으로 정렬된다. 즉 다음과 같다.

```
. gsort -price
```

정렬의 기준이 되는 변수가 반드시 1개일 필요는 없다. 2개 이상의 변수를 지정할 수도 있는데, 이 경우 가장 앞에 나온 변수를 기준으로 정렬하되 이 기준변수의 값이 동일할 경우에는 그 다음 변수를 기준으로 정렬시키게 된다. 엑셀에서 1순위, 2순위 정렬과 같은 종류이다. 아래의 예에서는 company 변수가 1순위 정렬변수이고 year 변수가 2순위 정렬변수가 된다(data5_2.dta).

```
. use data5_2, clear
. sort company year
```

한편 문자변수에 대해서도 sort나 gsort를 이용할 수 있다. 문자변수가 영어일 경우에는 알파벳 순으로 정렬되고 한글일 경우에는 가나다 순으로 정렬된다. 숫자변수와 마찬가지로 sort의 경우에는 오름차순, gsort의 경우에는 오름차순과 내림차순("-"를 붙일 경우)이 가능하다.

다음으로 bysort 명령어에 대해 알아보자. bysort는 by와 sort가 결합한 것이다. 여기에서 by는 Stata에서 prefix(전위표기)의 한 종류로서 어떤 기준을 의미한다. 예를 들어 다음 명령문을 보자.

```
. by company: summarize invest
```

여기에서 먼저 뒤쪽의 summarize 명령어는 7.1절에서 자세히 설명하겠지만 어떤 변수에 대해 요약 통계량(평균, 표준편차 등)을 계산하게 하는 명령어이다. 위의 경우 invest 변수에 대한 요약 통계량이다. 이 상황에서 by company는 "각 company에 대해 "라는 의미이다. 즉 company 1, 2, 3이 있을 경우 1의 모든 invest를 하나의 그룹으로 하여 기초통계량을 구하고, 2와 3에 대해서도 동일한 방식으로 구하라는 것이다. 이처럼 by는 그 다음에 나오는 변수(즉 company)를 동일한 값을 가진 것끼리 그룹화 한 다음, :(콜론) 다음의 명령어를 실행하라는 것이다. 그런데 위와 같은 식으로 명령을 실행할 경우 다음과 같은 에러 메시지가 나오는 경우가 가끔 있다.

```
not sorted
r(5);
```

즉 데이터를 일단 company를 기준으로 한번 정렬(sort)시켜야만 위의 명령을 실행시킬 수 있는 것이다. 따라서 이런 에러 메시지가 나오면 다음과 같이 실행시켜야 한다.

```
. by company, sort: summarize invest
```

이것을 다음과 같이 표현해도 동일한 결과를 얻는다.

```
. bysort company: summarize invest
```

이를 실행하면 다음과 같은 결과를 얻는다.

```
. by company, sort: summarize invest
----------------------------------------------------------------------
> company = 1

    Variable |       Obs        Mean    Std. Dev.       Min        Max
-------------+--------------------------------------------------------
      invest |        20      608.02    309.5746      257.7     1486.7

----------------------------------------------------------------------
> company = 2

    Variable |       Obs        Mean    Std. Dev.       Min        Max
-------------+--------------------------------------------------------
      invest |        20     410.475    125.3994      209.9      645.5

----------------------------------------------------------------------
> company = 3

    Variable |       Obs        Mean    Std. Dev.       Min        Max
-------------+--------------------------------------------------------
      invest |        20      102.29     48.5845       33.1      189.6
```

by는 Stata에서 제일 많이 사용되는 prefix로서 매우 유용하게 활용할 수 있다. 위에서 예로 든 summarize뿐만 아니라 거의 대부분의 명령어에 대해 prefix로 활용할 수 있다.

6 drop, keep, order

어떤 데이터세트의 여러 변수 중 특정변수를 삭제하기 위해서는 drop 명령어를 이용한다. 예를 들어 다음과 같다.

```
. sysuse auto, clear
. drop price mpg
```

이는 auto.dta 데이터세트에서 price 변수와 mpg 변수를 삭제하는 명령이다. 일부가 아니라 모든 변수를 삭제하고자 하면 다음과 같다.

```
. drop _all
```

이 명령문을 실행하면 주어진 데이터세트의 모든 변수가 사라진다. 따라서 clear 명령어와 같은 결과를 가져온다. drop 명령어로 어떤 변수들을 없앴다고 해서 데이터파일에서 변수들이 사라지는 것은 아니고 주어진 세션의 메모리상에서만 사라진 것일 뿐이다. 데이터파일 자체를 변경하기를 원하면 File > Save를 거쳐 저장해야 한다(혹은 Stata 세션을 마칠 때 수정된 데이터세트를 저장할지 여부를 물어본다)

명령어 drop은 특정 열(column)이 아니라 특정 행(row)을 삭제할 때도 사용한다. 이 경우 5.3절에서 소개했던 in이나 if를 활용한다. 예를 들어 다음과 같다.

```
. sysuse auto, clear
. drop in 1/10
```

위 명령문을 실행하면 원래 데이터세트에서 1~10번째 행이 모두 삭제된다. 주의해야 할 점은 모든 변수의 1~10번째 행에 해당하는 관측치들이 삭제된다는 것이다. 사실 Stata에서는 행 길이가 동일해야 하며, 특정 변수의 행이 다른 것에 비해 길거나 짧을 수 없다. 따라서 특정 변수의 특정 관측치만을 삭제하는 것이 불가능하다. 예를 들어 price 변수의 5번째 관측치를 삭제하려고 하면 다음과 같은 에러 메시지가 나온다.

```
. sysuse auto, clear
. drop price in 5
invalid syntax
r(198);
```

다음으로 살펴볼 명령어 keep은 drop과 반대되는 것이다. 즉 drop의 경우 지정한 변수를 삭제하고 지정하지 않은 변수는 남겨놓는데 반해, keep은 지정한 변수만을 남기고 지정하지 않은 변수는 제거한다. 예를 들어 다음과 같다.

```
. sysuse auto, clear
. keep make price
```

이 경우 make와 price를 제외한 모든 변수가 데이터세트에서 삭제된다. 만약 삭제하고자 하는 변수가 아주 많다면 drop보다 keep을 사용하는 것이 더 편할 것이다. keep 역시 drop과 마찬가지로 in과 if를 사용할 수 있다. 예를 들어 다음과 같다.

```
. sysuse auto, clear
. keep if foreign==1
```

이 경우 foreign 변수 값이 1인 관측치만 남고 그 외(여기 예에서는 foreign 변수 값이 0인 관측치)는 모두 삭제된다.

다음으로 살펴 볼 명령어 order는 변수들 간의 위치를 바꿀 때 유용하게 사용할 수 있다. auto.dta의 경우 변수 순서는 make, price, mpg, rep78, headroom,… 순으로 되어 있다. 이런 상황에서 다음 명령을 살펴보자.

```
. sysuse auto, clear
. order price, after(rep78)
```

위의 두 번째 줄의 의미는 price를 rep78 위치 뒤로 옮기라는 것이다. 따라서 위 명령 이후 변수 순서는 make, mpg, rep78, price, headroom,… 순이 된다. 즉 다른 변수의 순서는 그대로 둔 채 price 변수만을 뽑아내어 이를 rep78 변수 뒤로 끼워 넣는 것이다.

order 명령어를 이용하여 여러 개의 변수를 동시에 이동시킬 수도 있다. make와 price 변수를 동시에 foreign 변수 뒤로 옮기고자 할 때에는 다음과 같이 명령문을 작성한다.

```
. sysuse auto, clear
. order make price, after(foreign)
```

order 명령어에서 after 옵션뿐만 아니라 before 옵션도 사용할 수 있다. 가령 제일 뒤에 있는 변수를 맨 앞으로 옮기고자 할 때 다음과 같이 명령문을 작성할 수 있다.

```
. sysuse auto, clear
. order foreign, before(make)
```

한편 명령어 aorder는 변수들을 알파벳순으로 정렬시키는 것이다. 어떤 데이터세트에는 변수가 수십 개에 이르는 경우가 있다. 이런 경우 Variables 창에서 사용자가 원하는 변수를 찾는 것조차 번거로운 작업일 수 있다. 이럴 때 aorder로 다음과 같이 정렬해 주면 (변수이름을 알고 있는 경우) 좀 더 쉽게 찾을 수 있다.

```
. sysuse auto, clear
. aorder
```

7 데이터 레이블

일반적으로 레이블(label)은 어떤 물건에 붙여 놓은 설명 꼬리표를 말한다. Stata에서는 이와 같은 레이블 기능을 매우 다양하게 사용할 수 있다. 본 절에서는 데이터와 관련된 레이블을 소개한다. 즉 데이터세트나 변수, 혹은 개별 데이터값에 간단한 설명을 붙여놓는 방법을 소개한다.

먼저 데이터세트 레이블이다. 이는 어떤 데이터세트가 어떤 내용을 담고 있는지, 어떤 특성이 있는지 등을 사용자가 잘 기록해 놓기 위한 것이다. Stata를 본격 사용하게 되면 여러 *.dta 파일들이 생기게 되는데, 파일의 이름만으로 구별이 힘든 경우가 발생한다. 이럴 때 데이터세트 레이블 기능을 이용하여 해당 파일이 어떤 내용을 가지고 있는지 자세히 설명해 놓음으로써 나중에 파일들 간의 차이를 쉽게 파악하는데 도움이 된다. 데이터세트 레이블은 Data utilities > Label utilities > Label dataset을 선택하면 그림 5.6과 같은 대화창이 생긴다. 여기에서 Attach label to data 란에 해당 데이터세트에 대한 설명을 써준다. 예를 들어 "Stata 연습용 데이터파일_2020년8월25일"과 같은 식으로 입력할 수 있다. 여기에는 영어와 한글 모두 입력 가능하다. 단 길이에 제약이 있는데, Stata IC 버전의 경우 (space 포함하여) 영문자 80글자(한글 40글자)까지 입력할 수 있다.

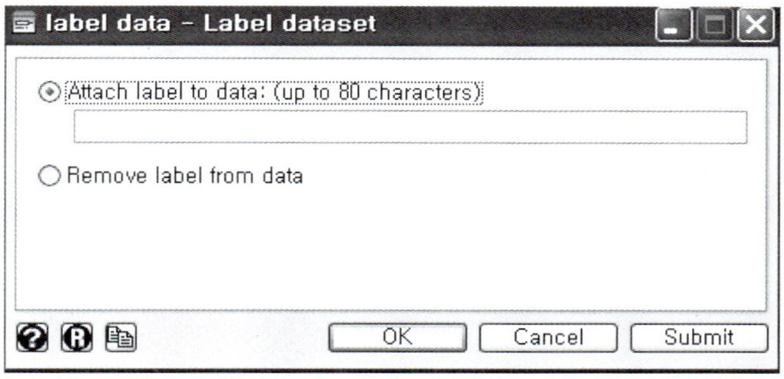

그림 5.6 **데이터세트 레이블 대화창**

이와 동일한 내용을 명령문으로 실행하기 위해서는 다음을 Command 창에 입력한다.

```
. use auto,clear
. label data "Stata 연습용 데이터파일_2020년8월25일"
```

자신이 입력한 데이터세트 레이블을 확인하려면 다음과 같이 describe 명령어를 이용한다. 오른쪽 상단을 보면 새롭게 입력한 데이터세트 레이블이 있는 것을 확인할 수 있다.

```
. de

  obs:            74                        Stata 연습용 데이터
                                              파일_2020년8월25일
 vars:            12                        13 Apr 2007 17:45
 size:         3,478  (99.9% of memory free)  (_dta has notes)

- 이하 생략-
```

각 변수에 대해서도 레이블 기능을 이용하여 설명을 붙여놓을 수 있다. 특히 Stata에서는 변수들의 이름이 영어 줄임말로 되어 있어서 자신이 이름을 정했다 하더라도 시간이 지나면 변수이름 만으로 그 내용을 기억해 내기가 어려운 경우가 많다. 이럴 때를 대비해 변수에 대한 레이블을 이용하여 자세한 설명을 추가해 놓을 필요가 있다. 만약 기존에 설정해놓은 레이블이 있다면 Variables 창에서 각 변수별로 확인할 수 있다. 만약 이를 바꾸고자 한다면 Data > Data utilities > Label utilities > Label variables을 선택한다. 그러면 그림 5.7과 같은 대화창이 나타난다.

여기에서 어떤 변수에 레이블을 새롭게 붙이거나 변경하고자 하는 경우(Attach a label to a variable) 위 그림의 가운데에 있는 Variable에서 원하는 변수를 선택하고, 그 아래 New variable label 란에 자신이 원하는 레이블을 한글 또는 영어로 입력한다. 예를 들어 price 변수를 선택한 다음, 한글로 "자동차 가격"이라는 레이블을 주는 식이다. 이에 대한 명령문은 다음과 같다.

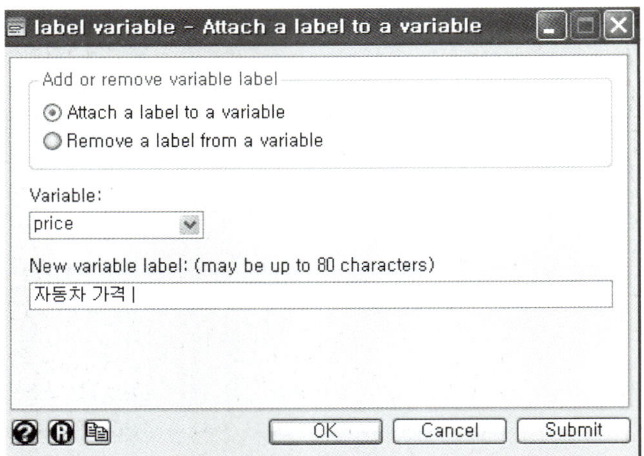

그림 5.7 **변수 레이블 대화창**

```
. label variable price "자동차 가격"
```

이 경우 price 변수의 레이블이 기존의 "Price"에서 "자동차 가격"으로 바뀌게 된다. 이 결과를 Variables 창에서 확인할 수 있다. 변수 레이블 작업은 그 성격상 한 번에 변수 하나씩만 실행할 수 있다. 따라서 여러 변수에 대해 계속적으로 변수 레이블 작업을 하고자 하면 그림 5.7의 대화창에서 OK 대신 Submit을 선택하면 편리하다(Tip 4.1 참조).

지금까지 데이터세트 전체와 각 변수에 대한 레이블 작업을 설명했는데, 개별적인 데이터값에 대해서도 레이블을 붙여 놓을 수 있다. 예를 들어 서베이 데이터의 경우 범주형 변수(categorical variable)인 경우가 많다. 예컨대 성별 변수의 데이터값을 0(여자)과 1(남자)로 입력하는 경우 각 숫자가 어떤 성별을 의미하는지 나중에 혼란스러울 수 있다. 이럴 때 숫자로 입력된 범주형 변수의 값에 레이블을 부여하면 숫자 대신 레이블이 display된다. 물론 이 경우 데이터값 자체가 문자로 바뀐 것은 아니고 단지 의미를 알기 힘든 숫자 대신 레이블을 대신 보여주는 것이다. 즉 데이터값에 레이블을 부여하더라도 변수의 속성이 바뀌는 것은 아니다.

예제로 주어진 데이터세트 data5_3.dta를 이용하여 데이터값에 레이블을 부여해 보자. 주어진 데이터에서 foreign 변수는 0과 1로 구성된 더미 변수이다. 0은 국산차를 의미하고 1은 수입차를 의미한다. 여기에서 0에는 “국산차” 그리고 1에는 “수입차”라는 레이블을 주고자 한다. 이는 두 단계로 진행된다. 먼저 각 값에 붙여지는 이름, 즉 밸류 레이블(value label)을 정의하는 것이 1단계이고, 정의한 밸류 레이블을 범주형 변수의 각 값에 배정하는 것이 2단계이다. 우선 밸류 레이블을 정의하기 위해서는 Data > Data utilities > Label utilities > Manage value labels를 선택하면 그림 5.8의 위쪽에 있는 대화창을 얻게 된다.

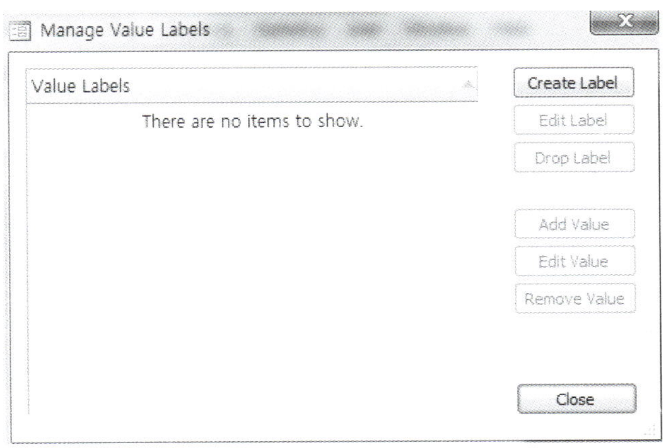

그림 5.8 밸류 레이블 정의작업 대화창

그림 5.8 상단에 있는 대화창에서 Create Label을 클릭하면 하단에 나와 있는 것과 같은 Create Label 창이 생긴다. 여기에서 Label name 란에 적절한 이름을 지정해준다. 이 이름은 0에는 국산차, 1에는 수입차를 부여하는 '레이블 규칙'에 대한 이름이다. 여기에는 한글만으로 이름을 만들 수 없으며 또한 space를 둘 수도 없다. 가령 "origin"이라는 이름을 입력하기로 하자. 그런 후 OK를 선택하면 Add value 창이 새로 생긴다. 거기에서 상단에 있는 Value에 0을 입력하고 Text에는 국산차라고 입력하자. 그런 후 OK를 선택하면 입력이 실행됨과 동시에 새로운 Add value 창이 생긴다. 그러면 이번에는 Value에 1을 입력하고 Text에는 수입차라고 입력한다. 이때에도 역시 새로운 Add value 창이 생기지만, 우리 예에서는 더 이상 밸류 레이블을 할 필요가 없으므로 Cancel을 선택한다. 이로써 레이블에 대한 정의 작업이 끝났으며, 이들 정보는 "origin"이라는 이름으로 저장되게 된다.

```
. label define origin 0 "국산차" 1 "수입차"
```

이제 두 번째 단계로서 정의된 밸류 레이블을 foreign 변수의 각 값에 배정하여야 한다. 이를 위해서는 Data > Data utilities > Label utilities에서 Assign value labels to variable 메뉴를 선택한다. 그러면 다음의 대화창이 생긴다.

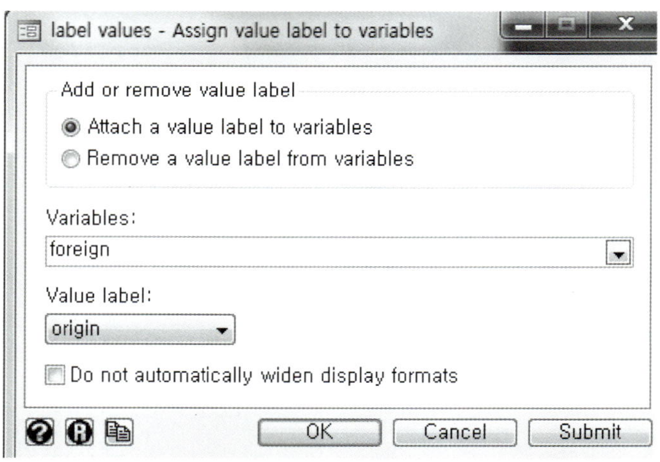

그림 5.9 **밸류 레이블 배정작업 대화창**

여기에서 어떤 변수에 밸류 레이블을 새롭게 붙이거나 변경하고자 하는 경우(Attach a value label to a variable) 위 그림의 가운데 왼쪽에 있는 Variable에서 범주형 변수인 foreign을 선택하고, 그 오른쪽의 Value label은 앞에서 정의해 놓은 "origin"을 선택하면 된다. 이를 명령어로 실행하기 위해서는 label values를 이용한다.

```
. label values foreign origin
```

지금까지 작업한 결과를 list 명령어를 이용하여 확인하면 다음과 같은 결과를 볼 수 있다.

```
. list make foreign

     +-----------------------------+
     | make               foreign |
     |-----------------------------|
  1. | AMC Concord          국산차 |
  2. | AMC Pacer            국산차 |
  3. | AMC Spirit           국산차 |
  4. | Buick Century        국산차 |
  5. | Buick Electra        국산차 |
     |-----------------------------|

  - 이하 생략 -
```

위 결과를 brows 명령어로 스프레드시트 상에서 읽어 들이는 경우 foreign 변수 값인 "국산차"와 "수입차"가 파란색으로 표시됨을 알 수 있다. 결과적으로 Stata에서 변수의 색은 크게 3가지로 구분된다. 빨간색(문자변수), 검정색(숫자변수), 파란색(밸류 레이블을 가진 숫자변수). 주의해야 할 점은 파란색 변수는 겉으로 보기에는 문자변수 같지만 실제로는 숫자변수라는 것이다.

한편 범주형 데이터에 있어서 경우에 따라서는 밸류 레이블이 아니라 각 범주에 부여된 숫자 값을 알고 싶을 때도 있다. 이런 경우 Command 창에 label list라고 입력하면 현재 데이터세트에 정의되어 있는 모든 밸류 레이블의 규칙들을 보여준다.

```
. label list
origin:
          0 국산차
          1 수입차
```

8 generate, replace

소득 변수에 자연로그를 취해 로그 변수를 만드는 등의 작업은 통계분석 작업에서 반드시 필요한 일이다. 예제로 주어진 데이터세트 data5_4.dta[9])를 이용하여 새로운 변수를 만드는 작업을 연습해보자. 데이터 변수 중 mlife(남자의 평균수명)와 flife(여자의 평균수명)가 있다. 이를 이용하여 평균수명의 남녀 차이를 나타내는 변수(gap 변수라 명명)를 만들고자 한다. 다음과 같이 generate(줄여서 gen) 명령어를 이용하면 된다.

```
. use data5_4, clear
. gen gap=flife-mlife
```

gen 다음에 새로운 변수이름을 적고 "="을 사용하여 새로운 변수를 정의해주는 방식이다. 변수이름을 정의할 때는 반드시 Variables 창에 없는 새로운 이름이어야 한다. 한편 개별 변수를 전환하는 경우도 많은데, 예를 들어 로그 변환 변수는 다음과 같이 log( ) 함수를 이용한다.

```
. gen ln_pop=log(pop)
```

기존 변수를 이용하여 새로운 변수를 만들 수도 있지만 특정한 값을 갖는 새로운 변수를 만들 수도 있다. 아래의 경우 var1 변수의 모든 값이 2로 주어지게 될 것이다.

```
. gen var1=2
```

Stata에서는 시스템 변수(system variable)이라는 개념이 있다. 시스템 변수는 Stata 프로그램 내부에서 사용하고 있는 변수이름이다. 이러한 시스템 변수 중 하나가 _n이다.

9) 예제 데이터 파일은 Hamilton(2006)에서 인용 후 필요에 따라 수정하였다.

이는 어떤 관측치에 이르기까지 몇 개의 관측치가 있는지를 나타내는 변수이다. 그런데 첫 번째 관측치까지는 관측치가 1개 있고, 두 번째 관측치까지는 2개 있기 때문에 _n은 사실상 관측치의 일련번호를 나타내는 변수이다. 아래는 이와 같은 시스템 변수를 이용하여 새로운 변수 var2를 만드는 예제를 보여주고 있다.

```
. gen var2=_n
. list var2

     +------+
     | var2 |
     |------|
  1. |    1 |
  2. |    2 |
  3. |    3 |
  4. |    4 |
  5. |    5 |

  - 이하 생략 -
```

위의 경우를 약간 응용하여 다음과 같이 var3 변수를 만들 때 이는 0부터 12까지의 정수 값을 연속적으로 갖는 변수가 될 것이다.

```
. gen var3=_n-1
```

TIP 5.2 ● 변수이름 다음 square bracket의 의미

변수이름 다음에 꺽쇠괄호(square bracket)인 [ ]를 표기하고 그 안에 어떤 숫자, 예를 들어 5를 적어 넣을 경우 이는 "해당 변수의 5번째 관측치"를 의미한다. 예제로 주어진 데이터세트 data5_5.dta에서 begin 변수를 이용하여 간단한 실습을 해보자. 우선 begin 변수의 5번째 값을 보고자 한다면 Command 창에 다음과 같이 입력하면 된다(di는 display의 줄임 명령어이다).

```
. use data5_5, clear
. di begin[5]
```

또 다른 예로 begin 변수의 5번째 값에서 4번째 값을 빼준 값을 보기 위한 명령문과 그 결과는 다음과 같다.

```
. di begin[5]-begin[4]
-21.839966
```

데이터세트 data5_5.dta는 2007년 1월 2일부터 1월 30일의 KOSPI 주가지수를 기록해놓은 데이터이다. 앞서 설명한 시스템 변수 _n을 이용하면 기존 데이터값을 이용하여 주가상승폭을 나타내는 변수를 간단하게 만들 수 있다. 우선 begin 변수에 대해 다음과 같은 변수를 만들어보자.

```
. gen begin_n1=begin[_n-1]
```

새로운 변수를 포함한 전체 데이터값을 보면 다음과 같다.

```
. move  begin_n1 day_1

. list

     +-------------------------------------------+
     |        day     begin   begin_n1     day_1 |
     |-------------------------------------------|
  1. | 2008.01-02   1438.89          .   02jan2007 |
  2. | 2007-01-03   1436.42    1438.89   03jan2007 |
  3. | 2007-01-04   1410.55    1436.42   04jan2007 |
  4. | 2007-01-05    1398.6    1410.55   05jan2007 |
  5. | 2007-01-08   1376.76     1398.6   08jan2007 |
     |-------------------------------------------|
  6. | 2007-01-09   1376.71    1376.76   09jan2007 |
  7. | 2007-01-10   1372.52    1376.71   10jan2007 |
  8. | 2007-01-11   1357.57    1372.52   11jan2007 |
  9. | 2007-01-12      1379    1357.57   12jan2007 |
 10. | 2007-01-15   1396.87       1379   15jan2007 |
     |-------------------------------------------|
 11. | 2007-01-16      1392    1396.87   16jan2007 |
 12. | 2007-01-17   1391.75       1392   17jan2007 |
 13. | 2007-01-18   1378.37    1391.75   18jan2007 |
 14. | 2007-01-19   1369.09    1378.37   19jan2007 |
 15. | 2007-01-22   1363.84    1369.09   22jan2007 |
     |-------------------------------------------|
 16. | 2007-01-23   1353.06    1363.84   23jan2007 |
 17. | 2007-01-24   1369.96    1353.06   24jan2007 |
 18. | 2007-01-25   1392.55    1369.96   25jan2007 |
 19. | 2007-01-26   1372.36    1392.55   26jan2007 |
 20. | 2007-01-29   1376.48    1372.36   29jan2007 |
     |-------------------------------------------|
 21. | 2007-01-30      1365    1376.48   30jan2007 |
     +-------------------------------------------+
```

위 그림에서 세 번째 열이 새롭게 만들어진 변수이다. 여기에서 알 수 있듯이 begin[_n-1]은 원래의 begin 시리즈가 하나씩 아래로 밀린 형태이다. 그러다 보니 첫 번째 관측치는 결측치로 처리되었다. 다시 말하면 각 시점의 begin[_n-1] 값들은 한 기 이전 시점의 begin 관측치들이다. 예를 들어 2007년 1월 3일의 begin[_n-1] 값은 그 전날인 1월 2일의 begin 관측치이다. 이제 다음과 같이 정의되는 변수를 생각해보자.

```
. gen diff_begin=begin-begin[_n-1]
```

이렇게 정의되는 diff_begin 변수는 각 시점에서 해당 시점의 관측치에서 바로 전기 시점의 관측치 값을 뺀 것이다. 결국 주가지수의 전일대비 변화폭을 의미한다. 단 첫 번째 관측치(1월 2일 시점)는 begin[_n-1]이 결측치이기 때문에 diff_begin도 결측치로 처리된다. 만약 주가의 변화폭이 아니라 변화율, 즉 수익률(%) 변수를 만들고자 한다면 다음과 같이 작성해 주면 된다.

```
. gen return=100*(begin-begin[_n-1])/begin[_n-1]
```

TIP 5.3 ● Stata에서 결측치의 처리

Stata에서 결측치(missing value)가 어떻게 처리되는지를 이해하는 것은 매우 중요한 의미를 지닌다. Stata에서 결측치는 기본적으로 "."(period)로 표시하고, (상상하기 힘든) 큰 양수(very large positive number)로 정의된다. 사실 Stata에서 결측치는 "." 이외에도 26가지 종류(.a~.z)가 더 있다. 이들 결측치를 포함하여 모든 숫자들 간의 크기순서는 다음과 같다.

모든 관측치 〈 . 〈 .a 〈 .b 〈 ··· 〈 .z

즉 결측치는 어떤 관측치에 비해서도 큰 숫자로 처리되며, 결측치들 간에는 "."이 가장 작고 ".z"가 가장 큰 숫자이다. 총 27가지의 결측치를 고려하는 이유는 어떤 값이 관찰되지 않는 이유가 여러 가지 있을 수 있으며, 이들을 각기 달리 코딩할 수 있도록 하기 위해서이다. 결측치에도 크기가 있다는 점은 여러 가지 점에서 유용하지만, 동시에 주의를 기울여야 하는 부분이다. 예를 들어 age 변수가 60을 초과하는 관측치들만 골라내고자 할 때 list if age 〉 60이라는 명령을 실행하면 이 리스트에는 결측치도 포함되게 된다. 왜냐하면 앞서 언급한 대로 결측치는 모든 관측치보다 큰 숫자로 간주되기 때문이다. 따라서 결측치를 제외하기 위해서는 다음과 같이 해야 한다.

```
. list if age > 60 & age < .
```

또 다른 예로서 age 변수가 결측치인 경우만 골라내고자 할 때는 다음과 같은 간단한 명령문으로 가능하다.

```
. list if age >=.
```

명령어 gen을 이용하여 특정 조건을 만족하는 더미변수를 간단하게 만들 수 있다. 앞에서 예를 든 return(주가수익률) 변수는 값이 플러스이면 주가가 전날에 비해 오른 날이고, 마이너스이면 주가가 내린 날이라고 말할 수 있다. 만약 총 20일(첫째 날인 1월 2일은 제외) 중에서 주가 오른 날이 며칠이고 주가가 내린 날이 며칠인지 알고 싶다고 하자. 이를 위해서는 우선 다음과 같이 gen 명령어를 이용하여 더미변수를 만든다.

```
. gen var4 = return>0
```

여기에서 var4는 return의 값이 0보다 크면 1의 값을 갖고 return의 값이 0보다 작거나 같으면 0의 값을 갖는 변수가 된다. 따라서 다음과 같이 tab 명령어(추후 7.3절에서 자세히 설명)를 사용하면 오른 날과 내린 날이 각각 며칠인지 빈도수를 알 수 있다. 아래에서 보는 것처럼 주가가 오른 날이 6일이고 내린 날이 15일이다.

```
. tab var4

       var4 |      Freq.     Percent        Cum.
------------+-----------------------------------
          0 |         15       71.43       71.43
          1 |          6       28.57      100.00
------------+-----------------------------------
      Total |         21      100.00
```

그런데 위 결과에는 한 가지 문제가 있다. 왜냐하면 return 변수의 데이터값을 보면 수익률을 가진 관측치의 수가 21개가 아니라 20개이다. 첫 번째 관측치는 결측치이기 때문이다. 문제는 명령문 표현 중 return>0에 있다. Tip 5.3에서 언급했듯이 Stata에서는 결측치가 (0보다) 매우 큰 값으로 처리되기 때문에 위의 명령문을 따르다 보면 결측치도 1의 값을 부여받게 된다. 이를 막기 위해서는 다음과 같은 식으로 명령문을 수정해야 한다.

```
. drop var4
. gen var4=return>0 if return~=.
```

두 번째 줄에 있는 "~="은 "≠"의 의미이다. 결측치를 제외하고 더미 변수를 만들었기 때문에 아래에서 보는 것처럼 주가가 오른 날이 5일이고 내린 날은 15일로 정확히 계산된다.

```
. tab var4

       var4 |      Freq.     Percent        Cum.
------------+-----------------------------------
          0 |         15       75.00       75.00
          1 |          5       25.00      100.00
------------+-----------------------------------
      Total |         20      100.00
```

마지막으로 replace 명령어에 대해 살펴보자. 이 명령어는 기존 변수의 값을 새로운 값으로 대체하는 명령어이다. 예제 데이터파일 data5_4.dta를 이용하여 예를 들어보기로 한다. 만약 pop 변수의 단위를 기존의 1,000명에서 그냥 명으로 바꾸고자 한다면 다음과 같은 명령문이 필요하다.

```
. use data5_4, clear
. replace pop=pop*1000
```

명령어 replace는 그 성격상 replace 다음에 오는 변수이름이 반드시 Variables 창에 있는 기존 변수이어야 한다. 그런 다음 =을 하고 기존의 값을 대체시키는 규칙이나 공식을 써주면 된다. 기존의 변수 값이 완전히 바뀌기 때문에 원 데이터를 보존할 필요가 있을 때에는 주의해서 사용해야 한다.

명령어 gen과 replace를 결합하면 다양한 범주형 변수를 만드는데 유용하다. 예를 들어 위 데이터파일에서 umemp(실업률) 변수를 이용하여 다음과 같이 3개의 범주를 갖는 var5 변수를 만들고자 한다.

1 — 실업률 0% 이상 9.0% 미만인 지역
2 — 9% 이상 11% 미만인 지역
3 — 11% 이상인 지역

이는 다음과 같은 명령문으로 가능하다.

```
. gen var5=1 if unemp<9.0
. replace var5=2 if unemp>=9 & unemp<11
. replace var5=3 if unemp>=11 & unemp<.
```

먼저 첫 번째 명령문은 umemp 변수 값이 9.0% 미만이면 1의 값을 갖는 변수를 만드는 작업이다. 이렇게 하면 실업률이 9% 미만인 3개 지역을 제외하고 나머지 10개 지역은 결측치로 처리된다. 이렇게 만들어진 var5 변수의 값을 두 번째와 세 번째 명령을 통해 2 또는 3으로 바꾸게 된다. 특히 세 번째 명령은 var5 값이 3인 경우인데, 조건문에 주의를 기울여야 한다. 만약 위와 같이 하지 않고 replace var5=3 if unemp >=11에 그치면 unemp 값이 처음부터 결측치로 되어 있는 2개 지역에 대해서도 var5 변수 값이 3이 되는 문제가 발생한다.

9 Stata do file

```
cd c:\stata
describe using auto.dta
describe price mpg

codebook make rep78 price
di 4*(2+3)
di _pi
di %12.10f _pi
di comb(6,2)*0.5^2*0.5^4

list
```

```
set more off
list, sep(10)
list price mpg, mean sum N
list price in 1/10
list price in -5/L
list price if foreign==1

use data5_1, clear
list place pop if place=="Canada" | place=="Yukon"

sysuse auto,clear
rename price price1000
rename mpg _mpg1
rename weight 자동차무게
rename (headroom trunk) (headroom1 trunk1)

sysuse auto, clear
rename * *_1999

sysuse auto, clear
sort price
list make price mpg rep78 in 1/10
list make price in -5/L

gsort -price

use data5_2, clear
sort company year

by company: summarize invest
by company, sort: summarize invest
bysort company: summarize invest

sysuse auto, clear
drop price mpg

sysuse auto, clear
drop in 1/10

sysuse auto, clear
drop price in 5
```

```
sysuse auto, clear
keep make price

sysuse auto, clear
keep if foreign==1

sysuse auto, clear
order price, after(rep78)

sysuse auto, clear
order make price, after(foreign)

sysuse auto, clear
order foreign, before(make)

sysuse auto, clear
aorder

use auto,clear
label data "Stata 연습용 데이터파일_2020년8월25일"
de
label variable price "자동차 가격"
label define origin 0 "국산차" 1 "수입차"
label values foreign origin
list make foreign
label list

use data5_4, clear
gen gap=flife-mlife
gen ln_pop=log(pop)

gen var1=2
gen var2=_n
list var2
gen var3=_n-1

use data5_5, clear
di begin[5]
di begin[5]-begin[4]
gen begin_n1=begin[_n-1]

move  begin_n1 day_1
```

```
list

gen diff_begin=begin-begin[_n-1]
gen return=100*(begin-begin[_n-1])/begin[_n-1]
gen var4 = return>0
tab var4
drop var4
gen var4=return>0 if return~=.
tab var4

use data5_4, clear
replace pop=pop*1000
gen var5=1 if unemp<9.0
replace var5=2 if unemp>=9 & unemp<11
replace var5=3 if unemp>=11 & unemp<.
```

CHAPTER 06 | 데이터관리 고급 명령어

앞 장에 이어 이번 장에서도 데이터관리를 보다 효율적이고 다양하게 할 수 있는 Stata의 각종 명령어를 소개한다. 5장에서 소개한 데이터관리 명령어들은 Stata에서 반드시 알아야 할 기본적인 명령어로 자주 사용하게 될 것이다. 따라서 대화창을 이용하기보다는 명령어를 직접 외워서 활용하는 것이 보다 효과적일 것이다. 반면 본 장에서 소개할 명령어의 경우 사용자들이 명령어를 외워서 사용할 수도 있고, 또는 굳이 항상 외우고 있지 않더라도 대화창을 이용하여 활용할 수 있을 것이다. 사용자들의 편의에 따라 선택하여 이용하기를 바란다. 본 장에서는 문법(syntax)이 비교적 간단한 명령어는 이를 직접 소개하고, 문법이 복잡한 명령어는 대화창을 이용하여 사용방법을 설명하기로 한다.

1 tabulate, xi

앞의 5.8절에서 gen 명령어를 이용하여 더미변수를 만드는 예를 살펴본 바 있다. 이번 절에서는 좀 더 특수한 상황에서 더미변수를 만드는 방법을 설명한다. 데이터에 따라서는 3개 이상의 범주를 가진 변수가 있을 수 있다. 예를 들어 서베이 데이터에서 인종을 나타내는 변수가 있고 1(백인), 2(흑인), 3(기타)의 3개 범주로 이루어진 케이스이다. 그런데 때에 따라 이 변수를 이용하여 3개의 더미변수를 만들 필요가 있을 수 있다.

즉 백인인 경우와 아닌 경우, 흑인인 경우와 아닌 경우, 그리고 (백인 흑인 이외의) 기타인 경우와 아닌 경우 등 3개의 더미변수를 생성할 필요가 있다. Stata에서 더미변수를 만드는 방법은 많지만, 본 절에서는 tabulate(줄여서 tab)와 xi 명령어를 소개한다.

먼저 명령어 tab(다양한 활용법에 대해서는 7.3절에서 보다 자세히 설명)을 이용하여 더미변수를 만드는 방법을 설명한다. 이를 위해 Stata 시스템에 들어있는 데이터파일인 nlsw88.dta를 이용하기로 한다. 이 데이터세트의 여러 변수 중 race는 인종을 나타내며, 1(백인), 2(흑인), 3(기타)의 3개 범주로 이루어져 있다. 우선 Command 창에 tab race를 입력하면 다음과 같은 결과를 얻는다.

```
. sysuse nlsw88, clear
(NLSW, 1988 extract)
. tab race

       race |      Freq.     Percent        Cum.
------------+-----------------------------------
      white |      1,637       72.89       72.89
      black |        583       25.96       98.84
      other |         26        1.16      100.00
------------+-----------------------------------
      Total |      2,246      100.00
```

즉 tab 다음에 범주형 변수를 입력하면 각 범주의 빈도수(frequency)를 보여준다. 그러나 5.7절에서 설명한 것처럼 각 숫자들이 레이블로 처리되어 있기 때문에 위에서 보는 것처럼 이것만으로는 각 레이블에 해당하는 숫자를 알 수가 없다. 밸류 레이블 대신 원래의 숫자를 보고자 한다면 다음과 같이 nolabel 옵션을 주면 된다.

```
. tab race, nolabel

       race |      Freq.     Percent        Cum.
------------+-----------------------------------
          1 |      1,637       72.89       72.89
          2 |        583       25.96       98.84
          3 |         26        1.16      100.00
------------+-----------------------------------
      Total |      2,246      100.00
```

이제 위와 같은 race 변수를 이용하여 3개의 더미변수를 만들고자 한다. 즉 백인인 경우(1)와 아닌 경우(0), 흑인인 경우(1)와 아닌 경우(0), 그리고 기타인 경우(1)와 아닌 경우(0) 등이다. 이런 상황에서 tab 명령어와 5.8절에서 다루었던 generate(줄여서 gen) 명령어를 결합하여 사용할 수 있다. 명령문은 다음과 같다.

```
. tab race, gen(dum_race_)
```

사실 gen은 새로운 변수를 만들라는 명령어이지만 위에서는 tab이라는 명령어의 옵션으로 사용되었다. 위와 같은 명령문을 실행하면 다음과 같은 3개의 더미변수가 추가로 생성되는 것을 Variables 창에서 확인할 수 있다.

```
dum_race_1
dum_race_2
dum_race_3
```

이들 각 이름 중 마지막에 있는 숫자를 제외한 부분, 즉 dum_race_은 위 명령어 gen( )에서 괄호 안에 지정해 놓은 이름이다. 각 이름의 마지막에 있는 1, 2, 3이라는 세 개의 숫자는 race 변수의 3개 범주값(1-백인, 2-흑인, 3-기타)에서 나온 것이다. 결국 dum_race_1은 백인인 경우(1)와 아닌 경우(0)의 더미변수이고, dum_race_2는 흑인인 경우(1)와 아닌 경우(0)의 더미변수, 그리고 dum_race_3은 기타인 경우(1)와 아닌 경우(0)의 더미변수이다(이를 brows 창을 열어 확인해보라). 위의 간단한 명령어로 이들 세 개의 더미변수가 만들어진 것이다. 더미변수 생성이 제대로 되었는가를 확인하기 위해 다음과 같이 tab1 명령어(추후 7.3절에서 자세히 설명)를 사용해보자.

```
. tab1 dum_race_1 dum_race_2 dum_race_3
```

이를 실행하면 새로 생성한 3개 더미변수의 빈도표를 제공한다. 아래에서 보는 것처럼 dum_race_1=1의 경우(백인)가 1,637명, dum_race_2=1의 경우(흑인)가 583명, 그리고 dum_race_3=1의 경우(기타)가 26명으로 이들 더미변수를 생성하기 전에 race 변수의 빈도수와 정확히 일치한다.

```
. tab1  dum_race_1 dum_race_2 dum_race_3

-> tabulation of dum_race_1

race==white |      Freq.     Percent        Cum.
------------+-----------------------------------
          0 |        609       27.11       27.11
          1 |      1,637       72.89      100.00
------------+-----------------------------------
      Total |      2,246      100.00

-> tabulation of dum_race_2

race==black |      Freq.     Percent        Cum.
------------+-----------------------------------
          0 |      1,663       74.04       74.04
          1 |        583       25.96      100.00
------------+-----------------------------------
      Total |      2,246      100.00

-> tabulation of dum_race_3

race==other |      Freq.     Percent        Cum.
------------+-----------------------------------
          0 |      2,220       98.84       98.84
          1 |         26        1.16      100.00
------------+-----------------------------------
      Total |      2,246      100.00
```

더미변수를 만드는 두 번째 방법은 xi를 이용하는 것이다. xi는 5.5절에서 설명한 바 있는 by처럼 prefix이다. xi는 회귀분석 등에서도 유용하게 사용되지만 본 절에서는 단지 더미변수를 만드는 방법만을 소개하기로 한다. xi를 사용하여 위에서 만든 것과 정확히 동일한 더미변수를 만드는 명령문은 다음과 같다.

```
. xi i.race, noomit prefix(dum_)
```

여기에서 보듯이 xi 다음에 범주형 변수(본 예제에서는 race 변수)를 지정하는데, 이때 반드시 변수이름 앞에 “i.”를 추가해야 한다. 여기서 “i”는 indicator의 약자로서 더미(dummy) 변수와 같은 의미이다. 한편 옵션으로 noomit이 있는데, 이 옵션을 주지 않으면 단지 2개의 더미변수만 만들어진다. 그 이유는 회귀분석에서는 race 변수와 같이 3개의 범주가 있을 때 이를 설명변수로 사용하는 경우 2개의 더미변수만 넣으면 되기 때문이다. 그러나 지금은 더미변수를 만드는 방법을 소개하고 있으므로 3개의 더미변수를 모두 만들어 보기로 한다. 위 명령문 중 마지막에 있는 prefix(dum_) 옵션은 더미변수 이름이 괄호 안에서 지정한 dum_으로 시작하게 하는 것이다. 여기에서 주의할 점은 영문자와 특수문자를 합쳐서 4글자까지만 prefix로 사용할 수 있다. 위의 명령문을 실행하면 앞에서 tab과 gen을 이용해서 만들었던 것과 동일하게 dum_race1, dum_race2, dum_race3 등 3개의 더미변수가 만들어진다(Variables 창에서 이를 확인할 수 있다). 만약 prefix( ) 옵션을 주지 않는다면 Stata에서 내부적으로 정해져 있는 룰에 따라 변수 이름이 만들어진다. 위의 경우 _Irace_1, _Irace_2, _Irace_3이 만들어진다.

2 egen

다음 명령어인 egen은 extensions to generate의 약자이다. 즉 새로운 변수를 만드는 gen의 확장형 명령어로서 egen 역시 기본적으로 새로운 변수를 만드는 명령어이다. 하지만 gen이 어떤 변수의 수학적 변형이나 변수 간 결합을 통하여 새로운 변수를 생성하는데 반해, egen 명령어는 좀 더 고차원적인 방법이 필요할 때 사용된다. 다음과 같은 예제 데이터파일 data6_1.dta을 이용하여 설명하기로 한다.

```
. use data6_1, clear
```

	company	year	invest	mvalue	kstock	time
1	1	1935	317.6	3078.5	2.8	1
2	1	1936	391.8	4661.7	52.6	2
3	1	1937	410.6	5387.1	156.9	3
4	1	1938	257.7	2792.2	209.2	4
5	1	1939	330.8	4313.2	203.4	5
6	1	1940	461.2	4643.9	207.2	6
7	1	1941	512	4551.2	255.2	7
8	1	1942	448	3244.1	303.7	8
9	1	1943	499.6	4053.7	264.1	9
10	1	1944	547.5	4379.3	201.6	10
11	1	1945	561.2	4840.9	265	11
12	1	1946	688.1	4900.9	402.2	12
13	1	1947	568.9	3526.5	761.5	13
14	1	1948	529.2	3254.7	922.4	14
15	1	1949	555.1	3700.2	1020.1	15
16	1	1950	642.9	3755.6	1099	16
17	1	1951	755.9	4833	1207.7	17
18	1	1952	891.2	4924.9	1430.5	18
19	1	1953	1304.4	6241.7	1777.3	19
20	1	1954	1486.7	5593.6	2226.3	20
21	2	1935	209.9	1362.4	53.8	1
22	2	1936	355.3	1807.1	50.5	2
23	2	1937	469.9	2676.3	118.1	3
24	2	1938	262.3	1801.9	260.2	4

위에서 보듯이 이 데이터세트는 패널데이터로서 10개 회사(1~10)에 대해 1935~1954년까지 20년 동안의 투자실적(invest) 등을 기록한 것이다. 여기에서 우리가 알고 싶은 것이, 예를 들어 회사별로 각 연도의 투자액이 각자의 최고 투자실적에 비해 어느 정도의 갭을 보이는지 이다. 예컨대 company 1의 경우 최고 투자액은 1954년의 1486.7로서 1935년 투자액(317.6)과의 차이는 1169.1이다. 이런 식으로 모든 회사에 대해 각 연도별로 계산하기를 원한다. 이를 간단히 계산하는 방법의 하나로, 뒤에 나오는 그림 6.3의 max_invest라는 변수를 만들 수 있으면 매우 편리할 것이다. 이 그림에서 보듯이 max_invest라는 변수는 각 회사별 최대 투자액을 각 회사의 모든 기간에 대해 동일하게 기록한 것이다. 따라서 우리가 이 변수를 어떻게든 생성할 수 있다면 max_invest에서 invest 변수를 빼면 우리가 원하는 시리즈를 쉽게 계산할 수 있다. 명령어 egen은 바로 max_invest와 같은 변수를 쉽게 생성할 수 있는 명령어이다.

egen의 경우 문법이 다소 복잡하기 때문에 대화창을 이용한 사용방법을 소개하기로 한다. 명령문 db egen을 실행하면 그림 6.1과 같은 대화창이 나타난다.

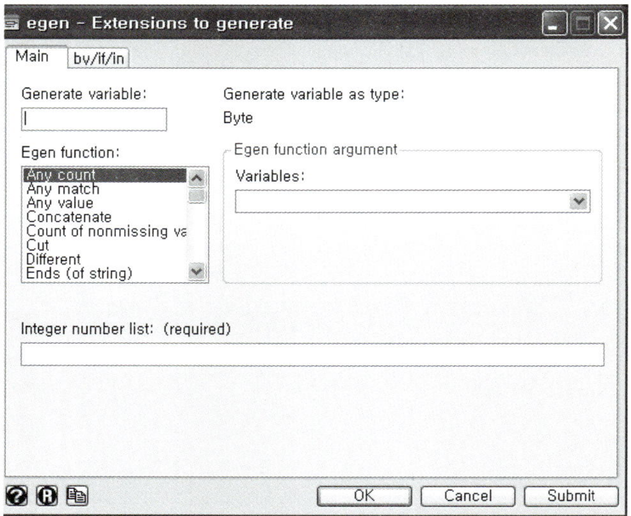

그림 6.1 **명령어 egen의 대화창**

위의 대화창에서 우선 Generate variable 부분에는 새로 만들고자 하는 변수이름(예를 들어 max_invest)을 입력한다. 다음으로 Egen function에서는 총 37가지 함수가 주어져 있는데 여기에서 자신이 필요로 하는 함수를 선택한다. 각 함수에 대한 자세한 설명은 help egen을 이용하기 바란다. 마지막으로 Egen function argument의 내용은 선택한 함수에 따라 달라지는 것으로서 사용자가 상황에 맞게 적절한 선택을 해 주어야 한다. 이하에서는 egen 함수 중에서 자주 사용되는 몇 가지 함수를 예로 들어 egen 명령어에 대해 좀 더 자세히 알아보기로 하자.

1) Maximum, Minimum 함수

Maximum 함수는 특정 변수의 최대값으로 구성된 시리즈를 만들고자 할 때 사용된다. Egen function에서 Maximum 함수를 선택하면 다음과 같은 대화창을 볼 수 있다.

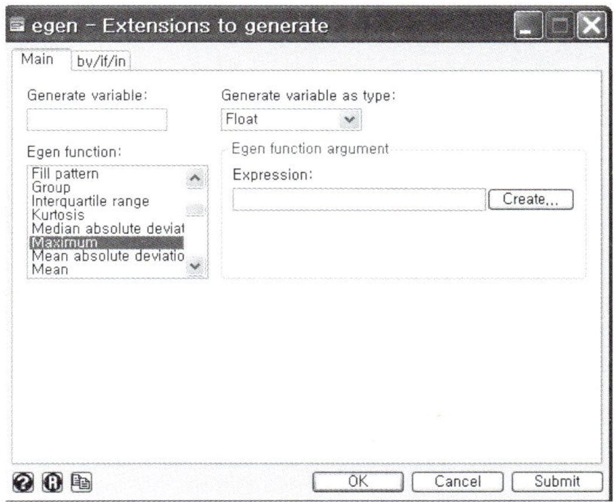

그림 6.2 egen 대화창에서 Maximum 함수를 선택한 경우

위의 대화창에서 Generate variable 란에 max_invest라고 입력하고 Egen function argument의 Expression에는 어떤 변수에 대해 최대값을 구하고자 하는지를 입력한다(본 예제에서는 invest 변수). 그런데 앞서 설명한대로 data6_1.dta 데이터는 패널 구조를 가지고 있으며, 우리가 원하는 것은 최대값을 구할 때 각 회사별로 구하는 것이다. 이를 위해서는 by/if/in 탭을 클릭하여 Repeat commands by groups를 선택함으로써 그룹별로 명령을 실행하도록 하고, 그룹을 나누는 기준으로 company 변수를 선택한다. 실행결과는 그림 6.3과 같다.

만약 by/if/in 탭에서 Repeat commands by groups를 선택하지 않는 경우에는 max_invest 변수의 모든 값이 1486.7이 된다. 즉 회사별로 각각 최대값을 찾는 것이 아니라 모든 회사, 모든 기간에 대해 최대값을 찾아 그것으로 시리즈를 만들게 된다. 지금까지의 작업을 명령문으로 표현하면 다음과 같다.

```
. by company, sort : egen max_invest = max(invest)
```

위 명령문에서 주의해 할 점은 prefix인 by를 사용했다는 것이다. 즉 최대값을 각 회사별로 구하기 위해 by company, sort를 이용하였다. 만약 그림 6.2의 by/if/in 탭의 Repeat commands by group에서 company 대신 year 변수를 선택하는 경우, 이것에 해당하는 명령문은 다음과 같으며, 그 실행결과는 그림 6.4와 같다.

	company	year	invest	mvalue	kstock	time	max_invest
1	1	1935	317.6	3078.5	2.8	1	1486.7
2	1	1936	391.8	4661.7	52.6	2	1486.7
3	1	1937	410.6	5387.1	156.9	3	1486.7
4	1	1938	257.7	2792.2	209.2	4	1486.7
5	1	1939	330.8	4313.2	203.4	5	1486.7
6	1	1940	461.2	4643.9	207.2	6	1486.7
7	1	1941	512	4551.2	255.2	7	1486.7
8	1	1942	448	3244.1	303.7	8	1486.7
9	1	1943	499.6	4053.7	264.1	9	1486.7
10	1	1944	547.5	4379.3	201.6	10	1486.7
11	1	1945	561.2	4840.9	265	11	1486.7
12	1	1946	688.1	4900.9	402.2	12	1486.7
13	1	1947	568.9	3526.5	761.5	13	1486.7
14	1	1948	529.2	3254.7	922.4	14	1486.7
15	1	1949	555.1	3700.2	1020.1	15	1486.7
16	1	1950	642.9	3755.6	1099	16	1486.7
17	1	1951	755.9	4833	1207.7	17	1486.7
18	1	1952	891.2	4924.9	1430.5	18	1486.7
19	1	1953	1304.4	6241.7	1777.3	19	1486.7
20	1	1954	1486.7	5593.6	2226.3	20	1486.7
21	2	1935	209.9	1362.4	53.8	1	645.5
22	2	1936	355.3	1807.1	50.5	2	645.5

그림 6.3 회사별 최대 투자값으로 이루어진 변수 생성

```
. by year, sort : egen max_invest1 = max(invest)
```

	company	year	invest	max_invest	max_invest1
1	3	1935	33.1	189.6	317.6
2	5	1935	39.68	91.9	317.6
3	7	1935	24.43	89.51	317.6
4	2	1935	209.9	645.5	317.6
5	4	1935	40.29	174.93	317.6
6	6	1935	20.36	135.72	317.6
7	10	1935	2.54	6.53	317.6
8	8	1935	12.93	90.08	317.6
9	9	1935	26.63	66.11	317.6
10	1	1935	317.6	1486.7	317.6
11	2	1936	355.3	645.5	391.8
12	7	1936	23.21	89.51	391.8
13	4	1936	72.76	174.93	391.8
14	10	1936	2	6.53	391.8
15	3	1936	45	189.6	391.8
16	5	1936	50.73	91.9	391.8
17	1	1936	391.8	1486.7	391.8
18	9	1936	23.39	66.11	391.8
19	8	1936	25.9	90.08	391.8
20	6	1936	25.98	135.72	391.8
21	1	1937	410.6	1486.7	469.9
22	3	1937	77.2	189.6	469.9
23	2	1937	469.9	645.5	469.9
24	6	1937	25.94	135.72	469.9
25	8	1937	35.05	90.08	469.9
26	4	1937	66.26	174.93	469.9
27	9	1937	30.65	66.11	469.9
28	10	1937	2.19	6.53	469.9

그림 6.4 연도별 최대 투자값으로 이루어진 변수 생성

위 그림에서 맨 마지막 열에 나와 있는 max_invest1 시리즈를 보면 각 연도별로 10개 회사 중에서 최대 투자액을 찾아 그룹별로 시리즈를 만든 것이다. 가령 max_invest1 변수의 1~10번째 관측치인 317.6은 1935년 10개 회사의 투자액 중에서 가장 큰 투자금액(즉 company 1의 실적)이다. 이처럼 다양한 변수의 생성이 가능하므로 사용 목적에 따라 적절한 방법을 결정하여야 한다.

Minimum 함수 역시 Maximum 함수와 같은 형태의 대화창을 가지고 있으며 양자의 차이는 최대값 대신 최소값을 구하는 것뿐이다.

2) Mean, Median 함수

앞에서 설명한 Maximum 함수와 비슷한 방식으로 Mean(평균)이나 Median(중앙값) 함수를 이용하여 변수를 생성할 수 있다. 예를 들어 회사별로 투자액의 평균을 계산하여 해당 회사의 모든 기간에 대해 같게 기록하는 식이다. 이를 위해서는 그림 6.2의 egen 대화창에서 Generate variable 란에는 예컨대 mean_invest라고 입력하고, Egen function에서 Mean을 선택하며, Expression에는 invest 변수를 입력한다. 그 다음 by/if/in 탭의 Repeat commands by group에서 company를 선택하면 각 회사별로 20년 동안의 투자액 평균값이 기록된 시리즈가 만들어진다. Stata 명령문은 다음과 같다.

```
. by company, sort : egen mean_invest = mean(invest)
```

만약 각 연도별로 10개 회사의 평균값을 계산하여 시리즈를 만들고자 한다면 다음과 같다.

```
. by year, sort : egen mean_invest1 = mean(invest)
```

한편 Mean 함수 대신 Median 함수를 이용하는 경우 중앙값을 계산하여 위와 동일한 방식으로 시리즈를 만들어 준다.

3) Percent 함수

Percent 함수는 주어진 그룹에서 각 관측치가 차지하는 비중(%)을 값으로 하는 시리즈를 만들어 준다. 이를 위해서는 그림 6.2의 egen 대화창에서 Generate variable 란에 예컨대 percent_invest라고 입력하고, Egen function에서 Percent(Proportion)을 선택하며, Expression에는 invest 변수를 입력한다. 그 다음 by/if/in 탭의 Repeat commands by group에서 year를 선택하자. 이러면 새로 생성된 percent_invest 변수는 각 연도 별로 전체 10개 회사의 총 투자액 중에서 각 회사의 투자액이 차지하는 비중으로 이루어진 시리즈가 된다. 이와 같은 결과를 그림 6.5에서 확인할 수 있다. 예를 들어 첫 번째 관측치인 3.35826은 1935년 10개 회사의 총 투자액 중에서 7번 회사가 차지하는 비율이 3.35826%라는 의미이다. Stata 명령문은 다음과 같다.

```
. by year, sort : egen  percent_invest = pc(invest)
```

company	year	invest	percent_in~t
7	1935	24.43	3.35826
1	1935	317.6	43.65876
3	1935	33.1	4.550078
6	1935	20.36	2.798779
5	1935	39.68	5.454595
9	1935	26.63	3.660682
10	1935	2.54	.3491601
4	1935	40.29	5.538449
2	1935	209.9	28.85382
8	1935	12.93	1.777417
10	1936	2	.1968368
1	1936	391.8	38.56034
3	1936	45	4.428829
6	1936	25.98	2.556911
9	1936	23.39	2.302007
4	1936	72.76	7.160924
2	1936	355.3	34.96806
7	1936	23.21	2.284292

그림 6.5 연도별 각 회사 투자의 비중을 나타내는 변수 생성

4) Rank 함수

Rank 함수는 주어진 그룹을 오름차순 또는 내림차순으로 정렬했을 때 각 관측치가 몇 번째에 위치하는지, 즉 각각의 rank를 값으로 하는 시리즈를 만들어 준다. 이를 위해서는 그림 6.2의 egen 대화창에서 Generate variable 란에는 예컨대 rank_invest라고 입력하고, Egen function에서 Rank를 선택하며, Expression에는 invest 변수를 입력한다. 또한 옵션에서 첫 번째를 선택한다. 이것의 의미는 가장 작은 값에 1의 값을 주고 그 다음 작은 값에 2를 주는 식으로 만든다는 것이다. 또한 만약 값이 같다면 평균 rank를 부여한다. 예를 들어 3번째로 작은 값이 2개 있다면 2개 관측치의 rank는 모두 (3+4)/2=3.5가 된다. 마지막으로 by/if/in 탭의 Repeat commands by group에서 year를 선택해보자. 이러면 새로 생성된 rank_invest 변수는 각 년도 별로 전체 10개 회사의 투자액 중에서 각 회사의 투자액이 몇 번째로 작은지를 보여주는 변수가 된다. 이와 같은 결과를 그림 6.5에서 확인할 수 있다. 예를 들어 첫 번째 관측치인 4는 1935년 10개 회사의 총 투자액 중에서 7번 회사의 투자액이 4번째로 작다는 의미이다. Stata 명령문은 다음과 같다.

```
. by year, sort : egen rank_invest = rank(invest)
```

company	year	invest	rank_invest
7	1935	24.43	4
1	1935	317.6	10
3	1935	33.1	6
6	1935	20.36	3
5	1935	39.68	7
9	1935	26.63	5
10	1935	2.54	1
4	1935	40.29	8
2	1935	209.9	9
8	1935	12.93	2
10	1936	2	1
1	1936	391.8	10
3	1936	45	6
6	1936	25.98	5
9	1936	23.39	3
4	1936	72.76	8
2	1936	355.3	9
7	1936	23.21	2
5	1936	50.73	7
8	1936	25.9	4

그림 6.6 연도별 각 회사 투자의 랭크를 나타내는 변수 생성

5) Row maximum, Row mean, Row minimum, Row total 함수

지금까지 egen 대화창을 이용하여 새로운 변수를 만드는 방식은 기본적으로 세로(column) 방향으로 최대값이나 평균 등을 계산하였다. 즉 스프레드시트에서 어떤 변수(예: invest)의 일련의 값에 대해 어떤 기준이나 그룹(예: company, year)별로 최대값이나

평균 등을 세로 방향으로 계산하여 이를 각 데이터포인트에 부여하는 방식이다. 그런데 경우에 따라서는 세로 방향이 아니라 가로(row) 방향으로 이와 유사한 작업을 해야 할 필요가 있을 수 있다. 이때 사용되는 함수들이 Row manximum, Row mean, Row minimum, Row total 등이다.

예제 데이터파일 data6_2.dta이 좋은 예이다. 이 데이터세트는 그림 6.7에서 보는 것처럼 각 가구별로 부채를 조사한 것인데, 부채가 총 6개 항목(debt1, debt2, debt3, debt4, debt5, debt6)으로 기록되어 있다. 이러한 데이터세트가 주어졌을 때 각 가구별로 부채 총액을 계산하여 이를 변수로 생성하고자 한다. 이러한 과제가 주어졌을 때 먼저 떠오르는 방법은 아마도 gen을 사용하여 다음과 같이 총액 변수를 만드는 것이 될 것이다.

```
. use data6_2, clear
. gen rtotal_debt1=debt1+debt2+debt3+debt4+debt5+debt6
(4848 missing values generated)
```

그러나 위 두 번째 줄의 결과에서 확인할 수 있듯이 위와 같이 할 경우 새로 생성되는 총 부채변수는 모든 데이터포인트에서 결측치로 나타난다. 그 이유는 5.8절(Tip 5.3 참고)에서 설명하였듯이 Stata에서는 결측치가 매우 큰 양수로 취급되기 때문에 합하는 항목에 이 결측치가 하나라도 있으면 합계 역시 매우 큰 양수, 즉 결측치가 되기 때문이다. 결국 이러한 결측치로 인해 의도했던 총부채 변수를 만들 수 없는 것이다(물론 데이터에 결측치가 하나도 없다면 gen 명령어로도 가능할 것이다).

이러한 상황에 egen 명령어가 유용하다. 그림 6.2의 egen 대화창에서 Generate variable 란에는 예컨대 rtotal_debt라고 입력하고, Egen function에서 Row total을 선택하며, Variables에는 가로 방향으로 합하고자 하는 변수이름을 나열한다. 본 예제에서는 debt1 debt2 debt3 debt4 debt5 debt6으로 입력한다(표시되어 있는 변수를 하나씩 클릭해주면 된다). 다른 egen function과 달리 Row total에서는 by/if/in 탭에서 by를 선택할 수 없다. 가로 방향으로 더할 때 by에 의해 그룹을 부여하는 것이 불가능하기 때문이다. 실행결과는 다음 그림 6.7과 같다.

hhid04	debt1	debt2	debt3	debt4	debt5	debt6	rtotal_debt
1	300	.	.	.	.	.	300
2	.	.	.	.	.	.	0
4	.	.	7000	.	.	.	7000
6	700	.	.	.	.	.	700
7	.	.	.	.	.	.	0
8	1000	2000	.	.	.	.	3000
9	.	.	.	.	.	.	0
10	.	.	.	.	.	.	0
11	.	.	.	.	.	.	0
12	.	.	.	.	.	.	0
13	.	.	.	3000	.	.	3000
14	.	.	.	12000	.	.	12000
15	.	.	.	.	.	.	0
16	.	500	100	.	.	.	600
18	.	.	.	.	.	.	0
20	.	.	.	.	.	.	0
21	1000	.	.	.	.	.	1000

그림 6.7 가구별 부채 항목 데이터와 총부채 변수의 생성

여기에서 보듯이 1번 가구는 debt1(금융기관 부채)만 300만 원 있고 나머지 종류의 부채는 없다. 따라서 1번 가구의 총 부채는 300만원이 된다. 또 다른 예로 8번 가구는 debt1(금융기관 부채)과 debt2(비금융기관 부채)가 각각 1,000만 원과 2,000만 원 있으므로 총 부채는 3,000만 원이 된다. 이처럼 egen에서 Row total을 이용하면 부채가 없는 경우(결측치로 처리된 경우)는 0으로 간주하고 가로 방향으로 관측치들을 합해서 총부채 변수를 만든다. 이상에 대한 Stata 명령문은 다음과 같다.

```
. egen rtotal_debt = rowtotal(debt1-debt6)
```

한편 Egen function에서 Row mean을 택하면 가로방향 합이 아니라 가로방향 평균으로 이루어진 시리즈가 생성된다. 한 가지 유의할 점은 Row total 함수와 달리 Row mean에서는 결측치가 0으로 간주되는 것이 아니라 결측치들이 제외되고 평균이 계산된다. 또 다른 함수인 Row maximum과 Row minimum는 앞서 설명한 Maximum과 Mininum 함수와 달리 지정한 변수의 값 중에서 가로방향으로 최대값 혹은 최소값을 추출하여 시리즈로 만들어 준다. 이들 함수도 결측치는 제외하고 오직 관측된 값들 중에서 최대값과 최소값이 선택한다.

3 xtile, recode

이 절에서 소개할 xtile 명령어는 어떤 변수(예: 연간 소득)의 값을 크기에 따라 *n*개의 그룹으로 나누어 각 그룹에 일련번호를 부여하는 명령어이다. 예를 들어 1,000명의 소득 데이터가 있을 때 이를 소득 크기별로 4개의 그룹(각 250명)으로 나누어 최하위 소득 그룹에 속한 모든 사람에게는 1, 차상위 그룹에는 2, 그 다음 그룹에는 3, 최상위 그룹에는 4를 부여하는 식이다. 예제 데이터파일 data6_3.dta[10]을 이용하여 xtile 명령어를 익혀 보자. 먼저 데이터를 불러들인 뒤 db xtile을 입력하여 그림 6.8과 같은 대화창을 불러오자. 대화창에서 먼저 New variable name 란에는 새로 생성할 범주형 변수의 이름을 예컨대 income_4라고 입력한다. 그 다음 Expression에는 연속형 변수인 income 변수를 지정한다. Options에서는 범주의 개수를 지정하는 것으로 4개 그룹을 원한다면 4를 선택한다. 실행 결과는 그림 6.9와 같다.

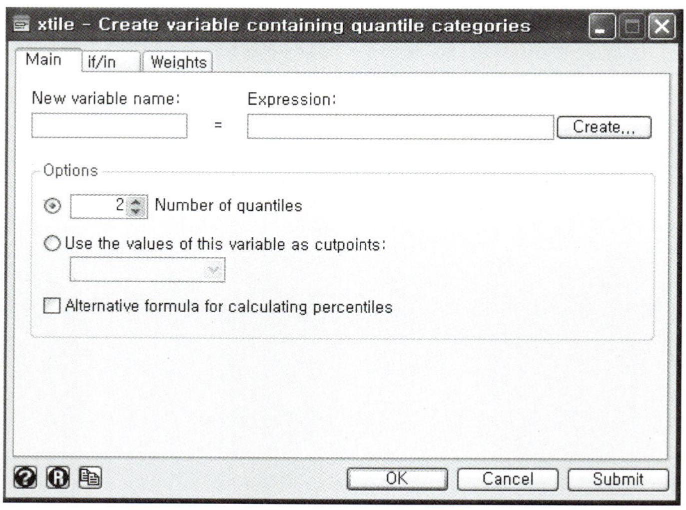

그림 6.8 **명령어 xtile의 대화창**

10) 예제 데이터 파일은 Kohler and Kreuter(2005)에서 인용 후 필요에 따라 수정하였다.

income	income_4
832	2
0	1
0	1
0	1
4717	4
1852	3
334	1
.	.
2218	4
32	1
2059	3
2738	4
2297	4
1042	2
1124	3

그림 6.9 소득(income) 변수를 이용하여 범주형(4개 그룹) 변수 생성

위의 그림 6.9에서 income_4 변수의 첫 번째 관측치는 2이다. 이는 곧 소득이 832인 사람은 25%~50%의 소득구간에 속한다는 의미이다(1이 최하위 25% 그룹이고, 4는 최상위 25% 그룹을 의미). 한 가지 주의할 점은 소득을 답변하지 않은 결측치의 경우 income_4 시리즈에서도 역시 결측치로 처리된다는 것이다. 한편 지금까지 행한 내용을 명령문으로 실행하기 위해서는 다음을 입력한다.

```
. use data6_3, clear
. xtile income_4 = income, nquantiles(4)
```

이렇게 해서 만들어진 income_4는 범주형 변수이므로 tab 명령어를 이용하여 아래와 같은 빈도표를 구할 수 있다.

```
. tab income_4

4 quantiles |
  of income |      Freq.     Percent        Cum.
------------+-----------------------------------
          1 |        760       25.05       25.05
          2 |        757       24.95       50.00
          3 |        761       25.08       75.08
          4 |        756       24.92      100.00
------------+-----------------------------------
      Total |      3,034      100.00
```

여기에서 보듯이 1에서 4까지의 각 범주가 거의 25%씩 차지하고 있다. 이 비율들이 정확히 25%가 아닌 이유는 소득이 동일한 값들이 있기 때문이다.

다음 명령어인 recode는 주어진 어떤 변수의 데이터값을 다시 코딩(coding)하는 기능을 가진 명령어로서 데이터관리 및 변수 생성에서 매우 중요하게 활용된다. 예제 파일 data6_3.dta을 이용해보자. 여기에서 ybirth 변수는 각 개인이 태어난 연도를 나타내고 있다. 이 변수를 이용하여 다음과 같은 변수를 만들고자 한다. 즉 1979년까지에 태어난 사람에게는 0의 값을 부여하고, 1980년 이후에 태어난 사람은 1의 값을 갖는 범주형 변수를 만들고자 한다. 이럴 때 recode를 사용한다. recode의 경우에는 대화창이 아니라 명령문을 이용하는 방법을 먼저 살펴보자. 명령문은 다음과 같다.

```
. recode ybirth (min/1979=0) (1980/max=1), gen(ybirth1)
```

위에서 보듯이 recode 명령어 다음에는 반드시 이미 존재하는 변수를 입력해야 한다. Variables 창에 없는 변수이름을 사용할 수는 없다. 그 다음에 괄호 안에는 코딩하고자 하는 내용을 표현해준다. 위 명령문에 나와 있는 것의 의미는 ybirth 변수의 값이 최소값(min)~1979에 해당하면 0으로 코딩하고, 1980~최대값(max)에 해당하면 1로 코딩하라는 것이다. 한편 옵션으로 gen(ybirth1)이 있는데, 이는 0과 1로 코딩한 시리즈에 ybirth1이라는 (임의로 지정한) 새로운 이름을 부여하라는 의미이다. 만약 이와 같은 gen( ) 옵션을 주지 않는다면 기존에 있었던 ybirth 변수 자체가 새로 코딩한 시리즈로 바뀌게 된다. 즉 출생연도를 나타냈던 시리즈가 0과 1로 이루어진 시리즈로 바뀌는 것이다. 이는 원 데이터(raw data)가 사라진다는 점에서 매우 유의해야 한다. 명령어 recode를 사용하는 경우 가능하면 gen( ) 옵션을 쓰는 것이 바람직하다.

이번에는 대화창을 이용하는 방법에 대해 소개한다. db recode로 대화창을 불러내보자.

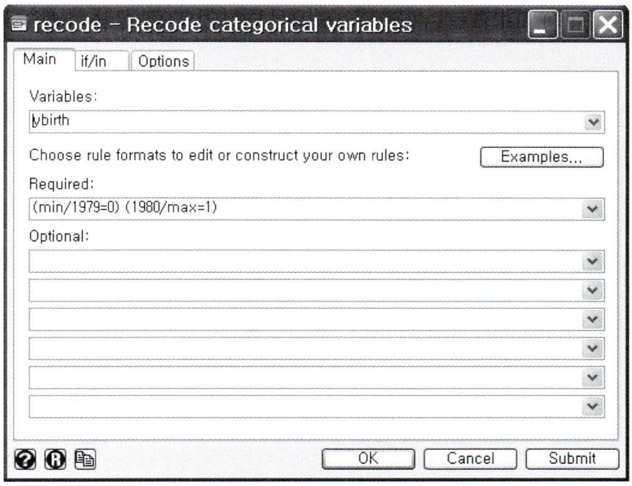

그림 6.10 **명령어 recode의 대화창**

위에서 먼저 Variabes 란에는 다시 코딩할 대상이 되는 변수(즉 ybirth)를 지정한다. 그 다음에 Required 란에는 코딩할 규칙을 적어주어야 한다. 앞에서 보았던 것처럼 (min/1979=0) (1980/max=1) 식으로 적어야 한다. 표기방법이 잘 생각나지 않을 때는 Examples를 클릭하여 도움을 얻을 수 있다. 한편 0과 1로 코딩한 결과를 기존의 변수(즉 ybirth)에 덮어씌우지 않기 위해서는 Options 탭에서 Generate new variables 란에 새로운 변수이름(예: ybirth1)을 적어주어야 한다.

명령어 recode를 사용하는 또 다른 예를 생각해보자. 동일한 데이터파일(data6_3.dta)에서 gender 변수는 남자는 1, 여자는 2로 코딩되어 있다. 이 변수의 빈도표는 다음과 같다.

```
. tab gender, nolabel

     Gender |      Freq.     Percent        Cum.
------------+-----------------------------------
          1 |      1,595       47.75       47.75
          2 |      1,745       52.25      100.00
------------+-----------------------------------
      Total |      3,340      100.00
```

이처럼 1과 2로 되어 있는 gender 변수를 회귀모형 등에서 더미변수로 사용하기 위해 0과 1로 코딩하고자 한다. 즉 여자는 0, 남자는 1로 코딩하려고 한다. Stata 명령문은 다음과 같다.

```
. recode gender (2=0), gen(gender1)
```

위 예제에서 남자의 경우에는 1에서 1로 변하지 않고, 단지 여자만 2에서 0으로 변하기 때문에 위와 같은 명령문이 된다. 즉 괄호 안에서 규정하지 않는 값은 그대로 새로운 변수 gender1로 옮겨지게 된다. 동일한 맥락에서 gender 변수의 결측치는 새로 생성된 변수인 gender1에서도 결측치로 남게 된다. 아래에서 보듯이 새로 만든 gender1 변수의 빈도수는 gender 변수의 빈도수와 실질적으로 정확히 일치함을 확인할 수 있다.

```
. recode gender (2=0), gen(gender1)
(1745 differences between gender and gender1)

. tab gender1
  RECODE of |
     gender |
   (Gender) |      Freq.     Percent        Cum.
------------+-----------------------------------
          0 |      1,745       52.25       52.25
          1 |      1,595       47.75      100.00
------------+-----------------------------------
      Total |      3,340      100.00
```

TIP 6.1 ● 명령어 replace와 recode의 차이점

앞에서 예로 든 gender 변수의 값을 여자=0과 남자=1로 코딩하는 작업을 5장에서 설명한 gen과 replace 명령어를 활용하여 2단계로 실행할 수도 있다. 즉

```
. gen gender2=1 if gender==1
. replace gender2=0 if gender==2
```

만약 위의 명령문 중 첫째 줄만 실행할 경우에는 gender가 2인 경우(즉 여성)는 모두 결측치로 처리되고 만다. 따라서 두 번째 명령문을 통해 이들을 0으로 대체해야 한다. 결국 위와 같이 gen/replace 명령어를 2단계로 쓰는 것보다 앞에서 소개한 recode를 이용하는 것이

더 간단하다. 더욱이 만약 0/1이 아니라 예컨대 0~5까지의 값을 갖는 범주형 변수를 코딩해야 하는 경우 gen/replace는 매우 번거로운 작업이 될 것이다.

한편 recode 역시 단점이 있다. 숫자 변수만 코딩이 가능하고, 문자변수는 코딩이 불가능하다. 문자변수를 코딩하기 위해서는 반드시 replace를 사용해야 한다. 또 하나의 단점은 recode는 한 번에 하나의 변수에 대해서만 코딩이 가능하다. 여러 변수 값을 동시에 특정한 값으로 바꿀 수는 없다.

4 collapse

앞에서 보았듯이 egen 명령어를 사용하면 어떤 그룹(예: company 1)에 해당하는 모든 데이터 포인트(예: 1935-1954년)에 동일한 값(예: 20년 기간 중 최대 투자금액)이 부여된다(data6_1.dta). 그런데 이런 식으로 새로운 변수를 생성하는 것이 아니라, 때에 따라서는 '각 회사의 20년 기간 중 최대 투자금액'만으로 시리즈를 만들 필요도 있다. 즉 다음에 나오는 그림 6.12의 invest 변수와 같은 시리즈를 생성하고자 한다(이를 앞에서 egen으로 생성시킨 그림 6.3의 max_invest 시리즈와 비교해보라). 이럴 때 collapse 명령어를 이용한다. collapse의 영어 뜻(무너지다, 축약하다)에서도 알 수 있듯이 이 명령어는 어떤 그룹에 속한 일련의 값들을 하나의 값(예: 최대값, 평균 등)으로 나타내는 기능을 한다. 먼저 db collapse로 대화창을 불러오자.

```
. use data6_1, clear
. db collapse
```

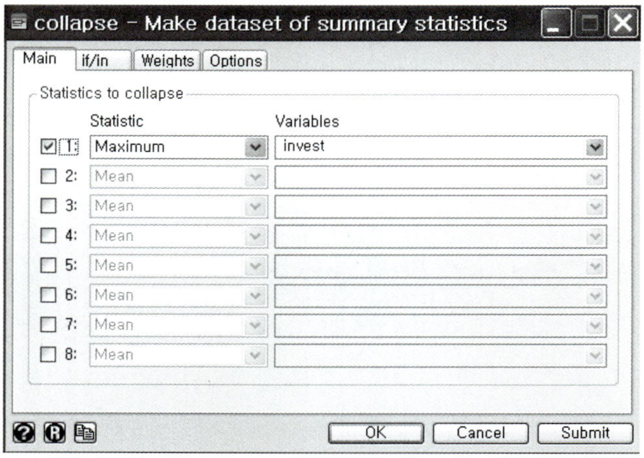

그림 6.11 명령어 collapse의 대화창

위 대화창에서 먼저 Statistic에서는 그룹별로 계산하고자 하는 통계량의 종류를 선택한다. 최대 투자액을 계산하고자 한다면 Maximum을 선택한다. 이어 Variables 란에서는 대상이 되는 변수(예: invest)를 선택한다. 2개 이상의 변수를 동시에 선택할 수도 있다. 다음으로 Options 탭으로 넘어가서 Grouping variables 란에서는 그룹핑의 기준이 되는 변수(예: company)를 선택한다. 실행결과는 다음과 같다.

	company	invest
1	1	1486.7
2	2	645.5
3	3	189.6
4	4	174.93
5	5	91.9
6	6	135.72
7	7	89.51
8	8	90.08
9	9	66.11
10	10	6.53

그림 6.12 회사별 최대 투자금액 나타내는 변수 생성

앞의 그림에서 보듯이 collapse 명령을 실행하면 원래 로딩되어 있던 데이터세트(data6_1.dta)는 사라지고 새로 생성된 시리즈가 메모리에 새롭게 입력된다. 사실 우리가 생성시킨 그림 6.12의 시리즈는 원래의 데이터세트와 관측치 개수 자체가 다르기 때문에 같은 창에 로딩될 수 없다. 어쨌든 원래의 데이터가 사라지기 때문에 필요한 부분이 있으면 사전에 저장해 놓을 필요가 있다. 한편 이상의 작업에 대한 명령문은 다음과 같다.

```
. collapse (mean) invest, by(company)
```

이 명령문을 살펴보면 그룹을 결정하는 by가 prefix로 맨 앞에 있지 않고 옵션 자리에 위치하고 있다. 이처럼 by는 prefix이기도 하지만 동시에 옵션으로도 활용된다. 한편 그림 6.12에서 보듯이 새로 생성된 변수의 이름이 invest로서 기존의 invest와 동일하다. 명령문을 다음과 같이 수정하면 변수이름을 새롭게 mean_invest로 지정할 수 있다.

```
. use data6_1, clear
. collapse (mean) mean_invest=invest, by(company)
```

5 stack, reshape

명령어를 설명하기 전에 우선 그림 6.13의 (a)와 같은 데이터세트를 생각해보자(⊡ data6_5.dta)[11]. 이 데이터세트는 총 40명의 환자에 대해 약의 효과를 기록한 것이다. 40명의 환자 중 첫 번째 열에 있는 20명은 실험군(treat)이고 두 번째 열에 있는 20명은 대조군(control)이다. 약이 효과가 있는 경우 값이 1이고, 효과가 없는 경우에는 값이 0이다. 예컨대 실험군의 세 번째 환자는 약이 효과가 있었지만, 대조군의 세 번째 환자는 약이 효과가 없었음을 알 수 있다. 그런데 그림 6.13의 (a)와 같은 식의 데이터 배열은 지금까지 우리가 보아왔던 데이터의 배열방식과 약간 다르다. 이 데이터는 총 40명의 개체에 대해 약의 효과를 기록했다는 점에서 횡단면(cross sectional) 데이터이다. 그런데 지금까지 우리가 보아온 횡단면 데이터는 각 행(row)이 동일한 개체를 의미했던데 반해, 여기에서는 각 행이 동일한 개체가 아니다. 어떤 행이든 1열은 실험군이고 2열은 대조군으로서 전혀 다른 환자이다.

11) 예제 데이터 파일은 Acock(2006)에서 인용 후 필요에 따라 수정하였다.

	treat	control
1	1	1
2	0	0
3	1	0
4	1	0
5	1	0
6	1	1
7	1	1
8	0	0
9	1	0
10	1	0
11	1	0
12	1	1
13	1	1
14	0	1
15	1	1
16	1	0
17	0	0
18	1	0
19	0	0
20	1	0

(a) wide type

	_stack	cure
1	1	1
2	1	0
3	1	1
4	1	1
5	1	1
6	1	1
7	1	1
8	1	0
9	1	1
10	1	1
11	1	1
12	1	1
13	1	1
14	1	0
15	1	1
16	1	1
17	1	0
18	1	1
19	1	0
20	1	1
21	2	1
22	2	0
23	2	0

(b) long type

그림 6.13 두 종류의 데이터세트

일반적으로 횡단면 데이터를 스프레드시트에 입력할 때 각 개체에 하나씩의 행을 배정하고, 각 열에 대해서는 개체들의 특성을 나타내는 변수(예: 실험군 여부, 효과 여부 등)를 배정한다. 위 그림 (a)를 우리에게 익숙한 일반적인 횡단면 데이터세트로 표현한 것이 그림 (b)이다. 이 그림에서 첫 번째 변수인 _stack은 실험군 여부(1-실험군, 2-대조군)를 나타내며, 두 번째 변수인 cure는 효과 여부를 나타낸다. 그림 (b)에서 개체 1~20까지는 실험군(treat)에 속하며, (그림에서 다 보이지는 않지만) 21-40까지는 대조군(control)에 속한다. 결국 그림 6.13에서 (a)와 (b)는 동일한 정보를 두 가지 서로 다른 형태로 배열한 것으로서, 전자를 wide type이라 하고 후자를 long type이라 한다. 양자를 비교해보면 (b)의 두 번째 열은 사실상 (a)의 1열과 2열이 하나의 열로 쌓아진(stack) 것이다. 그림 (b)에서 두 번째 열(즉 cure)만 존재한다면 실험군과 대조군의 정보가 사라지게 되기 때문에 이 정보를 살리기 위해 첫 번째 열(즉 _stack)이 필요한 셈이다.

그런데 Stata에서는 일반적으로 데이터 구조가 long type인 경우에 통계분석이 가능하도록 되어 있다. 따라서 위 그림 (a)와 같은 wide type 데이터 구조를 (b)와 같은 long type으로 바꾸어야 할 필요가 있다. 이럴 때 명령어 stack이 사용된다. 예제 데이터파일

(data6_5.dta)이 메모리 상에 있는 상태, 즉 그림 6.13의 (a)와 같은 데이터세트가 로딩된 상태에서 db stack으로 아래와 같은 대화창을 불러보자

```
. use data6_5, clear
. db stack
```

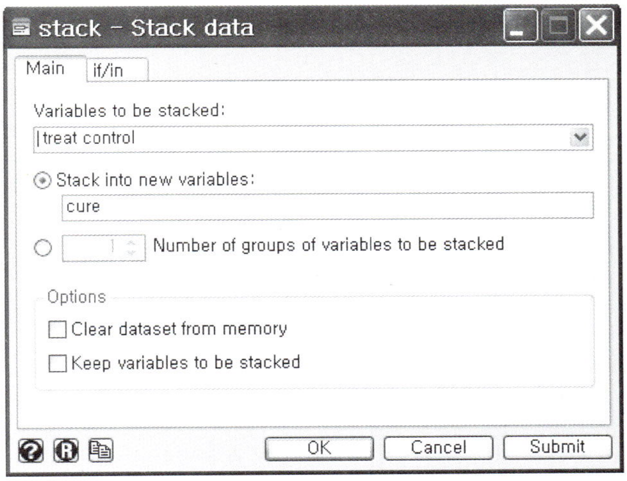

그림 6.14 명령어 stack의 대화창

우선 Variables to be stacked에서는 쌓을 변수들, 즉 treat와 control 변수를 선택한다. Stack into new variables 란에는 각 그룹을 하나의 열로 쌓음으로써 만들어지는 시리즈의 이름을 넣는 란이다. 위의 예에서는 실험군과 대조군을 불문하고 효과여부를 나타내는 변수가 되기 때문에 cure라는 이름을 부여한다. 이렇게 지정하여 실행하면 바로 앞의 그림 6.13의 (b)와 같은 데이터세트가 만들어진다. 한 가지 주의할 점은 앞 절에서와 마찬가지로 원래 로딩되어 있던 데이터세트(data6_5.dta)가 사라지고 새로 생성된 시리즈가 메모리에 새롭게 입력된다. 따라서 원래 데이터세트를 저장할 필요가 있는지 점검한 다음에 실행해야 한다. 한편 명령문을 이용한 실행은 다음과 같다.

```
. stack treat control, into(cure) clear
```

또 다른 데이터 구조에서 stack 명령어의 사용을 소개한다. 이를 위한 예제 데이터파일(data6_6.dta)은 그림 6.15와 같은 구조이다.

```
. use data6_6, clear
```

	hhid04	pid1	pid2	gender1	gender2	age1	age2
1	1	101	102	2	1	63	36
2	2	.	202	.	2	.	50
3	4	401	402	1	2	34	35
4	6	601	602	1	2	78	69
5	7	.	.	.	.	.	.
6	8	801	802	1	2	32	31
7	9	901	.	2	.	86	.
8	10	1001	.	2	.	50	.

그림 6.15 wide type 가구별 서베이 데이터

이 데이터세트는 가구별 서베이 데이터로서 각 가구별로 2명까지의 구성원에 대해 성별 및 나이를 기록한 것이다. hhid04는 가구ID이고 pid1과 pid2는 각 가구의 1번 및 2번 구성원의 개인 ID이다. 또한 gender1과 gender2는 각 구성원의 성별이고, age1과 age2는 각 구성원의 나이를 의미한다. 각 변수의 배열에서 볼 수 있듯이 이 데이터세트 역시 wide type 데이터 구조이다. 이를 다음과 같은 long type 구조로 전환해보기로 하자.

	_stack	hhid04	pid1	gender1	age1
1	1	1	101	2	63
2	1	2	.	.	.
3	1	4	401	1	34
4	1	6	601	1	78
5	1	7	.	.	.
6	1	8	801	1	32
- 중략 -					
4847	1	6421	230703	1	27
4848	1	6422	423901	1	33
4849	2	1	102	1	36
4850	2	2	202	2	50
4851	2	4	402	2	35
4852	2	6	602	2	69
4853	2	7	.	.	.
4854	2	8	802	2	31

그림 6.16 long type으로 전환시킨 가구별 서베이 데이터

앞의 두 그림을 비교해보면 그림 6.15에서는 개인ID(pid), 성별(gender), 나이(age) 등이 2개 열로 배열된 데 반해 그림 6.16에서는 이들이 길게 한 줄로 배열되었다. 즉

pid1 gender1 age1이 위에 있고(1~4848행) 그 아래로 pid2 gender2 age2이 있는 형태이다. 이렇게 배열하다보면 각 행이 가구의 1번 구성원인지, 2번 구성원인지를 구별해주어야 하기 때문에 첫 번째 열의 _stack 변수를 만들어 1과 2의 숫자를 부여한 것이다.

그림 6.15를 그림 6.16 형태로 만들기 위해서는 먼저 그림 6.14의 대화창에서 Variables to be stacked 란에 쌓을 변수들의 이름을 다음과 같은 순서대로 입력한다.

```
hhid04   pid1   gender1   age1   hhid04   pid2   gender2   age2
```

주의해야 할 점은 반드시 위 8개의 변수 값이 순서대로 와야 한다는 것이다. hhid04 변수가 두 번 나오는 이유는 동일한 가구ID에 대해 개인ID가 2명씩 있기 때문이다(그림 6.16의 결과를 보면 이해가 쉬울 것이다). 대화창에서 Number of groups of variables to be stacked에서 2를 선택한다. 이는 간단히 말하면 2층으로 쌓겠다는 의미이다. 즉 다음과 같이 쌓겠다는 것이다.

```
hhid04   pid1   gender1   age1
hhid04   pid2   gender2   age2
```

이와 같이 실행하면 앞의 그림 6.16과 같은 결과를 얻는다. Stata 명령문은 다음과 같다.

```
. stack hhid04 pid1 gender1 age1 hhid04 pid2 gender2 age2, group(2)
clear
```

그림 6.16의 결과를 다음과 같은 방식으로 정렬시켜보자.

```
. sort  hhid04 _stack
```

이것의 실행 결과는 다음의 그림 6.17이다.

	_stack	hhid04	pid1	gender1	age1
1	1	1	101	2	63
2	2	1	102	1	36
3	1	2	.	.	.
4	2	2	202	2	50
5	1	4	401	1	34
6	2	4	402	2	35
7	1	6	601	1	78
8	2	6	602	2	69

그림 6.17 long type 전환 후 정렬시킨 가구별 서베이 데이터

여기에서 보면 hhid04(가구 ID)는 동일 숫자가 두 번씩 반복되어 나타나는데, 이는 각 가구ID에 대해 두 개씩의 개인 ID가 있기 때문이다. 첫째 열의 _stack 변수에서 1의 의미는 각 가구에 속한 첫 번째 구성원이고, 2는 두 번째 구성원이라는 의미이다.

패널데이터도 wide type과 long type의 구조가 존재한다. 그림 6.18은 예제 데이터 파일(data6_7.dta)[12]로서 wide type의 패널데이터이다.

```
. use data6_7, clear
```

	state	pop1970	pop1980	pop1990	pop2000	area
1	CT	.1369841	.6184582	.4241557	.2648021	.871691
2	MA	.6432207	.0610638	.8983462	.9477426	.4611429
3	ME	.5578017	.5552388	.5219247	.2769154	.4216726
4	NH	.6047949	.8714491	.8414094	.1180158	.8944746
5	RI	.684176	.2551499	.2110077	.4079702	.0580662
6	VT	.1086679	.0445188	.5644092	.7219492	.6759487

그림 6.18 wide type 패널데이터

여기에서 state 변수에는 주 이름이 있고 pop1970~pop2000 변수는 각각 1970, 1980, 1990, 2000년의 pop 변수를 의미한다. 동일한 내용(즉 pop)의 변수가 4개 연도별로 있는 것이다. 반면 마지막에 있는 area 변수는 각 연도에 상관이 없는 변수이다. 이 데이터세트는 각 개체(이를 i라 함)에 대해 여러 시점(이를 j라 함)에 걸친 관측치가 존재하기 때문에 패널데이터이다.[13] 위 패널 데이터를 long type으로 변경해야 하는 이

12) 예제 데이터 파일은 Hamilton(2006)에서 인용 후 필요에 따라 수정하였다.

유는 Stata에서 패널 회귀분석을 하기 위해서는 데이터 구조가 반드시 long type이여야 하기 때문이다. 이와 같은 데이터를 long type로 전환하기 위해서는 명령어 reshape이 필요하다. 우선 db reshape으로 대화창을 불러보자.

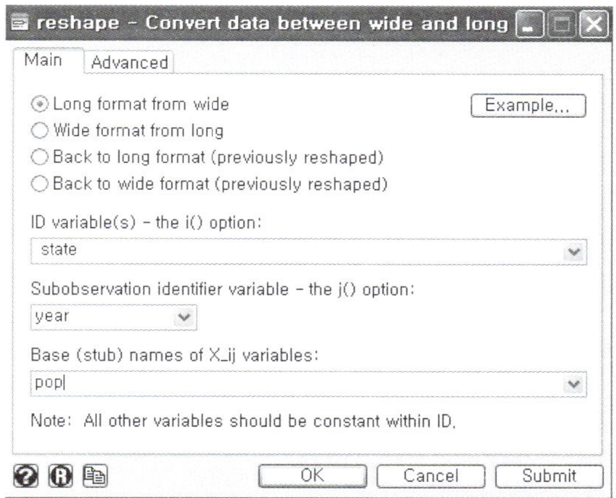

그림 6.19 **명령어 reshape의 대화창 I**

먼저 wide → long 전환을 의미하는 Long format from wide를 선택한다. 다음으로 Id variable(s) 란에서 각 개체(i)에 해당하는 변수를 지정한다. 본 예제에서는 state 변수이다. 이어 Subobservation identifier variable은 동일 개체에 대해 여러 관측치가 있을 경우 그것들을 구분하는 기준에 대해 이름을 지정하는 란이다. 본 예제에서는 각 연도이기 때문에 예컨대 year라고 입력하자. 마지막으로 Base (stub) names of X_ij variables 부분을 정확히 입력하는 것이 매우 중요하다. 위 예에서는 4개 연도를 나타내는 이름들이 pop1970, pop1980, pop1990, pop2000으로 되어 있는데, Base... 란에는 이들 이름에 공통으로 들어 있는 부분, 다시 말하면 연도를 제외한 부분, 즉 pop(혹은 pop@)라고 입력해야 한다. 이를 제대로 입력해야만 기존의 변수명에서 연도를 나타내는 부분이 제대로 분리되어 연도 변수(즉 year)에 올바르게 입력된다(그림 6.20의 결과를 참조하라). 예를 들어 wide type으로 되어 있는 변수의 이름이 pop1970_gdp, pop1980_gdp, pop1990_gdp, pop2000_gdp라고 되어 있다면 Base... 란에 pop@_gdp라고 입력해야 한

13) 패널데이터에 대한 자세한 설명은 민인식·최필선(2012)의 1장과 2장을 참고하라.

다. 즉 공통된 이름을 적되, year가 들어가는 부분을 @ 기호를 이용하여 표시해준다. 이상을 명령문으로 실행할 경우에는 다음과 같다.

```
. reshape long pop, i( state ) j( year )
```

실행 결과 데이터는 아래 그림 6.20과 같이 바뀌게 된다. .

	state	year	pop	area
1	CT	1970	.1369841	.871691
2	CT	1980	.6184582	.871691
3	CT	1990	.4241557	.871691
4	CT	2000	.2648021	.871691
5	MA	1970	.6432207	.4611429
6	MA	1980	.0610638	.4611429
7	MA	1990	.8983462	.4611429
8	MA	2000	.9477426	.4611429
9	ME	1970	.5578017	.4216726
10	ME	1980	.5552388	.4216726
11	ME	1990	.5219247	.4216726
12	ME	2000	.2769154	.4216726
13	NH	1970	.6047949	.8944746
14	NH	1980	.8714491	.8944746
15	NH	1990	.8414094	.8944746
16	NH	2000	.1180158	.8944746

그림 6.20 **long type으로 전환시킨 패널 데이터**

여기에서 보듯이 각 개체인 state 변수는 4번씩 반복되어 나타나며 year 변수는 각 연도를 값으로 하는 시리즈로 새로 생성되었다. area 변수는 원래 시간에 따라 변하지 않았기 때문에 4번씩 동일한 값이 반복되어 나타난다. 그림 6.20의 패널 구조를 long type의 패널데이터라고 부른다.

6 encode, decode, mvdecode

문자변수를 숫자변수로 변환하거나 혹은 반대로 숫자변수를 문자변수로 변환하는 명령어가 encode와 decode이다. 우선 encode는 문자변수를 숫자변수로 변환시키는 명령어이다. 예제 데이터 파일인 data6_8.dta을 그림 6.21에서 살펴보자. 여기에서 첫 번째 열의 city1 변수는 각 도시를 나타내는 문자변수로서 빨간색으로 표시되어 있다. 이 문자변수는 서울, 부산, 대구, 광주 등 4개의 이름을 지니고 있다. 이를 1, 2, 3, 4의 숫자변수로 바꾸고자 한다면 다음과 같이 encode를 사용한다.

```
. use data6_8,clear
. encode city1, gen(city2)
```

명령어 encode 다음에는 대상이 되는 문자변수의 이름을 적는다. 그 다음에 옵션으로 gen( )을 사용하고 그 괄호 안에 새로 만들어질 숫자변수의 이름을 지정하면 된다.

	city1	year	age_grp	race	hbp	female	city2
1	서울	1993	15 - 19	Black	no	female	서울
2	서울	1992	30 - 34	.	no	.	서울
3	서울	1988	25 - 29	Black	no	male	서울
4	서울	1991	25 - 29	Black	no	male	서울
5	서울	1991	20 - 24	Black	no	female	서울
6	부산	1993	30 - 34	Black	no	female	부산
7	서울	1990	20 - 24	Black	no	male	서울
8	광주	1992	25 - 29	Black	no	female	광주
9	광주	1991	20 - 24	Black	yes	female	광주
10	부산	1990	25 - 29	Hispanic	no	female	부산

그림 6.21 **명령어 encode를 이용한 문자변수를 숫자변수로 변환**

위의 맨 마지막 열에서 보듯이 새로 만들어진 city2는 색깔만 파란색일 뿐 문자변수인 city1과 동일한 이름들이다. 이처럼 외견상 보기에는 문자이지만 실제로는 숫자로서 밸류 레이블(value label)이 붙어 있는 것이다(5.7절 참조). 만약 city1 변수에 결측치가 있다면 city2 변수에서도 결측치로 처리된다. 밸류 레이블의 원래 숫자를 알고 싶다면 다음과 같이 label list 명령문을 이용한다.

```
. label list city2
city2:
           1 광주
           2 대구
           3 부산
           4 서울
```

위 결과에서도 알 수 있듯이 encode를 이용하여 문자변수를 숫자변수로 변환할 때 한글의 경우 가나다 순으로 숫자가 배정된다. 영어의 경우에는 알파벳 순이다.

한편 앞에서와는 반대로 숫자변수를 문자변수로 변환하고자 한다면 decode를 사용한다. 위의 그림 6.21에서 예를 들어 female 변수는 밸류 레이블이 붙은 숫자변수이다. 이러한 숫자변수를 문자변수로 변환하고자 한다면 다음과 같이 Stata 명령문을 작성한다.

```
. decode female, gen(female1)
```

새로 만들어지는 female1 변수는 female 변수의 밸류 레이블을 그대로 문자변수로 가져온다. female 변수에 결측치가 있다면 female1 변수에서도 결측치(빈 칸)로 처리된다. decode 사용시 한 가지 주의해야할 점은 숫자변수가 반드시 밸류 레이블을 가지고 있어야 한다. 예를 들어 그림 6.21의 year 변수처럼 숫자변수이지만 밸류 레이블이 없는 경우에는 decode를 사용할 수 없다.

여기에서 decode와 관련하여 mvdecode의 사용법도 알아보자. 우선 mv의 의미는 결측치(missing value)의 뜻이다. 어떤 데이터에서는 결측치 대신 특정 숫자를 입력해 놓은 경우가 있다. 가령 결측치 대신 999999라는 숫자를 입력해 놓은 경우이다. 이런 식으로 입력하는 이유가 나름대로 있겠지만 예컨대 순수한 결측치와 구별하기 위한 목적일 수 있다. 예제 데이터 파일 data6_9.dta은 각 조사대상자에 대해 부채 항목별로 금액을 기록한 것인데, 결측치(".")로 표시된 것은 부채가 없는 경우이고, 이따금씩 나타나는 999999는 부채가 있다고 답했지만 금액에 대해서는 응답을 하지 않은 경우이다. 결측치와 999999는 다른 것이다. 문제는 이런 식으로 입력해 놓았다 하더라도 통계분석 작업을 할 때에는 999999라는 숫자를 반드시 결측치로 전환해야 한다. 그렇지 않고 예를 들어 debt1(금융기관 부채)의 평균값 또는 최대값을 계산하면 다음과 같은 결과를 얻는다.

```
. use data6_9, clear
. su debt1

    Variable |       Obs        Mean    Std. Dev.       Min        Max
-------------+--------------------------------------------------------
       debt1 |      1923    14695.91    101279.6          0     999999
```

그러나 이 결과는 잘못된 것이다. 데이터값 999999가 숫자로 인식되어 평균값과 최대값이 대폭 과대 추정되기 때문이다. 이런 경우 mvdecode를 사용하여 999999로 코딩된 무응답 층을 결측치로 변환시킬 수 있다.

```
. mvdecode debt1-debt6, mv(999999=.)
```

우선 mvdecode 다음에 변환대상이 되는 변수이름(즉 debt1부터 debt6까지)을 나열하고, 옵션 mv( )의 괄호 안에 변환방법을 기입하면 된다. 위의 경우 999999 숫자를 결측치(.)로 모두 바꾸라는 의미이다. 이를 실행하면 Results 창에 다음과 같은 결과가 나타난다.

```
. mvdecode debt1-debt6, mv(999999=.)

        debt1: 20 missing values generated
        debt2: 4 missing values generated
        debt3: 10 missing values generated
        debt4: 2 missing values generated
        debt5: 2 missing values generated
        debt6: 1 missing value generated
```

예를 들어 debt1(금융기관부채)에서는 20개의 999999가 결측치로 전환되었다. 이 상태에서 평균값 및 최대값을 다시 계산하면 다음과 같다.

```
. su debt1

    Variable |       Obs        Mean    Std. Dev.       Min        Max
-------------+--------------------------------------------------------
       debt1 |      1903    4340.648    7049.921          0     100000
```

위에서 보는 것처럼 평균값이 앞에 비해 크게 줄어들었음을 알 수 있다. 그런데 여기에서 한 가지 유의할 점이 있다. 이 데이터세트의 경우 데이터포인트가 4,848개이다. 그런데 위에서 보면 debt1의 관측치가 1,903개에 불과하다. 나머지 2,945개는 모두 결측치이다. 정확히 말하면 이들 결측치 중 20개는 (부채는 있지만) 응답을 하지 않은 경우이고 나머지 2,925개는 부채가 0인 경우이다. 어쨌든 위의 결과는 부채가 있는 사람들만을 대상으로 했을 때의 평균값이라는 점에 유의해야 한다. 부채가 0인 사람들까지 합쳤을 때의 평균 부채는 위의 금액(4,340.648)보다 크게 낮을 것이다.

7 destring, real

엑셀로 저장된 파일을 텍스트 파일로 변환시킨 후 Stata로 불러올 때 숫자변수라고 생각한 변수들이 그림 6.22처럼 빨간색의 문자변수로 되어 있는 경우가 있다(data6_10.dta).

```
. use data6_10,clear
```

	date	price	percent	size
1	1999 12 10	$2,343.68	34%	1
2	2000 07 08	$7,233.44	86%	2
3	1997 03 02	$12,442.89	12%	3
4	1999 09 00	$233,325.31	6%	2
5	1998 10 04	$1,549.23	76%	2
6	2000 03 28	$23,517.03	35%	3
7	2000 08 08	$2.43	69%	1
8	1997 10 20	$9,382.47	32%	4 or more
9	1998 01 16	$289,209.32	45%	2
10	1999 11 12	$8,282.49	1%	1

그림 6.22 숫자변수가 문자변수로 불러들여진 경우

먼저 date 변수는 연월일 사이에 space가 있어 문자변수가 되었고, price 변수는 $, 콤마(,) 등의 특수문자 때문에 문자변수가 되었다. 또한 percent 변수 역시 % 기호가 붙어 있어서 문자변수로 간주하였다. size 변수는 다른 것은 모두 숫자이지만 8번째 관측치 값이 문자를 포함하고 있으므로 변수 전체가 문자변수로 인식된 경우이다. 본 절에서는 이들 변수 중 price, percent, size 변수를 숫자변수로 변환하는 방법을 알아본다. 맨 앞에 있는 date 변수를 날짜변수로 변환하는 방법은 3장을 참고하길 바란다.

명령어 destring은 문자변수를 숫자 변수로 변환해 준다. 우선 db destring을 실행하여 다음과 같은 대화창을 불러온다.

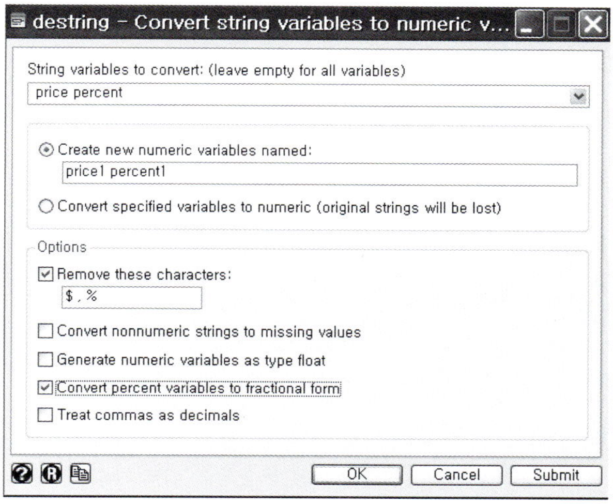

그림 6.23 명령어 destring의 대화창

대화창에서 먼저 String variables to convert 란에는 변환하고자 하는 문자변수를 지정한다. 여기에 price와 percent 변수를 지정하자. 즉 특수문자만 없애주면 숫자변수로 변환될 수 있는 변수들이다. 다음으로 Create new numeric variables named에는 새로 만들어질 숫자변수 이름을 입력한다. 예를 들어 price1 percent1 등으로 입력한다. Options에서 Remove these characters를 선택하고, 공란에 "$, %"의 세 문자를 입력한다. 마지막으로 Convert percent variables to fractional form을 선택함으로써 기존의 퍼센트 변수 값을 퍼센트 숫자가 아니라 소수점 비율 형태로 바뀌도록 해준다. 그림 6.24에 실행 결과가 나와 있다.

	date	price	price1	percent	percent1	size
1	1999 12 10	$2,343.68	2343.68	34%	.34	1
2	2000 07 08	$7,233.44	7233.44	86%	.86	2
3	1997 03 02	$12,442.89	12442.89	12%	.12	3
4	1999 09 00	$233,325.31	233325.31	6%	.06	2
5	1998 10 04	$1,549.23	1549.23	76%	.76	2
6	2000 03 28	$23,517.03	23517.03	35%	.35	3
7	2000 08 08	$2.43	2.43	69%	.69	1
8	1997 10 20	$9,382.47	9382.47	32%	.32	4 or more
9	1998 01 16	$289,209.32	289209.32	45%	.45	2
10	1999 11 12	$8,282.49	8282.49	1%	.01	1

그림 6.24 문자변수(price, percent)의 숫자변수로의 변환 결과

여기에서 보듯이 price1 변수는 기존의 price 변수값에서 $와 콤마(,)를 없앰으로써 숫자변수로 바뀌었다. 또한 percent1 변수는 기존의 percent 변수값에서 %를 없애 숫자변수로 만든 다음 소수점 비율(fraction) 형태로 변환되었다. 만약 대화창의 옵션에서 Convert percent variables...를 선택하지 않았다면 percent1 변수는 34, 86, 12 등의 숫자로 변환되었을 것이다. 이상의 작업을 명령문으로 할 경우 다음과 같다.

```
. destring price percent, gen(price1 percent1) ignore($ , %) percent
```

여기에서 보듯이 옵션 gen( )의 괄호 안에는 새로운 숫자변수 이름을 지정한다. 또한 ignore( )의 괄호 안에는 없애고자 하는 문자나 기호를 입력한다. 마지막에 percent라고 적음으로써 %를 가진 변수(percent 변수)를 소수점 비율 값으로 변환해 준다.[14)]

한편 size 변수의 경우에는 문자를 없앤다고 해서 문제가 해결되는 것이 아니다. 물론 destring 명령어를 이용하여 'or more' 문자를 제거할 경우 기술적으로는 숫자변수로 전환된다. 그러나 그 경우 8번째 관측치의 값이 4가 되는데 이는 올바른 값이 아니다. 왜냐하면 값이 4가 아니라 '4 이상'이기 때문이다. 이 경우 8번째 관측치를 결측치로 전환하는 것이 하나의 해결방법이 될 것이다. 이를 위한 명령문은 다음과 같다.

```
. gen size1=real(size)
```

14) gen(price1 percent1) 옵션 대신 replace 옵션을 사용하면 기존 문자변수인 price와 percent를 숫자변수 price와 percent가 대신하게 된다.

여기에서 real( ) 함수의 괄호 안에는 숫자변수로 전환시킬 문자변수(즉 size)의 이름을 기입한다. 이를 실행하면 real 함수는 문자변수의 값이 숫자형태일 경우에는(우리 예에서는 8번째 관측치를 제외한 모든 관측치) 이를 숫자로 바꾸어주고, 문자와 숫자가 섞여 있는 관측치(즉 8번째 관측치)는 결측치로 처리한다(각자 확인해 보라).

TIP 6.2 ● 세 자리마다 콤마 넣기

앞의 예에서 새로 생성된 price1 변수의 디스플레이 포맷(display format)을 확인하면(이를 위한 명령어는 describe임), %10.0g의 g-format을 사용하고 있다. 이를 원래 price 변수처럼 세 자리마다 콤마(,)를 넣고자 하면 다음과 같이 gc-format으로 바꾸어주면 된다.

```
. format price1 %10.0gc
```

f-format(fixed format)의 경우에도 다음과 같은 명령문을 이용하여 세 자리마다 콤마를 넣을 수 있다.

```
. format price1 %10.2fc
```

8 append, merge

Stata에서는 두 개의 데이터 파일을 서로 덧붙일 수도 있다. append 명령어가 그러한 기능을 한다. 다른 통계프로그램에서는 Case merge라는 표현을 쓰기도 한다. 아래 그림 6.25는 두 개의 데이터 파일을 보여주고 있다. 왼쪽의 ⊡data6_11.dta[15]는 데이터 포인트가 5개이고 변수가 2개 있으며, 오른쪽의 ⊡data6_12.dta는 데이터 포인트가 6개이고 변수가 3개이다.

15) 예제 데이터 파일은 Hamilton(2006)에서 인용 후 필요에 따라 수정하였다.

	year	pop
1	1985	580700
2	1986	580200
3	1987	568200
4	1988	568000
5	1989	570000

data6_11.dta

	year	pop	jobless
1	1990	573400	42000
2	1991	573500	45000
3	1992	575600	49000
4	1993	584400	49000
5	1994	582400	50000
6	1995	575449	.

data6_12.dta

그림 6.25 **두 개의 데이터 파일 I**

왼쪽 데이터에는 1985~1989년까지의 pop가 기록되어 있으며, 오른쪽 데이터에는 1990~1995년까지의 pop와 jobless가 기록되어 있다. 이 둘을 합하는 방법은 왼쪽 데이터가 위로 가고 그 아래에 오른쪽 데이터가 덧붙여지는 형태가 되어야 한다. 이를 위해서는 왼쪽 데이터에 해당하는 data6_11.dta 파일을 먼저 불러들인다. 이처럼 먼저 Stata의 메모리를 차지하는 파일을 master 파일이라고 부른다. 그리고 이 master 파일에 덧붙여지는 파일을 using 파일이라 부른다. 본 예제에서는 data6_12.dta 파일이 using 파일이다. 이제 db append를 실행하여 그림 6.26과 같은 대화창을 불러오자.

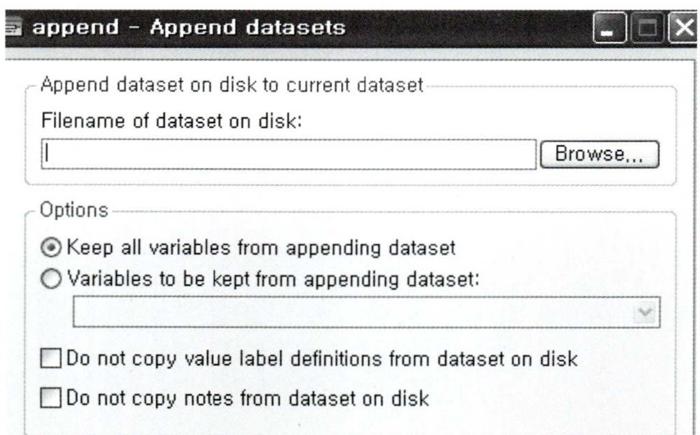

그림 6.26 **명령어 append의 대화창**

이 대화창에서 Filename of dataset on disk 란에 덧붙일 데이터 파일인 data6_12.dta를 찾아서 지정해 준다. 이 때 using 파일은 반드시 한 개만 지정할 수 있으며, 2개 이상의 파일을 동시에 덧붙일 수는 없다. 이를 명령문으로 실행하면 다음과 같다. 실행결과는

그림 6.27과 같다.

```
. use data6_11, clear
. append using data6_12
```

	year	pop	jobless
1	1985	580700	.
2	1986	580200	.
3	1987	568200	.
4	1988	568000	.
5	1989	570000	.
6	1990	573400	42000
7	1991	573500	45000
8	1992	575600	49000
9	1993	584400	49000
10	1994	582400	50000
11	1995	575449	.

그림 6.27 두 개의 데이터파일 덧붙이기 결과

위 결과에서 보듯이 year와 pop 변수는 using 파일의 데이터가 master 파일의 아래쪽에 덧붙여져 있다. 그런데 jobless 변수의 경우에는 master 파일에는 존재하지 않고, 단지 using 파일에만 있는 변수이기 때문에 1985~1989년까지의 값은 결측치로 처리되었다. Stata에서는 append 명령어를 실행시킬 때 양쪽 파일의 변수이름을 일치시키는 방식으로 덧붙인다. 따라서 append 명령을 실행하기 전에 master 파일과 using 파일의 변수이름이 같게끔 적절히 변경해 놓아야 한다.

데이터 파일을 합해야 하는 다른 경우를 생각해보자. 그림 6.28은 두 개의 데이터 파일을 보여주고 있다. 둘 모두 가구별 서베이 데이터로서 위쪽의 data6_13.dta는 1999년 서베이 데이터이며, 아래쪽의 data6_14.dta는 2000년 서베이 데이터이다. 거의 동일한 가구에 대해 2년에 걸쳐 조사한 데이터이기 때문에 패널 데이터의 일종이다. 이들 2개의 데이터를 병합하여 패널데이터로 만들고자 하는 것이 최종 목적이다. 최종 목적의 전단계로서 우선 그림 6.18에서 보았던 것과 같은 wide type 형태로 병합하기로 한다. 이 경우 append를 이용하여 덧붙이기를 할 수는 없으며, merge라는 명령어를 이용한다.

	hhid	income_1999	fin_inc~1999	prop_in~1999
1	1	170	.	.
2	2	150	.	.
3	3	240	.	.
4	4	178	.	.
5	5	130	.	.
6	6	205	.	.
7	8	100	.	.
8	9	100	480	.
9	10	50	.	.
10	11	60	.	.

data6_13.dta

	hhid	income_2000	fin_inc~2000	prop_in~2000
1	1	180	.	.
2	2	200	.	.
3	3	130	.	.
4	4	250	.	.
5	6	50	.	.
6	8	140	.	.
7	9	70	.	.
8	10	30	.	.
9	11	150	.	.
10	12	120	.	.

data6_14.dta

그림 6.28 두 개의 데이터 파일 II

두 파일을 병합하기 위해 master 파일로서 data6_13.dta를 사용하기로 하자. 따라서 먼저 이 파일을 메모리 상에 불러들여야 한다. 그 다음에 db merge를 실행하여 다음과 같은 대화창을 불러오자.

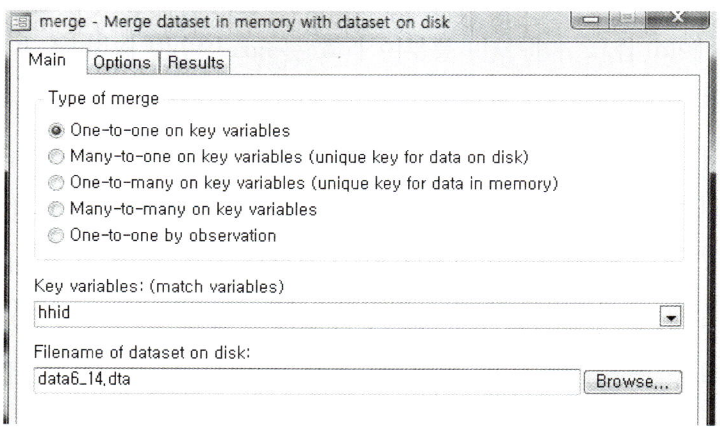

그림 6.29 명령어 merge의 대화창

대화창에서 먼저 Type of merge에서는 One-to-one on key variables를 선택한다. 여기에서 'key variables'란 두 데이터세트를 병합할 때 기준이 되는 변수를 말한다. 즉 1999년 데이터세트와 2000년 데이터세트에 동일하게 들어가 있어 그것을 기준으로 두 데이터세트를 합칠 수 있는 변수를 key variable이라 한다. 본 예제에서 key variable은 가구ID인 hhid 변수이다. 고유한 가구ID가 양쪽 데이터세트에 모두 있으므로 이를 기준으로 병합이 가능하다. 그 다음 'one-to-one'의 의미는 hhid 변수 값이 master 파일과 using 파일에 각각 한 번씩만 나타나 일대일로 대응한다는 의미이다. 이는 두 개의 데이터세트가 모두 가구별 데이터이거나 혹은 모두 개인별 데이터일 때 일대일 대응이 성립한다. 만약 가구별 데이터와 개인별 데이터를 병합하는 경우라면 한 가구에 2명 이상의 개인이 조사되는 경우가 많으므로 hhid 값이 일대일로 대응하지 않을 것이다. 이런 경우에는 one-to-many 또는 many-to-one을 사용해야 한다.

한편 대화창의 Filename of dataset on disk 란에는 using 파일을 찾아서 지정해 준다. 본 예에서는 data6_14.dta 파일이다. 반드시 1개의 using 파일만을 지정할 수 있다. 그 다음 Key variables 란에는 앞서 설명했던 대로 hhid 변수를 지정한다(이것이 가능하기 위해서는 master 파일과 using 파일에 모두 hhid 라는 이름으로 key variable이 있어야 한다). 이상에 대한 Stata 명령문은 다음과 같다. 실행 결과가 그림 6.30에 나와 있다.

```
. use data6_13, clear
. merge 1:1 hhid using data6_14
```

	hhid	income_1999	fin_inc~1999	prop_in~1999	income_2000	fin_inc~2000	prop_in~2000	_merge
1	1	170	.	.	180	.	.	3
2	2	150	.	.	200	.	.	3
3	3	240	.	.	130	.	.	3
4	4	178	.	.	250	.	.	3
5	5	130	.	.	.	.	.	1
6	6	205	.	.	50	.	.	3
7	8	100	.	.	140	.	.	3
8	9	100	480	.	230	.	.	3
9	10	50	.	.	30	.	.	3
10	11	60	.	.	150	.	.	3
11	12	80	.	.	120	.	.	3

그림 6.30 두 개의 데이터파일 병합(merge) 결과

여기에서 보듯이 hhid 변수를 기준으로 1999년의 세 변수와 2000년의 세 변수가 나란히 병합되어 있다. 즉 wide type의 패널데이터이다. 그런데 맨 마지막 열을 보면 기존에 어느 쪽 데이터세트에도 없었던 _merge라는 변수가 추가로 생성되어 있음을 확인할 수 있다. 다음과 같이 빈도표를 구해 보면 _merge는 1, 2, 3의 값으로 구성되어 있다.

```
. tab _merge

                 _merge |      Freq.     Percent        Cum.
------------------------+-----------------------------------
        master only (1) |        571       13.45       13.45
         using only (2) |        298        7.02       20.47
            matched (3) |      3,376       79.53      100.00
------------------------+-----------------------------------
                  Total |      4,245      100.00
```

여기서 1의 의미는 master 파일에만 존재하는 관측치이고, 2의 의미는 using 파일에만 있는 관측치이다. 마지막 3의 의미는 양쪽 파일 모두(즉 2개년 동안 모두 조사된 가구들)에 있는 관측치를 의미한다. 총 4,245가구 중에서 약 3,376 가구가 2개년 동안 연속적으로 패널 조사되었다. 따라서 동일가구 유지비율이 (3,376/4,245=)79.53%이다.

마지막으로 6.5절에서 설명한 reshape 명령어를 이용하여 그림 6.30의 wide type 데이터를 long type의 패널 데이터로 만들어 보자. 그림 6.19와 같은 대화창을 다시 불러온 것이 그림 6.31이다. 패널 데이터에서 각 개체 i에 해당하는 변수(ID variable)는 hhid이고, 각 j를 나누는 기준은 시간이기 때문에 그 이름을 year라고 지정하였다. 마지막으로 Base names... 란에는 (근로)소득, 금융소득, 부동산소득 변수의 이름 중 연도를 제외한 공통된 부분을 입력해 준다. 즉 income_ fin_income_ prop_income_을 입력한다. _merge 변수의 경우 시간에 따라 변하지 않는 변수이기 때문에 Base names... 부분에서 제외하였다. 그 결과 그림 6.32와 같이 long type의 패널 데이터세트가 되었다. Stata 명령문은 다음과 같다.

```
. reshape long income_ fin_income_ prop_income_, i(hhid) j(year)
```

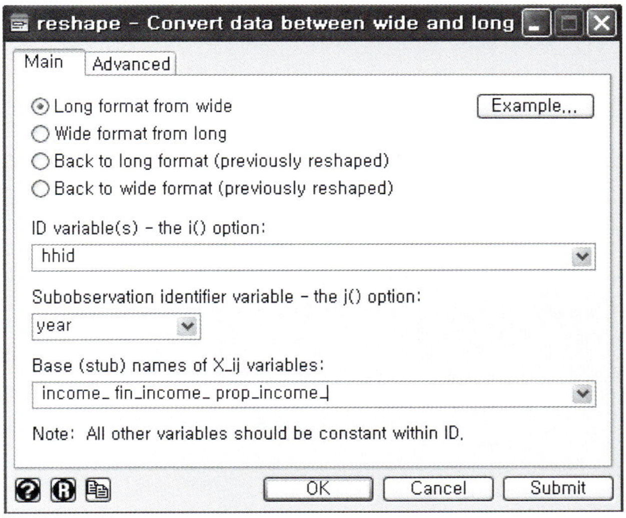

그림 6.31 명령어 reshape의 대화창 II

	hhid	year	income_	fin_income_	prop_income_	_merge
1	1	1999	170	.	.	3
2	1	2000	180	.	.	3
3	2	1999	150	.	.	3
4	2	2000	200	.	.	3
5	3	1999	240	.	.	3
6	3	2000	130	.	.	3
7	4	1999	178	.	.	3
8	4	2000	250	.	.	3
9	5	1999	130	.	.	1
10	5	2000	.	.	.	1
11	6	1999	205	.	.	3
12	6	2000	50	.	.	3

그림 6.32 long type 패널 데이터세트로의 전환

9 Stata do file

```
cd c:\stata
sysuse nlsw88, clear
tab race
tab race, nolabel
tab race, gen(dum_race_)
```

```
tab1 dum_race_1 dum_race_2 dum_race_3

xi i.race, noomit prefix(dum_)

use data6_1, clear
by company, sort : egen max_invest = max(invest)
by year, sort : egen max_invest1 = max(invest)
by company, sort : egen mean_invest = mean(invest)
by year, sort : egen mean_invest1 = mean(invest)
by year, sort : egen  percent_invest = pc(invest)
by year, sort : egen  rank_invest = rank(invest)

use data6_2, clear
gen rtotal_debt1=debt1+debt2+debt3+debt4+debt5+debt6
egen rtotal_debt = rowtotal(debt1-debt6)

use data6_3, clear
xtile income_4 = income, nquantiles(4)
tab income_4
recode ybirth (min/1979=0) (1980/max=1), gen(ybirth1)
tab gender, nolabel
recode gender (2=0), gen(gender1)
tab gender1


gen gender2=1 if gender==1
replace gender2=0 if gender==2

use data6_1, clear
db collapse
collapse (mean) invest, by(company)

use data6_1, clear
collapse (mean) mean_invest=invest, by(company)

use data6_5, clear
stack treat control, into(cure) clear

use data6_6, clear
stack hhid04 pid1 gender1 age1 hhid04 pid2 gender2 age2, group(2)
clear
```

```
sort  hhid04 _stack


use data6_7, clear
reshape long pop, i( state ) j( year )

use data6_8,clear
encode city1, gen(city2)
label list city2
decode female, gen(female1)


use data6_9, clear
su debt1
mvdecode debt1-debt6, mv(999999=.)
su debt1

use data6_10,clear
destring price percent, gen(price1 percent1) ignore($ , %) percent
gen size1=real(size)
format price1 %10.0gc
format price1 %10.2fc

use data6_11, clear
append using data6_12

use data6_13, clear
merge 1:1 hhid using data6_14.dta

reshape long income_ fin_income_ prop_income_, i(hhid) j(year)
```

CHAPTER 07 | 기초 통계분석

지금까지 우리는 Stata에서 이용하는 다양한 명령어 중 가장 핵심적인 것에 대해 살펴보았다. 어떤 명령어는 데이터의 기술적 속성 및 내용상 특성을 알기 위한 것이고, 어떤 것은 데이터관리를 위한 것들도 있었다. 이번 장에서는 어떤 데이터세트가 주어졌을 때 기본적인 통계분석을 행할 수 있는 명령어들을 소개한다. 즉 평균, 분산 등의 기본적인 통계량(statistics)이나 빈도표(frequency table)를 구하는 방법을 비롯해 모평균에 대해 신뢰구간을 구하거나 t 검정을 행하는 방법, 여러 가지 확률분포에서 난수(random number)를 생성하는 방법 등을 소개한다. 특히 이 장에서는 명령어의 사용법뿐만 아니라 해당 통계분석의 내용에 대해서도 간단한 공식과 직관적인 설명을 덧붙이기로 한다.

1 summarize

앞에서 이미 소개한 바 있지만 명령어 summarize(줄여서 su)는 주로 연속형 변수의 평균, 분산과 같은 요약 통계량(summary statistics)을 계산할 때 사용된다. 문법이 간단하므로 대화창이 아니라 명령어를 사용하는 방법을 소개하기로 한다. 예제 데이터 파일(data7_1.dta)를 이용하여 사용법을 실습해보자. 데이터세트의 변수 중 lived는 도시에 거주한 햇수를 의미한다. 이 변수에 su를 적용하는 명령문과 그 결과는 다음과 같다.

```
. cd c:\stata
. use data7_1, clear
. su lived

    Variable |       Obs        Mean    Std. Dev.       Min        Max
-------------+--------------------------------------------------------
       lived |       153    19.26797    16.95466          1         81
```

위와 같이 su 다음에 원하는 변수이름을 나열하기만 하면 된다. 변수를 나열하지 않고 su만 치게 되면 데이터세트에 있는 모든 변수에 대해 요약 통계량을 계산해 준다. 위의 결과를 설명하면, 우선 Obs는 요약 통계량 계산에 사용된 관측치의 개수이다. 이는 주어진 데이터세트의 관측치 개수와 다를 수 있다. 왜냐하면 만약 lived 변수에 결측치가 있다면 su 계산에서는 이들이 제외되기 때문이다. 따라서 Obs의 값은 항상 전체 관측치의 수보다 작거나 같다. 한편 변수가 문자변수일 경우에는 su 결과가 도출되지 않는다.

Mean과 Std. Dev.는 표본평균(Sample mean)과 표본표준편차(sample standard deviation)이다. Stata에서는 모든 데이터를 모집단(population) 이 아니라 표본(sample)의 개념으로 받아들인다. 따라서 Mean은 모평균 μ가 아니라 표본평균 $\overline{X}$이고, Std. Dev.는 모집단 표준편차 σ가 아니라 표본표준편차 s로 이해해야 한다. 여기에서 Mean과 Std. Dev.를 계산하는 공식은 다음과 같다. 즉 X_i가 어떤 변수의 i번째 데이터값이고, n이 해당 변수 관측치의 개수(즉 Obs)라 할 때

$$\text{Mean} = \overline{X} = \frac{1}{n}\sum_{i=1}^{n} X_i$$

$$\text{Std. Dev.} = s = \sqrt{\frac{1}{n-1}\sum_{i=1}^{n}\left(X_i - \overline{X}\right)^2}$$

위에서 보듯이 Std. Dev.를 계산할 때 편차$\left(X_i - \overline{X}\right)$ 제곱합을 n이 아니라 $(n-1)$로 나누는 것에 주의하여야 한다. 표본 표준편차(sample standard deviation)을 계산한다.

한편 su 명령어의 옵션으로 detail(줄여서 de)을 두는 경우 다음에서 보듯이 훨씬 다양한 통계량이 제공된다.

```
. su lived, de

                    Years lived in town
-------------------------------------------------------------
      Percentiles      Smallest
 1%        1              1
 5%        2              1
10%        3              1       Obs                 153
25%        5              1       Sum of Wgt.         153

50%       15                      Mean           19.26797
                        Largest   Std. Dev.      16.95466
75%       29             65
90%       42             65       Variance       287.4606
95%       55             68       Skewness       1.208804
99%       68             81       Kurtosis       4.025642
```

앞의 결과를 보면 예를 들어 백분위수(Percentiles) 중 50%에 해당하는 값(즉 15)은 중앙값(median)에 해당한다. Variance(분산)는 Std. Dev.를 제곱한 값이며, Skewness(왜도)와 Kurtosis(첨도)는 데이터값의 분포와 관련된 요약 통계량이다. 왜도와 첨도 역시 표본왜도와 표본첨도를 계산하는 공식을 이용해야 한다. 왜도 값은 $-\infty$ 에서 ∞ 까지 값을 가질 수 있다. 이 값이 0이면 데이터가 좌우 대칭인 분포이며, (-) 값이면 분포의 왼쪽 꼬리가 긴 형태이고 (+) 값이면 오른쪽 꼬리가 긴 형태이다. 우리에게 익숙한 정규분포는 대칭분포로서 왜도가 0이다. 첨도는 분포의 중앙 부분이 얼마나 뾰족한지(혹은 꼬리 부분이 얼마나 두터운지)를 나타내는 통계량이다. 정규분포는 첨도가 3으로서, 만약 어떤 분포의 첨도가 3보다 크면 정규분포에 비해 꼬리부분이 더 두터우며(thick tail 혹은 fat tail), 3보다 작으면 정규분포에 비해 꼬리부분이 더 가는(thin tail) 것을 의미한다.

su 명령어의 또 다른 활용방법으로 prefix인 by를 사용해보자. 예컨대 거주기간(즉 lived 변수)의 통계량을 계산할 때 관측치 전체를 하나의 시리즈로 보는 것이 아니라 성별에 따라 두 그룹으로 나누는 것이다. 즉 남성과 여성 두 그룹으로 나누어 각 그룹의 거주기간에 대해 각각 통계량을 계산할 수 있다. 아래에 명령문과 실행결과가 나와 있다 (by 및 sort와 관련된 명령어 문법에 대해서는 5.5절 참조).

```
. by gender, sort: su lived

-------------------------------------------------------------------------------->
      gender = male

    Variable |        Obs        Mean    Std. Dev.       Min        Max
-------------+---------------------------------------------------------
       lived |         60    23.48333    19.69125          1         81

-------------------------------------------------------------------------------->
      gender = female

    Variable |        Obs        Mean    Std. Dev.       Min        Max
-------------+---------------------------------------------------------
       lived |         93    16.54839    14.39468          1         68
```

그림 7.1 성별 거주기간 통계량 계산 결과

TIP 7.1 ● if 조건문에서 밸류 레이블(value label)을 그대로 사용하는 방법

남성들의 평균 거주기간을 알기 위해서 다음과 같이 명령문을 작성하여 실행결과를 얻었다.

```
. su lived if gender==0

    Variable |        Obs        Mean    Std. Dev.       Min        Max
-------------+---------------------------------------------------------
       lived |         60    23.48333    19.69125          1         81
```

gender 변수에 밸류 레이블(0—남성, 1—여성)이 부여되어 있기 때문에 위와 같은 명령을 실행하기 위해서는 사전에 밸류 레이블(즉 남성에 해당하는 숫자)을 알고 있어야 한다. 그런데 만약 밸류 레이블의 정보를 담고 있는 이름(이에 대해서는 5.7절 참조)을 알고 있다면, if 조건문에서 밸류 레이블(즉 "male")을 그대로 사용해도 된다. 명령문은 다음과 같다(실행결과도 위의 명령문과 동일하다는 것을 알 수 있다).

```
. su lived if gender=="male": sexlbl

    Variable |        Obs        Mean    Std. Dev.       Min        Max
-------------+---------------------------------------------------------
       lived |         60    23.48333    19.69125          1         81
```

명령문의 구조를 보면 밸류 레이블인 male을 그대로 사용하고 그 다음에 :(콜론)을 하며 이어 gender 변수의 밸류 레이블을 규정하는 이름(이 경우 sexlbl)을 지정해 주면 된다. 밸류 레이블을 정의하는 이름을 알기 위해서는 describe를 이용하거나 label list 이용할 수 있다.

Stata에서 어떤 명령문을 실행하는 경우, 그 결과는 system variable로 저장된다. 이러한 system variable은 r-class, e-class, s-class, c-class 등의 이름으로 불린다. su 명령어를 이용하여 이에 관해 설명하기로 한다. 우선 su 명령을 실행시킨 후 return list라고 치면 다음과 같은 결과를 얻을 수 있다.

```
. su lived

    Variable |       Obs        Mean    Std. Dev.       Min        Max
-------------+--------------------------------------------------------
       lived |       153    19.26797    16.95466          1         81

. return list
scalars:
                  r(N) =  153
              r(sum_w) =  153
               r(mean) =  19.26797385620915
                r(Var) =  287.4606123151015
                 r(sd) =  16.95466343856761
                r(min) =  1
                r(max) =  81
                r(sum) =  2948
```

위에서 return list 다음에 나와 있는 내용은 su 명령문을 실행한 후 그 결과들이 Stata 내부적으로 어떤 이름으로 저장되어 있는지를 보여준다. 여기에서 보듯이 모든 값은 scalar로 저장되어 있다(scalar에 대해서 9.2절을 참고). 모든 이름이 r( )의 형태로 되어 있어 r-class라고 한다. 이처럼 su lived를 실행한 결과가 모두 특정한 이름으로 저장되어 있으므로 이를 이용하여 다양한 후속작업이 가능하다. 예를 들어 lived 시리즈를 표준화(standardize) 해보자. 즉 lived 시리즈의 모든 값에서 평균을 빼고 그것을 다시 표준편차로 나눠주는 것이다. 이를 실행하는 명령문과 그 결과가 아래 나와 있다.

```
. gen lived_s=(lived-r(mean))/r(sd)
. su lived_s

    Variable |       Obs        Mean    Std. Dev.       Min        Max
-------------+--------------------------------------------------------
     lived_s |       153           0           1   -1.07746   3.641006
```

위에서 lived_s 변수는 lived 변수에서 평균, 즉 r(mean)을 빼주고 그것을 다시 표준편차, 즉 r(sd)로 나눈 것이다. 이처럼 어떤 시리즈를 표준화시키면 새로운 시리즈의 평균은 0이 되고 표준편차는 1이 된다. 표준화된 변수(lived_s)의 통계량에서 이를 확인할 수 있다. 주의해야 할 점은 su 명령어의 대상이 되는 변수가 달라짐에 따라 r(mean) 등의 값도 계속 바뀐다는 것이다. 기존에 저장된 값들은 사라지고 항상 마지막의 su 결과가 저장된다. 또한 예를 들어 2개 변수(lived와 educ)에 대해 su 명령을 실행하면 뒤쪽에 있는 educ 변수의 su 결과가 저장된다. 이를 아래의 return list 결과에서 확인할 수 있다.

```
. su lived educ

    Variable |       Obs        Mean    Std. Dev.       Min        Max
-------------+--------------------------------------------------------
       lived |       153    19.26797    16.95466          1         81
        educ |       153    12.95425    2.431536          6         20

. return list
scalars:
                  r(N) =  153
              r(sum_w) =  153
               r(mean) =  12.95424836601307
                r(Var) =  5.912366701066392
                 r(sd) =  2.431535872872615
                r(min) =  6
                r(max) =  20
                r(sum) =  1982
```

2 tabstat

앞에서 본 su 명령어의 경우 평균, 표준편차 등 이미 정해진 통계량이 제공되는 데 반해 이번에 소개할 tabstat은 사용자가 자신이 원하는 통계량의 종류를 선택할 수 있다. 또한 결과가 정리된 표의 형태로 제공된다는 점도 특징이다.

우선 db tabstat를 실행하여 그림 7.2와 같은 대화창을 불러오자. 처음 Variables 란에는 대상 변수를 지정한다. 여기에 예를 들어 lived 변수를 입력하자. 그 다음 Group statistics by variable에는 각 그룹별 통계량을 원하는 경우 그 기준이 되는 변수를 지정한다. 예를 들어 gender 변수를 지정하자. 그 다음 Statistics to display에서는 원하는 요약 통계량을 선택한다. Mean과 Median 통계량을 각각 선택하자. 실행 결과가 그림 7.3에 나와 있다(data7_1.dta).

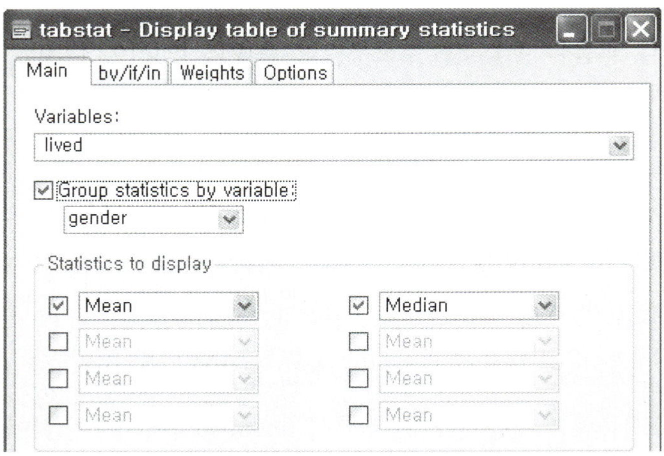

그림 7.2 명령어 tabstat의 대화창

```
. tabstat lived, statistics( mean median ) by(gender)
columns(variables)

Summary statistics: mean, p50
  by categories of: gender (Respondent's gender)
```

```
gender |      lived
-------+----------
  male |   23.48333
       |       19.5
-------+----------
female |   16.54839
       |         13
-------+----------
 Total |   19.26797
       |         15
------------------
```

그림 7.3 명령어 tabstat의 실행 결과

위 그림 7.3의 명령문을 보면, 우선 statistics( )는 옵션으로서 괄호 안에 원하는 통계량을 지정해 준다. 그 다음 by(gender) 부분 역시 prefix가 아니라 옵션인 것에 주의해야 한다. 그 아래 결과를 보면 male과 female별로 lived 변수의 평균(mean)과 중앙값(p50)이 각 칸의 윗줄과 아랫줄에 나와 있다. Total은 전체 관측치에 대한 평균과 중앙값이다.

위의 그림 7.3에서 평균과 중앙값의 소수점 자리수가 서로 맞지 않는데, format 옵션을 활용하면 이들을 맞출 수 있다. 즉 아래에서 보는 것처럼 명령문의 맨 마지막에 format(%9.2f)이라고 display format을 지정했다. 이는 소수점 이하 자리수를 2자리로 고정하는 fixed format이다(2.4절 참조). 이 옵션은 실행결과의 모든 숫자에 적용된다. 이와 같은 옵션을 대화창에서 사용하기 위해서는 그림 7.2에서 Options 탭으로 들어가 Override display format에 %9.2f를 입력해 주면 된다.

```
. tabstat lived, statistics( mean median ) by(gender)
columns(variables) format(%9.2f)

Summary statistics: mean, p50
  by categories of: gender (Respondent's gender)

gender |      lived
-------+----------
  male |      23.48
       |      19.50
-------+----------
```

```
female |      16.55
       |      13.00
-------+----------
 Total |      19.27
       |      15.00
------------------
```

3 table, tabulate

앞에서 살펴 본 su와 tabstat은 연속형 변수의 요약 통계량을 구하기 위한 명령어이다. 범주형 변수에 대해서도 (만약 숫자변수로 되어 있다면) 이들 명령어를 실행시킬 수는 있지만, 그중 일부 결과는 별 의미가 없을 것이다(가령, 0과 1로 되어 있는 범주형 변수의 최소값과 최대값). 이번에 소개할 table 명령어는 연속형 변수가 아니라 범주형 변수와 관련된 요약 통계량을 제공해준다. 먼저 db table을 실행하여 그림 7.4와 같은 대화창을 불러오도록 하자.

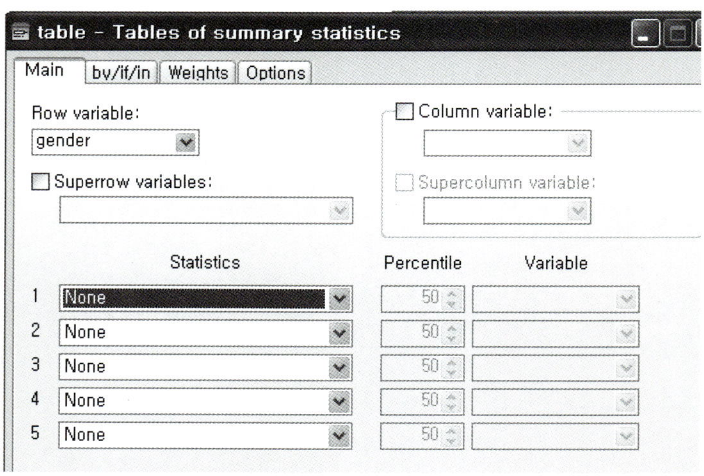

그림 7.4 **명령어 table의 대화창**

위에서 보듯이 최대 4개까지(Row, Superrow, Column, Supercolumn)의 범주형 변수를 선택할 수 있다. 그러나 일반적으로 2개 정도를 선택한다. Row variable에서 gender 변수를, Column variable에서 kids 변수를 선택해보자(data7_1.dta). 여기에서 gender 변수는 응답자의 성별을 나타내고, kids 변수는 19세 미만의 자녀가 함께 거주하는지를 나타낸다. Statistics에서는 원하는 통계량을 선택할 수 있는데, 아무것도 선택하지 않을 경우 그림 7.5와 같은 결과를 얻게 된다.

```
. table gender kids

----------------------
          |    Have
          |  children
Responden |   <19 in
t's       |   town?
gender    |   no   yes
----------+-----------
     male |   26    34
   female |   37    56
----------------------
```

그림 7.5 명령어 table 실행 결과(옵션을 주지 않는 경우)

위 표가 의미하는 것은 빈도수(frequency)이다. 예를 들어 응답자가 남성이고 19세 미만의 자녀가 함께 거주하고 있는 경우가 34명이다. 이처럼 변수를 2개 선택하는 경우 이원(two-way) 빈도표가 작성된다.

한편 table 명령어에 옵션을 주어 위의 표를 좀 더 발전시킬 수 있다. 이를 위해 이번에는 그림 7.4의 대화창에서 Statistics 항목을 비워두지 말고 Mean과 Median을 선택해보자. 또한 이들 통계량의 대상이 되는 Variable 란에서는 모두 lived 변수를 선택해보자. 실행 결과가 아래 그림 7.6에 나와 있다.

```
. table gender kids, contents( mean lived median lived )

----------------------------
Responden |Have children <19
t's       |      in town?
gender    |       no       yes
----------+-----------------
     male |  32.0769  16.9118
          |     27.5        12
          |
   female |  24.1892      11.5
          |       24         7
----------------------------
```

그림 7.6 명령어 table 실행 결과(옵션을 주는 경우)

이 표의 각 숫자가 의미하는 것은 lived 변수의 평균(각 셀의 첫째 줄)과 중앙값(각 셀의 둘째 줄)이다. 이들 평균과 중앙값이라는 2개의 통계량을 성별(gender)과 19세 이하 자녀 여부(kids)에 따라 각 셀에 기입해 놓은 것이다. 예를 들어 남성으로서 19세 미만의 자녀가 거주하고 있는 경우 거주기간의 평균은 32.1년이고 중앙값은 27.5년이라는 것이다. 그림 7.6에서 숫자들의 display format을 설정하고자 하면 그림 7.6의 맨 위에 나와 있는 명령문에서 마지막에 format(%9.2f) 식의 옵션을 추가하면 된다. 지금까지 이원표의 예를 들었는데, 3원(three-way) 혹은 4원(four-way) 표를 만들고자 한다면 그림 7.4의 대화창에서 Superrow variable과 Supercolumn variable에서 적절한 범주형 변수를 선택한다.

다음으로 설명할 tabulate(줄여서 tab)는 이미 앞에서도 여러 번 사용한 바 있지만 범주형 변수의 빈도표[16]를 만드는 가장 기본적인 명령어이다. 다음 그림 7.7에서 tab 명령어의 다양한 활용 결과를 보여주고 있다.

16) Stata에서는 이러한 표를 모두 빈도표(table of frequency)라고 부른다. 이원(two-way) 표의 경우 통계학 교과서에서는 분할표(contingency table)라고 표현하기도 한다.

```
. tab gender

Respondent' |
   s gender |      Freq.     Percent        Cum.
------------+-----------------------------------
       male |         60       39.22       39.22
     female |         93       60.78      100.00
------------+-----------------------------------
      Total |        153      100.00

. tab gender kids

           | Have children <19 in
Respondent |        town?
 's gender |        no        yes |     Total
-----------+----------------------+----------
      male |        26         34 |        60
    female |        37         56 |        93
-----------+----------------------+----------
     Total |        63         90 |       153

. tab gender kids, nolabel

           | Have children <19 in
Respondent |        town?
 's gender |         0          1 |     Total
-----------+----------------------+----------
         0 |        26         34 |        60
         1 |        37         56 |        93
-----------+----------------------+----------
     Total |        63         90 |       153
```

그림 7.7 **명령어 tab의 다양한 실행 결과**

그림 7.7에서 tab gender와 같이 tab 다음에 범주형 변수를 하나만 지정하면 일원 빈도표를 제공하고, tab gender kids와 같이 2개의 범주형 변수를 지정하면 이원 빈도표를 제공한다. 현재 데이터세트의 gender와 kids에 밸류 레이블이 붙어 있는데, 원래의 숫자값을 보고자 한다면 위의 맨 마지막 명령문과 같이 nolabel 옵션을 주면 된다. 주의해야 할 점은 tab 다음에는 최대 2개까지만 변수를 나열할 수 있으며, 3개 이상 입력하면 에러 메시지가 나온다.

명령어 tab과 비슷한 것으로 tab1이 있다. tab1은 일원(one-way) 빈도표만을 전문으로 만들어 주는 명령어이다. tab1 다음에 변수이름을 적으면 그림 7.8에서 보듯이 변수

'각각에 대해' 일원 빈도표를 제공한다. 따라서 tab과 달리 tab1에서는 변수이름을 여러 개 적을 수 있다.

```
. tab1 gender kids meetings

-> tabulation of gender

Respondent' |
   s gender |      Freq.     Percent        Cum.
------------+-----------------------------------
       male |         60       39.22       39.22
     female |         93       60.78      100.00
------------+-----------------------------------
      Total |        153      100.00

-> tabulation of kids

       Have |
   children |
     <19 in |
      town? |      Freq.     Percent        Cum.
------------+-----------------------------------
         no |         63       41.18       41.18
        yes |         90       58.82      100.00
------------+-----------------------------------
      Total |        153      100.00

-> tabulation of meetings

   Attended |
meetings on |
  pollution |      Freq.     Percent        Cum.
------------+-----------------------------------
         no |        106       69.28       69.28
        yes |         47       30.72      100.00
------------+-----------------------------------
      Total |        153      100.00
```

그림 7.8 **명령어 tab1 실행 결과**

tab1이 일원 빈도표만을 전문으로 만들어 주는 명령어인 것과 유사하게 tab2는 이원(two-way) 빈도표를 만들어 주는 명령어이다. 사용방법은 tab2 다음에 범주형 변수의 이름을 2개 기입하면 된다. 변수이름이 3개 이상일 경우에는 2개씩 짝을 지어 모든 조합에 대해 이원 빈도표를 만들어 준다. 그러나 변수를 1개만 지정하면 에러 메시지가 나온다.

```
. tab2 gender kids meetings

-> tabulation of gender by kids

           | Have children <19 in
Respondent |         town?
  's gender |        no        yes |     Total
-----------+----------------------+----------
      male |        26         34 |        60
    female |        37         56 |        93
-----------+----------------------+----------
     Total |        63         90 |       153


-> tabulation of gender by meetings

           | Attended meetings on
Respondent |       pollution
  's gender |        no        yes |     Total
-----------+----------------------+----------
      male |        42         18 |        60
    female |        64         29 |        93
-----------+----------------------+----------
     Total |       106         47 |       153


-> tabulation of kids by meetings

      Have |
  children | Attended meetings on
    <19 in |       pollution
     town? |        no        yes |     Total
-----------+----------------------+----------
        no |        52         11 |        63
       yes |        54         36 |        90
-----------+----------------------+----------
     Total |       106         47 |       153
```

그림 7.9 명령어 tab2 실행 결과

이제 tab 명령어로 다시 돌아가서 그것의 활용법에 대해 조금 더 설명하기로 한다. tab 명령어의 옵션으로 chi2를 이용하면 피어슨 카이제곱 검정(Pearson chi-square test)을 행할 수 있다. 이를 위해서는 카이제곱 검정에 대한 이해가 선행되어야 한다. 두 개의 범주형 변수 A와 B가 있을 때 카이제곱 검정은 두 변수 간의 독립(independence) 여부를 테스트한다. 검정의 귀무가설(H_0)과 대립가설(H_1) 다음과 같다.

H_0 : 변수 A와 변수 B는 서로 독립이다.
H_1 : 변수 A와 변수 B는 서로 독립이 아니다.

Karl Pearson의 검정방법은 빈도표의 각 셀에 나와 있는 관측빈도수(observed frequencies), 그리고 양 변수가 독립이라는 가정하에서 계산한 예상빈도수(expected frequencies)를 비교한다. 즉 예상빈도수와 관측빈도수의 상대적인 차이를 계산하여 0에 가까우면 H_0를 받아들이고 그렇지 않으면 H_0를 기각하는 것이다.

이제 gender와 meeting 두 변수에 대해 피어슨 카이제곱 검정을 실행해 보자. 여기에서 gender는 응답자의 성별을 나타내고 meeting은 환경오염 관련 회의 참석 여부를 나타낸다. 따라서 카이제곱 검정은 다음을 테스트하는 것으로서 명령문과 실행결과가 그림 7.10에 나와 있다.

H_0 :성별과 환경오염 회의 참석여부는 서로 독립이다.
H_1 :성별과 환경오염 회의 참석여부는 서로 관련이 있다.

```
. tab gender meetings, exp chi2

+--------------------+
| Key                |
|--------------------|
|     frequency      |
| expected frequency |
+--------------------+

           | Attended meetings on
Respondent |       pollution
 's gender |        no        yes |     Total
-----------+----------------------+----------
      male |        42         18 |        60
           |      41.6       18.4 |      60.0
-----------+----------------------+----------
    female |        64         29 |        93
           |      64.4       28.6 |      93.0
-----------+----------------------+----------
     Total |       106         47 |       153
           |     106.0       47.0 |     153.0

          Pearson chi2(1) =   0.0240   Pr = 0.877
```

그림 7.10 명령어 tab을 이용한 피어슨 카이제곱 검정

앞 그림에서 보듯이 먼저 tab 다음에 gender와 meetings 변수를 나열함으로써 이원빈도표를 생성시킨다. 동시에 옵션으로서 exp와 chi2를 주었다. 여기에서 exp 옵션은 빈도표에 예상빈도수가 나오게 하는 것이고 chi2는 카이제곱 검정을 실행하라는 옵션이다. 앞 그림에서 우선 빈도표를 보면 각 셀마다 위아래 두 개씩의 숫자가 있는데, 위쪽의 숫자는 관측된 빈도수(이를 O_i라 하자)를 의미하고, 아래쪽의 숫자는 독립이라는 가정하에서 예상되는 빈도수(이를 E_i라 하자)이다. 예를 들어 남성이 환경오염 회의에 참석하지 않은 경우는 42건으로 나타났는데, 성별과 회의참석 여부가 독립이라는 가정에서 계산한 발생 건수는 41.6건이라는 것이다. 각 셀의 예상빈도수는 다음과 같이 계산된다.

$$E_{male.no} = 60 \times (106/153) = 41.6$$

$$E_{female.no} = 93 \times (106/153) = 64.4$$

$$E_{male.yes} = 60 \times (47/153) = 18.4$$

$$E_{female.no} = 93 \times (47/153) = 28.6$$

이 계산을 직관적으로 이해하면 다음과 같다. 위 빈도표를 보면 남성과 여성을 합쳐서 회의에 참석하지 않은 경우가 (42+64=)106명으로서 전체 응답자 153명의 69.3%이다. 만약 성별이 회의참석 여부와 독립적이라면 남성이건 여성이건 회의에 참석하지 않은 비율이 69.3%이어야 한다. 즉 남성 60명의 69.3%인 41.6명, 여성 93명의 69.3%인 64.4명이 회의에 참석하지 않는 예상빈도수가 되는 것이다. 회의에 참석한 경우도 같은 방식으로 계산된다.

한편 그림 7.10의 맨 아래를 보면 피어슨 카이제곱 검정 결과가 Pearson chi2(1)=0.0240 Pr=0.877로 나와 있다. 여기에서 Pearson chi2(1)는 검정통계량으로서 일반적인 공식은 다음과 같다.

$$\chi^2 = \sum_{i=1}^{n} \frac{(O_i - E_i)^2}{E_i} \tag{7.1}$$

식 7.1에서 O_i는 각 셀의 관측빈도수이며, E_i는 예상빈도수이다. n은 전체 셀의 개수로서 본 예제에서는 4이다. 위의 검정통계량은 카이제곱분포를 따르며, 이 분포의 모수(parameter)인 자유도(*df*; degrees of freedom)는 다음과 같다.

$$df = (r-1)(c-1)$$

여기에서 r은 빈도표에서 행의 개수이고 c는 열의 개수이다. 본 예제에서 r는 2이고 c도 2이다. 따라서 자유도는 1이 된다. Pearson chi2(1)에서 괄호 안의 1이 바로 자유도이다. 마지막에 나와 있는 Pr=0.877은 *p*값(*p*-value)을 의미한다. 즉 두 변수가 독립이라고 가정했을 때 검정통계량의 값이 0.0240이나 그보다 큰 값이 나올 확률이 87.7%에 이른다는 의미이다. 두 변수가 독립이라는 가정에서 현재와 같은 수치가 나올 확률이 매우 높기 때문에 우리는 (웬만한 유의수준에서는) 귀무가설을 기각할 수 없다. 따라서 gender와 meeting 두 변수는 서로 독립이라고 말할 수 있다.

한편 개별 데이터가 주어지지 않은 채 그림 7.10과 같은 빈도표가 주어진 경우에도 피어슨 카이제곱 검정이 가능하다. 이때는 명령어 tabi를 이용한다. 먼저 db tabi를 실행하여 대화창을 불러오자.

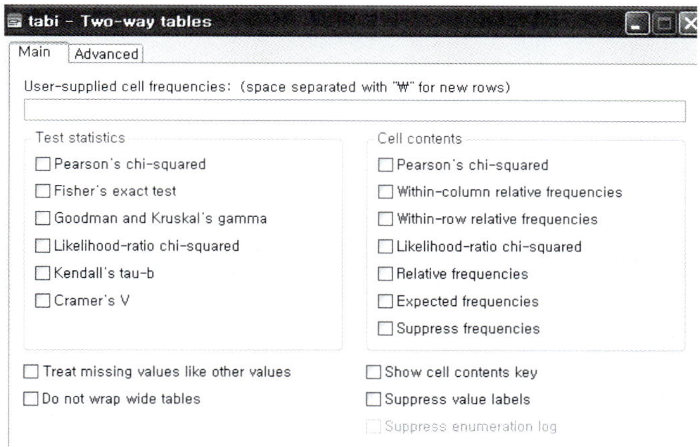

그림 7.11 명령어 tabi의 대화창

이 대화창에서 먼저 User-supplied cell frequencies 란에는 관측빈도수를 기입한다. 그림 7.10의 빈도표라면 42 18 \ 64 29식으로 입력한다. 여기에서 중간에 있는 "\"는 행이 바뀐다는 의미이다. 그 다음 Test Statistics에서 Peason's chi-squared를 선택하고, Cell contents에서는 Expected frequencies 선택해 준다. Stata 명령문과 실행 결과는 다음 그림 7.12와 같다.

```
. tabi 42 18 \ 64 29, chi2 expected

+--------------------+
| Key                |
|--------------------|
|     frequency      |
| expected frequency |
+--------------------+

           |          col
       row |         1          2 |     Total
-----------+----------------------+----------
         1 |        42         18 |        60 
           |      41.6       18.4 |      60.0 
-----------+----------------------+----------
         2 |        64         29 |        93 
           |      64.4       28.6 |      93.0 
-----------+----------------------+----------
     Total |       106         47 |       153 
           |     106.0       47.0 |     153.0 

          Pearson chi2(1) =   0.0240   Pr = 0.877
```

그림 7.12 명령어 tabi를 이용한 피어슨 카이제곱 검정

위 결과는 그림 7.10의 카이제곱 검정결과와 정확히 일치함을 알 수 있다.

4 ci, cii

Stata는 다양한 신뢰구간(confidence interval)을 쉽게 구할 수 있는 명령어들을 제공하고 있다. 이번 절에서는 모평균에 대한 신뢰구간, 모비율에 대한 신뢰구간, 단위시간 동안 발생하는 사건의 평균 횟수에 대한 신뢰구간 등을 Stata에서 구하는 방법에 대해 살펴보자. 신뢰구간 계산과 관련된 명령어는 ci와 cii이다. 먼저 ci 명령어에 대해 살펴보자. 예제 데이터파일(data7_1.dta)을 열고 db ci로 다음과 같은 대화창을 불러오자.

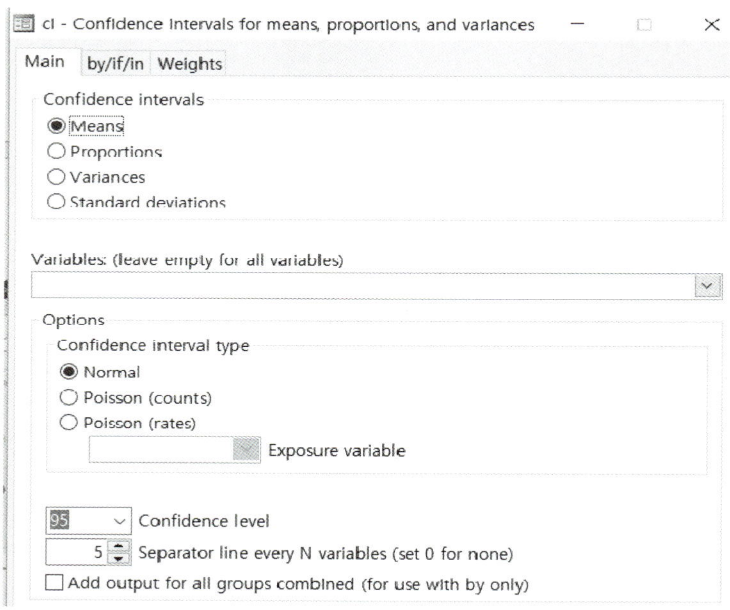

그림 7.13 명령어 ci의 대화창

먼저 모평균에 대한 신뢰구간을 구해보자. Stata 명령어를 소개하기에 앞서 모평균의 신뢰구간과 관련된 이론을 간단히 소개한다. 어떤 연속형 변수의 모집단이 정규분포(normal distribution)를 따르는 경우 표본평균($\overline{X}$)을 이용하여 모평균(μ)에 대한 신뢰구간을 구하는 공식은 다음과 같다.

$$\overline{X} - t_{(1-\alpha)/2} \frac{s}{\sqrt{n}} < \mu < \overline{X} + t_{(1-\alpha)/2} \frac{s}{\sqrt{n}} \tag{7.2}$$

여기서 $1-\alpha$는 신뢰수준(confidence level)이고, s는 표본표준편차, n은 표본의 개수이다. 또한 $t_{(1-\alpha)/2}$는 주어진 신뢰수준 하에서 Student t 분포의 임계치(critical value)이다. 여기에서 t 분포의 모수인 자유도(*df*, degrees of freedom)는 $n-1$이 된다. 예컨대 신뢰수준이 95%이고 $n=153$이라면 $t_{0.025}$값은 1.98이다.

명령어 ci를 이용하면 위 식 7.2의 계산을 간단히 실행할 수 있다. 이를 위해서는 위 그림 7.13의 대화창에서 Means를 선택하고 Variables에서 대상이 되는 변수를 먼저 지정해야 한다. 예컨대 연속형 변수인 lived를 지정해 보자. 다음으로 Options에서는 Normal variables를 선택한다. 또한 대화창의 맨 아래 신뢰수준 입력란에 95%를 선택해 보자. 다음의 그림 7.14에 실행결과가 나와 있다.

```
. ci means lived

    Variable |        Obs        Mean    Std. Err.       [95% Conf. Interval]
-------------+---------------------------------------------------------------
       lived |        153    19.26797    1.370703        16.55988    21.97606
```

그림 7.14 모평균에 대한 신뢰구간 산출 결과

위의 명령문(즉 ci means lived)에서 보듯이 정규분포 가정과 95% 신뢰수준은 모두 ci means 명령어에 기본적으로 입력된 사항이다. 즉 달리 지정하지 않고 ci means 다음에 변수이름만 적어도 정규분포 가정에서 95% 수준의 신뢰구간을 제공하는 것이다. 위 결과를 보면 응답자의 평균 거주기간(표본평균)이 19.27년이고 모평균에 대한 95% 신뢰구간은 16.56~21.98년인 것으로 나타났다. 이것이 의미하는 바는, 이와 같은 표본을 여러 번 구하여 같은 방식으로 신뢰구간을 계산하면 모평균 참값이 신뢰구간에 속할 확률이 95%라는 것이다. 식 7.2에서 $s/\sqrt{n}$을 표준오차(standard error)라고 부른다. 이는 표본표준편차인 s와는 다르므로 용어를 사용할 때 주의해야 한다. 위의 그림 7.14를 보면 표준오차(Std. Err.)도 계산되어 있다. 즉 1.37이 표준오차이다. 식 7.2를 이용하여 그림 7.14에 나와 있는 신뢰구간을 직접 계산해볼 수도 있다. 다음 결과에서 보듯이 양자가 동일한 것을 확인할 수 있다.

95% 신뢰구간의 하한: $19.27 - 1.98 \times 1.37 = 16.56$
95% 신뢰구간의 상한: $19.27 + 1.98 \times 1.37 = 21.98$

이번에는 모비율에 대한 신뢰구간에 대해 생각해보자. 어떤 변수가 0(실패)과 1(성공)로 이루어진 이항변수일 경우 그 평균은 성공 비율을 의미한다. 예를 들어 0이 35번, 1이 65번 관측되었다면 이 시리즈의 평균은 $(0 \times 35 + 1 \times 65)/100 = 0.65$로서 성공 비율이 65%라는 의미이다. 이 이항변수의 표본평균, 즉 표본 성공 비율이 주어졌을 때 모집단의 성공 비율에 대한 신뢰구간은 이론적으로 다음과 같다.

$$p - z_{(1-\alpha)/2}\sqrt{\frac{p(1-p)}{n}} < \pi < p + z_{(1-\alpha)/2}\sqrt{\frac{p(1-p)}{n}} \tag{7.3}$$

여기에서 p는 표본 성공비율이고 π는 모집단의 성공비율이다. 이를 Stata에서 구하기 위해서는 앞에서와 마찬가지로 ci 명령어를 이용한다. 예제 데이터파일(⊙ data7_1.dta)을 열고 명령문 db ci를 실행하여 앞의 그림 7.13과 같은 대화창을 불러오자. 먼저 Proportions를 먼저 선택한다. meetings 변수는 환경오염 회의 참석여부를 나타내는 이항변수이다. 이 변수의 성공 비율(즉 회의참석 비율)에 대한 신뢰구간을 구해보자. 이를 위해서는 우선 대화창 Variables 란에서 이항변수인 meetings를 지정한다. 그 다음 Options에서 Binomial variables를 선택한다. 이 경우 오른쪽에 있는 Binomial confidence interval이 활성화되는데, 여기에서 두 번째에 있는 Wald를 선택한다. 맨 아래에 있는 신뢰수준을 95%로 했을 때의 실행결과가 아래 그림 7.15에 나와 있다.

```
. ci proportions meetings, binomial wald

                                                   -- Binomial Wald ---
    Variable |        Obs        Mean    Std. Err.       [95% Conf. Interval]
-------------+---------------------------------------------------------------
    meetings |        153    .3071895    .0372962        .2340903    .3802888
```

그림 7.15 모비율에 대한 신뢰구간 산출 결과

위 결과를 보면 응답자의 평균 회의참석 비율이 30.7%이고 모비율에 대한 95% 신뢰구간은 23.5~38.7%인 것으로 나타났다. 이것이 의미하는 바는, 이와 같은 표본을 여러 번 구하여 같은 방식으로 신뢰구간을 계산하면 모비율 참값이 신뢰구간에 속할 확률이 95%라는 것이다. 식 7.3을 이용하면 그림 7.14에 나와 있는 신뢰구간을 직접 계산해볼 수도 있다. $z_{0.025} = 1.96$이기 때문에 계산 결과는 다음과 같다.

95% 신뢰구간의 하한: $0.307 - 1.96 \times 0.037 = 0.23$
95% 신뢰구간의 상한: $0.307 + 1.96 \times 0.037 = 0.38$

모비율 신뢰구간 계산과 관련하여 한 가지 주의할 것은 Variables에서 선택되는 변수가 반드시 0/1로 구성된 이항변수이어야 한다는 점이다. 만약 이항변수가 0/1이 아니라 1/2 식으로 구성되어 있다면 recode를 이용하여 0/1로 만들어야 한다(명령어 recode에 대해서는 6.3절 참조).

이번에는 모비율에 대한 신뢰구간이라는 점에서는 앞의 경우와 같지만 어떤 단위 기간의 성공 혹은 실패의 비율에 관한 것이다. 예를 들어보자. 예제 데이터파일 data7_2.dta은 위장수술을 받은 사람들이 일정 기간 후에 생존했는지를 기록한 데이터이다. 여기에서 die 변수는 생존여부를 나타내는 것으로 0이 생존, 1은 사망을 의미한다. 또 하나의 변수는 followup 변수로서 생존 혹은 사망 시점까지 수술 후 몇 개월이 지났는가를 나타낸다(duration of exposure 또는 observed duration이라고 부른다). 이 값이 예를 들어 30이고 die 값이 0이라면 수술 후 30개월 시점까지 생존해 있다는 것을 의미한다. 이 값이 만약 5이고 die 값이 1이라면 수술 후 5개월 시점에 사망했다는 의미이다.

여기에서 우리가 알고 싶은 것은 표본의 정보를 이용하여 임의 시점의 단위기간(즉 1개월) 중 모집단의 개체가 사망하는 비율에 대한 신뢰구간을 구하는 것이다. 본 예제 데이터의 경우 duration of exposure를 EX_i라 하고, 총사망자의 숫자를 Y라 했을 때 모집단의 단위기간 중 사망비율에 대한 신뢰구간은 이론적으로 다음과 같다.

$$\frac{0.5(\chi^2_{2Y,\ \alpha/2})}{\sum_{i=1}^{n} EX_i} < \lambda < \frac{0.5(\chi^2_{2Y+2,\ 1-\alpha/2})}{\sum_{i=1}^{n} EX_i} \tag{7.4}$$

여기에서 χ^2는 총사망자수와 신뢰수준이 주어졌을 때의 임계치이다. 식 7.4의 계산을 Stata에서 실행하기 위해서는 앞에서와 마찬가지로 ci 명령어를 이용한다. 앞의 그림 7.13의 대화창에서 Means를 선택한 후 Variables 란에 이항변수인 die를 지정하고 중간에 있는 Poisson rates에서 followup 변수를 선택한다. 실행결과가 그림 7.16에 나와 있다.

```
. use data7_2, clear
. ci means die, poisson exposure(followup)

                                                         -- Poisson  Exact --
    Variable |    Exposure        Mean    Std. Err.      [95% Conf.  Interval]
-------------+---------------------------------------------------------------
         die |        5051     .0067313    .0011544       .0046616    .0094064
```

그림 7.16 단위기간 내 모비율에 대한 신뢰구간 산출 결과

위 결과를 보면 수술환자들에 대해 생존 여부를 조사한 시점의 수술 후 경과 기간이 (총 259명에 대해) 총 5,051개월이며, 이 전체기간 중 사망한 사람의 숫자가 총 34명으로 나타났다. 따라서 표본 상으로 볼 때 임의의 1개월 동안 사망하는 비율이 (34/5051=) 0.67%이다. 이들 정보를 이용하여 임의의 단위시간(1개월) 내 사망 비율에 대한 95% 신뢰구간을 계산한 결과 0.47~0.94%인 것으로 나타났다. 이 결과를 식 7.4를 이용하여 확인해 볼 수 있다. 즉 $Y=34$, $\Sigma EX_i = 5051$, $0.5(\chi^2_{68,0.025}) = 23.545$, $0.5(\chi^2_{70,0.975}) = 47.511$을 대입하여 계산하면 위의 결과와 일치한다.

지금까지는 어떤 데이터 시리즈가 주어졌을 때 신뢰구간을 구하는 방법에 대해 살

펴보았다. 그런데 만약 신뢰구간을 구하는 데 필요한 요약 통계량을 사전에 알고 있다면 균이 데이터 시리즈가 없어도 신뢰구간을 구할 수 있다. 이때에는 cii 명령어를 이용한다. 이는 7.3절의 마지막 부분에서 소개했던 tabi와 유사한 성격의 명령어라 할 수 있다. 우선 연속형 변수(정규분포 가정)의 모평균에 대한 신뢰구간을 생각해보자. 만약 7.14의 예에서 다루었던 lived 변수의 모평균에 대해 신뢰구간을 구하고자 하는데 관측치 개수=153, 표본평균=19.268, 표본표준편차=16.954에 대한 정보가 주어졌다고 하자. 이 경우 데이터시리즈가 없어도 다음과 같은 명령문으로 신뢰구간을 구할 수 있다.

```
. cii means 153 19.268 16.954
```

여기에서 보듯이 cii means 다음에 관측치개수, 표본평균, 표본표준편차 순으로 적으면 된다. 맨 마지막에 있는 숫자는 표본표준편차(s)로서 표준오차($s/\sqrt{n}$)와는 다르다는 점에 유의해야 한다.

다음으로 모비율에 대한 신뢰구간을 생각해보자. 만약 7.15의 예에서 다루었던 meetings 변수의 모평균(즉 모비율)에 대해 신뢰구간을 구하고자 할 경우에는 관측치개수=153, 성공횟수=47에 대한 정보가 있으면 된다. 이 경우 데이터 시리즈가 없어도 다음과 같은 명령문으로 신뢰구간을 구할 수 있다.

```
. cii proportions 153 47, wald
```

여기에서 보듯이 cii proportions 다음에 관측치 개수, 성공횟수(즉 meetings 변수에서 1의 값을 가진 사람의 수) 순으로 기입하고, 옵션으로 wald를 두면 된다. 이를 실행하면 그림 7.15의 신뢰구간과 동일한 결과를 얻는다.

마지막으로 만약 7.16의 예에서 다루었던 내용에 대해 신뢰구간을 구하고자 할 경우에는 총 duration of exposure(본 예제에서는 5,051)와 사건의 총 발생 횟수(본 예제에서는 총사망자수=34)에 대한 정보가 있으면 된다. 이러면 데이터 시리즈가 없어도 다음과 같은 명령문으로 신뢰구간을 구할 수 있다.

```
. cii means 5051 34, poisson
```

여기에서 보듯이 cii 다음에 총 duration of exposure, 사건의 총 발생 횟수 순으로 기입하고, 옵션으로 poisson을 두면 된다. 이를 실행하면 그림 7.16의 신뢰구간과 같은 결과를 얻을 수 있다.

5 모평균에 대한 *t* 검정

이번 절에서는 Stata를 이용하여 모수에 대한 가설검정(hypothesis test)을 하는 방법에 대해 알아보자. 가설검정에는 모평균, 모비율 등 다양한 대상이 있지만, 여기에서는 모평균에 대한 가설검정에 초점을 맞추기로 한다. 모평균 검정에도 다양한 종류가 있다. Stata에서 어떤 종류의 모평균 검정을 커버하고 있는지를 알기 위해서는 화면 상단의 메뉴에서 Statistics > Summaries, tables and tests > Classical tests of hypotheses를 선택한다. 여기에서 보면 모평균에 대한 가설검정으로서 다음의 2가지 메뉴가 있다.

(1) t–tests (mean comparison tests)
(2) t–test calculator

위의 메뉴 중 먼저 t-tests (mean comparison tests)를 선택하면 다음과 같은 대화창이 나타난다.

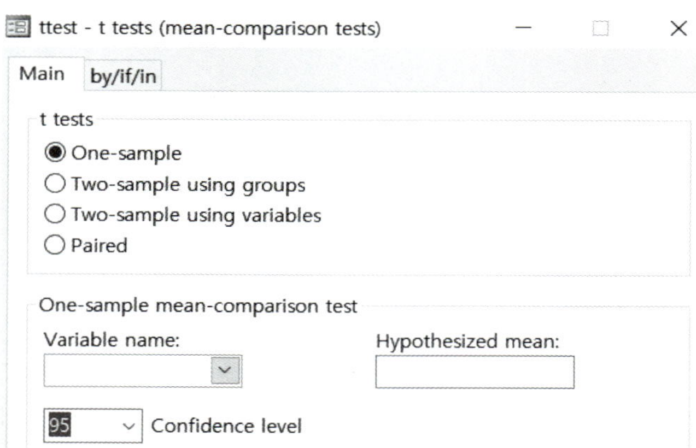

그림 7.17 t–tests 대화창

One-sample t-test에서는 우선 Variable name에서는 가설검정의 대상이 되는 변수(주로 연속형 변수)를 지정해 주는데, 반드시 1개의 변수만을 선택할 수 있다. 본 예제(data7_3.dta)에서는 남성의 소득(inc_male) 변수를 선택해보자. 다음으로 Hypothesized mean은 가설검정의 대상이 되는 모평균 값을 기입한다. 여기에 가령 3000(만원)이라고 입력할 경우 모평균(μ) 가설검정의 귀무가설(H_0)과 대립가설(H_1)은 다음 세 종류가 있을 수 있다.

왼쪽꼬리 검정 (left-tailed test)	양측검정 (two-tailed test)	오른쪽꼬리 검정 (right-tailed test)
$H_0 : \mu \geq 3000$	$H_0 : \mu = 3000$	$H_0 : \mu \leq 3000$
$H_1 : \mu < 3000$	$H_1 : \mu \neq 3000$	$H_1 : \mu > 3000$

이들 검정에 대한 검정통계량(test statistic)은 다음과 같다.

$$t = \frac{\overline{X} - 3000}{s/\sqrt{n}} \sim t(n-1) \qquad (7.5)$$

여기서 $\overline{X}$는 표본평균, s는 표본표준편차, n은 표본의 개수이다. 또한 $t(n-1)$는 자유도(df)가 $n-1$인 t 분포를 의미한다. 신뢰수준(Confidence level)을 선택하는 란도 있는데, 이는 가설검정을 위한 것이 아니라 실행결과에 함께 보고되는 신뢰구간을 위한 선택이다. 이를 95%로 선택할 경우 실행결과는 다음과 같다.

```
. use data7_3, clear
. ttest inc_male = 3000

One-sample t test
------------------------------------------------------------------------------
Variable |     Obs        Mean    Std. Err.   Std. Dev.   [95% Conf. Interval]
---------+--------------------------------------------------------------------
inc_male |      19        2728    508.9954    2218.659     1658.64     3797.36
------------------------------------------------------------------------------
    mean = mean(inc_male)                                         t =  -0.5344
Ho: mean = 3000                                  degrees of freedom =       18

   Ha: mean < 3000            Ha: mean != 3000              Ha: mean > 3000
 Pr(T < t) = 0.2998       Pr(|T| > |t|) = 0.5996         Pr(T > t) = 0.7002
```

그림 7.18 One-sample mean-comparison test 실행결과

오른쪽 가운데 부분에 있는 t=−0.5344가 앞의 식 7.5에 나와 있는 검정통계량을 계산한 값이다. 맨 아래 두 줄이 검정결과를 나타내는데, 모두 세 종류가 나와 있다. 즉 왼쪽부터 차례로 왼쪽꼬리 검정, 양측검정, 오른쪽꼬리 검정 순이다. 각 검정별로 대립가설(H_1 대신 H_a로 표기)과 p값(p-value)이 나와 있다. 이 중 그림의 가운데 있는 양측검정의 결과를 해석해보면 p값이 0.5996으로서 유의수준을 0.05라 했을 때 이보다 훨씬 크다. 이는 곧 귀무가설, 즉 남성의 평균소득이 3,000(만원)이라는 가설을 5% 유의수준에서 기각할 수 없다는 것을 의미한다. 이 결과를 신뢰구간과 연결해 이해할 수도 있다. 즉 위 그림에서 95% 신뢰구간은 1658.64~3797.36으로 계산되어 있다. 양측검정의 귀무가설인 $\mu = 3000$이 신뢰구간에 속해있기 때문에 5% 유의수준에서 귀무가설을 기각할 수 없는 것이다.

모평균 검정에서 Paired t-test는 서로 매칭되는 두 변수의 평균을 비교하는 검정이다. 따라서 반드시 두 변수를 지정해야 한다. 두 변수가 서로 매칭된다는 점에서 둘 간의 관계가 서로 독립이 아니면 적용된다. 예제 파일 data7_4.dta은 총 5개 가구에 대해 아내와 남편의 주당 가사노동시간에 대한 관측치이다. 이는 wide type 데이터이다(6.5절 참조). 일반적으로 남편이 가사일을 적게 하면 아내의 가사일이 많아지므로 두 변수는 서로 독립이 아닐 것이다. 이와 비슷한 매칭 변수로서는 다이어트 이전과 이후의 몸무게, 배에 선적되기 전의 바나나 무게와 배가 목적지에 도착한 후의 바나나의 무게 등을 기록한 시리즈가 좋은 예가 될 것이다. 이와 같은 데이터가 주어졌을 때 Paired t-test를 이용하면 이들 종속관계에 있는 두 변수의 평균값이 서로 같은지를 검정할 수 있다. 이 메뉴를 선택하면 다음과 같은 대화창이 나온다.

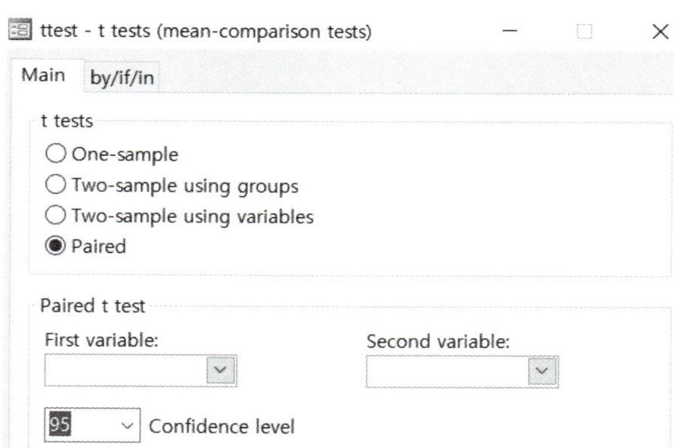

그림 7.19 Paired t-test 대화창

위 그림에서도 볼 수 있듯이 이 검정을 위해서는 반드시 두 변수를 지정해야 한다. First variable에 husband를 지정하고, Second variable에 wife를 선택해보자. 이렇게 지정할 경우 양측검정에 있어서 귀무가설과 대립가설은 다음과 같다.

$$H_0 : \mu_{husband} = \mu_{wife}$$
$$H_1 : \mu_{husband} \neq \mu_{wife}$$

검정통계량은 다음과 같다.

$$t = \frac{\overline{d}}{s/\sqrt{n}} \sim t(n-1) \qquad (7.6)$$

여기에서 $\overline{d} = \overline{X} - \overline{Y}$는 두 표본평균의 차이이다.($X$ 변수와 Y 변수는 각각 남편과 아내의 가사노동시간임). 또한 $d_i = X_i - Y_i$라 할 때 s^2는 d_i의 표본분산으로 다음과 같다.

$$s^2 = \frac{1}{n-1}\sum_{i=1}^{n}(d_i - \overline{d})^2$$

대화창에서 신뢰수준을 95%로 선택할 경우 실행결과는 다음과 같다.

```
. use data7_4, clear
. ttest husband = wife

Paired t test
------------------------------------------------------------------------------
Variable |     Obs        Mean    Std. Err.   Std. Dev.   [95% Conf. Interval]
---------+--------------------------------------------------------------------
 husband |       5        13.8    1.984943    4.438468    8.288914    19.31109
    wife |       5          36    2.774887    6.204837    28.29568    43.70432
---------+--------------------------------------------------------------------
    diff |       5       -22.2    2.177154    4.868265   -28.24475   -16.15525
------------------------------------------------------------------------------
     mean(diff) = mean(husband - wife)                            t = -10.1968
 Ho: mean(diff) = 0                              degrees of freedom =        4

 Ha: mean(diff) < 0           Ha: mean(diff) != 0           Ha: mean(diff) > 0
 Pr(T < t) = 0.0003         Pr(|T| > |t|) = 0.0005          Pr(T > t) = 0.9997
```

그림 7.20 Mean comparison test, paired data 실행결과

위 상자 안의 오른쪽 가운데 부분에 있는 t=-10.1968이 앞의 식 7.6에 나와 있는 검정통계량을 계산한 값이다. 맨 아래 두 줄의 검정결과 중 가운데 있는 양측검정의 결과를 해석하면 p값이 0.0005로서 유의수준을 0.05라 했을 때 이보다 훨씬 작다. 이는 곧 귀무가설, 즉 한 가구에서 남편과 아내의 평균 가사노동시간이 서로 동일하다는 가설을 5% 유의수준에서 기각할 수 있는 것을 의미한다. 즉 한 가구에서 남편과 아내의 평균 가사노동시간은 서로 다르다고 말할 수 있다. 위의 결과를 보면 $d_i = X_i - Y_i$(즉 diff 변수)의 평균에 대한 95% 신뢰구간이 −28.24~-16.16이므로 0을 포함하고 있지 않다. 따라서 5% 유의수준에서 남편과 아내의 가사노동시간은 평균적으로 차이가 난다고 할 수 있다.

모평균 검정에서 Two-sample using variables 서로 독립적인 두 변수의 평균을 비교하는 검정이다. 따라서 반드시 두 변수를 지정해야 한다. 예제 파일 data7_3.dta은 남성과 여성의 소득을 기록한 것이다. 소득을 남성과 여성에 대해 각각 독립적으로 조사한 2개의 표본(two-sample)이 있을 때 이 양자의 표본평균에 대해 검증을 하는 것이다. 이와 같은 데이터가 주어졌을 때 Two-sample using variables를 이용하면 이들 두 변수의 평균값이 서로 같은지를 검정할 수 있다. 이 메뉴를 선택하면 다음과 같은 대화창이 나온다.

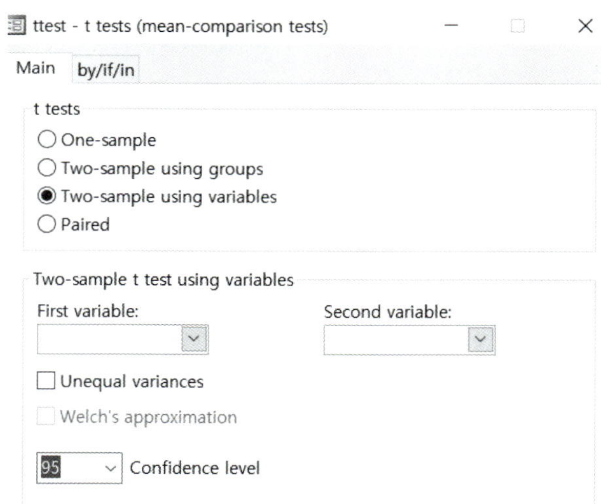

그림 7.21 Two-sample mean-comparison test 대화창

이 대화창의 First variable에 여성소득 변수인 inc_female를 지정하고, Second variable에 남성소득 변수인 inc_male를 지정해보자. 양측검정에 있어서 귀무가설과 대립가설은 다음과 같다.

$$H_0 : \mu_{female} = \mu_{male}$$
$$H_1 : \mu_{female} \neq \mu_{male}$$

한편 위 대화창을 보면 앞의 짝진(paired) 데이터와 달리 여기에는 Unequal variance를 선택하는 항목이 있다. 이를 선택하느냐 그렇지 않느냐에 따라 검정통계량이 달라진다. 먼저 이를 선택하지 않는 경우를 보자. 이는 곧 남성 소득과 여성 소득의 분산이 동일(equal variance)하다고 가정하는 것으로 검정통계량은 다음과 같다.

$$t = \frac{(\overline{X} - \overline{Y})}{\sqrt{s_p^2\left(\frac{1}{n_1} + \frac{1}{n_2}\right)}} \sim t(n_1 + n_2 - 2) \qquad (7.7)$$

여기서 s_p^2은 남성 및 여성 두 집단의 공통의 분산에 대한 추정량으로서 합동분산(pooled variance)이라 불리며, 공식은 다음과 같다.

$$s_p^2 = \frac{(n_1 - 1)s_X^2 + (n_2 - 1)s_Y^2}{n_1 + n_2 - 2}$$

여기에서 s_X^2은 X의 표본분산이고, s_Y^2은 Y의 표본분산으로서 s_p^2은 이 둘의 가중평균이라 할 수 있다. 대화창에서 신뢰수준을 95%로 선택할 경우 실행결과는 다음과 같다.

```
. ttest inc_female = inc_male, unpaired

Two-sample t test with equal variances
------------------------------------------------------------------------------
Variable |     Obs        Mean    Std. Err.   Std. Dev.   [95% Conf. Interval]
---------+--------------------------------------------------------------------
inc_fe~e |      14    2272.714    674.6932    2524.471    815.1283      3730.3
inc_male |      19        2728    508.9954    2218.659     1658.64     3797.36
---------+--------------------------------------------------------------------
combined |      33    2534.848    404.8982    2325.963    1710.098    3359.599
---------+--------------------------------------------------------------------
```

```
    diff |           -455.2857    828.3372              -2144.691    1234.119
------------------------------------------------------------------------------
    diff = mean(inc_female) - mean(inc_male)                     t =  -0.5496
Ho: diff = 0                                    degrees of freedom =       31

    Ha: diff < 0                 Ha: diff != 0                 Ha: diff > 0
 Pr(T < t) = 0.2933         Pr(|T| > |t|) = 0.5865          Pr(T > t) = 0.7067
```

그림 7.22 Two-sample mean-comparison test 결과(동분산 가정)

위 그림 맨 위에 있는 Stata 명령문을 보면 마지막에 unpaired 옵션이 있는 것을 알 수 있다. 즉 주어진 두 변수 값이 짝진(paired) 데이터가 아니라 서로 독립이라는 의미이다. 이 옵션이 앞의 짝진 데이터(그림 7.20의 경우)와 차이점이다. 위에서 변수이름 중에 combined라는 변수가 생성되어 있는데, 이것의 표준편차(Std. Dev.) 값이 식 7.7에 나온 s_p값이다. 한편 오른쪽 하단에 있는 t=−0.5496이 앞의 식 7.7에 나와 있는 검정통계량을 계산한 값이다. 맨 아래 두 줄의 검정결과 중 가운데 있는 양측검정의 결과를 해석하면 *p*값이 0.5865로서 유의수준을 0.05라 했을 때 이보다 훨씬 크다. 이는 곧 귀무가설, 즉 남성과 여성 두 집단의 평균소득이 서로 동일하다는 가설을 5% 유의수준에서 기각할 수 없는 것을 의미한다. 즉 남성과 여성의 평균 소득은 서로 같다고 말할 수 있다. 위의 결과를 보면 소득차이인 $d_i = X_i - Y_i$(즉 diff 변수)의 평균에 대한 95% 신뢰구간이 −2144.7~1234.1이므로 0을 포함하고 있다. 따라서 5% 유의수준에서 두 집단의 평균소득의 차이가 0이라는 귀무가설을 기각할 수 없다.

한편 그림 7.21의 대화창에서 Unequal variance 옵션을 선택할 때에는 검정통계량이 다음과 같이 바뀐다.

$$t = \frac{(\overline{X} - \overline{Y})}{\sqrt{\frac{s_X^2}{n_1} + \frac{s_Y^2}{n_2}}} \sim t(adj.df) \qquad (7.8)$$

여기에서 $adj.df$는 t분포의 수정된 자유도(adjusted *df*)로서 대화창에서 Uneuqal variance 옵션 바로 아래에 있는 Welch's approximation의 선택여부에 따라 계산식이 달라진다. 이를 선택하지 않으면 Satterthwaite의 수정 자유도가 적용되어 다음과 같이 계산된다.

$$adj.\,df = \frac{(n_1-1)(n_2-1)}{(n_1-1)(1-c)^2+(n_2-1)c^2}, \quad c = \frac{s_X^2/n_1}{s_X^2/n_1+s_Y^2/n_2} \tag{7.9}$$

만약 Welch's approximation을 선택할 때에는 Welch의 수정 자유도가 적용되어 다음과 같이 계산된다.

$$adj.\,df = \frac{\left(s_X^2/n_1+s_Y^2/n_2\right)^2}{\left[\left(\frac{s_X^4}{n_1^2(n_1-1)}\right)+\left(\frac{s_Y^4}{n_2^2(n_2-1)}\right)\right]} \tag{7.10}$$

이상 두 가지 경우에 대한 실행결과가 그림 7.23에 나와 있다. 상단에 나온 것이 Satterthwaite의 수정 자유도의 경우이고 하단이 Welch의 수정 자유도의 경우이다. 이들 두 결과는 항목 대부분에서 동일하고, 검정통계량 역시 t=−0.5387로 동일하다. 단지 두 집단의 소득차이인 $d_i = X_i - Y_i$(즉 diff 변수)의 평균에 대한 신뢰구간과 가설검정의 p값이 서로 약간 다른 것을 알 수 있는데, 이는 결국 t분포의 자유도가 서로 다르기 때문이다. 즉 Satterthwaite의 수정 자유도는 25.94이고, Welch의 수정 자유도는 27.71이다. 그러나 이러한 약간의 차이에도 불구하고 검정결과는 거의 동일하다고 말할 수 있다. 즉 양측검정의 경우 5% 유의수준에서 두 집단의 평균소득이 동일하다는 귀무가설을 기각할 수 없다. 이는 두 집단의 모분산이 서로 동일하다고 가정한 그림 7.22의 결과와도 거의 동일하다.

```
. ttest inc_female = inc_male, unpaired unequal

Two-sample t test with unequal variances
------------------------------------------------------------------------------
Variable |     Obs        Mean    Std. Err.   Std. Dev.   [95% Conf. Interval]
---------+--------------------------------------------------------------------
inc_fe~e |      14    2272.714    674.6932    2524.471    815.1283      3730.3
inc_male |      19        2728    508.9954    2218.659     1658.64     3797.36
---------+--------------------------------------------------------------------
combined |      33    2534.848    404.8982    2325.963    1710.098    3359.599
---------+--------------------------------------------------------------------
    diff |           -455.2857    845.1551               -2192.722    1282.151
```

```
------------------------------------------------------------------------------
    diff = mean(inc_female) - mean(inc_male)                      t =  -0.5387
Ho: diff = 0                     Satterthwaite's degrees of freedom =    25.94

    Ha: diff < 0                 Ha: diff != 0                 Ha: diff > 0
 Pr(T < t) = 0.2973         Pr(|T| > |t|) = 0.5947          Pr(T > t) = 0.7027


. ttest inc_female = inc_male, unpaired unequal welch

Two-sample t test with unequal variances
------------------------------------------------------------------------------
Variable |     Obs        Mean    Std. Err.   Std. Dev.   [95% Conf. Interval]
---------+--------------------------------------------------------------------
inc_fe~e |      14    2272.714    674.6932    2524.471    815.1283     3730.3
inc_male |      19        2728    508.9954    2218.659     1658.64    3797.36
---------+--------------------------------------------------------------------
combined |      33    2534.848    404.8982    2325.963    1710.098   3359.599
---------+--------------------------------------------------------------------
    diff |           -455.2857    845.1551               -2187.312   1276.741
------------------------------------------------------------------------------
    diff = mean(inc_female) - mean(inc_male)                      t =  -0.5387
Ho: diff = 0                             Welch's degrees of freedom =  27.7141

    Ha: diff < 0                 Ha: diff != 0                 Ha: diff > 0
 Pr(T < t) = 0.2972         Pr(|T| > |t|) = 0.5944          Pr(T > t) = 0.7028
```

그림 7.23 Two-sample mean-comparison test 결과(이분산 가정)

모평균 검정의 또 다른 메뉴인 Two-sample using groups는 바로 앞에서 본 Two-sample using variables와 정확히 동일한 결과를 제시한다. 단지 데이터가 data7_3.dta처럼 2개의 표본이 병렬적으로 배열되어 있는 wide type(이에 대해서는 6.5절 참조)인 경우에는 후자를 이용하고, 데이터 구조가 일반적인 long type이면서 2개 그룹이 범주형 변수에 의해 구분되어 있는 경우에는 전자를 이용한다. 우선 실습을 위해 wide type 데이터파일인 data7_3.dta을 long type으로 바꾸어 보자. 명령문은 다음과 같다.

```
. stack inc_female inc_male, into(income) clear
```

이로써 2개의 열로 배열되어 있는 남성과 여성의 소득 데이터가 income이라는 변수명을 가진 하나의 시리즈로 바뀌고, 이와 동시에 남성과 여성을 구분해주는 범주형 변수인 _stack 변수가 생성된다. 이렇게 long type으로 바뀐 데이터를 이용하여 앞에서와 마찬가지로 남성과 여성 그룹간 평균소득이 동일한지 t 검정을 해보기로 한다. 이를 위해 우선 네 번째 메뉴인 Two-group mean-comparison test를 선택하여 다음과 같은 대화창을 불러온다.

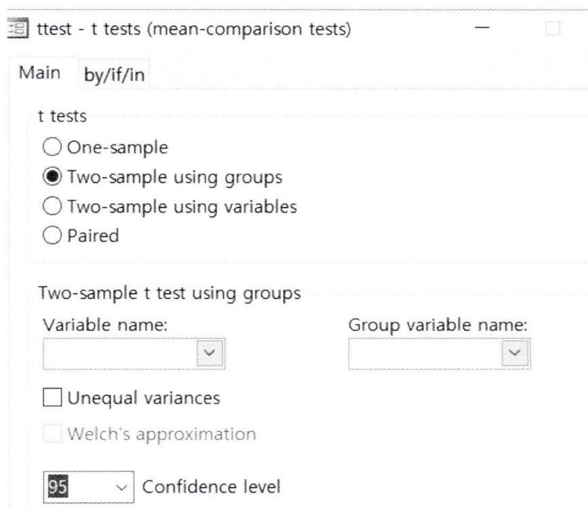

그림 7.24 Two-group mean-comparison test 대화창

여기에서 Variable name에 income변수를 선택하고 Group variable name에 _stack 변수를 선택한다. 나머지 옵션들은 이미 앞에서 설명한 대로이다. 다음의 그림 7.25는 3가지 경우, 즉 두 그룹의 분산을 동일하다고 보는 경우, 분산이 다르면서 Satterthwaite의 수정 자유도를 쓰는 경우, 분산이 다르면서 Welch의 수정 자유도를 쓰는 경우에 관한 결과가 나와 있다.

```
. ttest income, by(_stack)

Two-sample t test with equal variances
------------------------------------------------------------------------------
   Group |     Obs        Mean    Std. Err.   Std. Dev.   [95% Conf. Interval]
---------+--------------------------------------------------------------------
```

```
       1 |      14    2272.714    674.6932    2524.471    815.1283      3730.3
       2 |      19        2728    508.9954    2218.659     1658.64     3797.36
---------+--------------------------------------------------------------------
combined |      33    2534.848    404.8982    2325.963    1710.098    3359.599
---------+--------------------------------------------------------------------
    diff |           -455.2857    828.3372               -2144.691    1234.119
------------------------------------------------------------------------------
    diff = mean(1) - mean(2)                                      t =  -0.5496
Ho: diff = 0                                     degrees of freedom =       31

    Ha: diff < 0                 Ha: diff != 0                 Ha: diff > 0
 Pr(T < t) = 0.2933         Pr(|T| > |t|) = 0.5865          Pr(T > t) = 0.7067

. ttest income, by(_stack) unequal

Two-sample t test with unequal variances
------------------------------------------------------------------------------
   Group |     Obs        Mean    Std. Err.   Std. Dev.   [95% Conf. Interval]
---------+--------------------------------------------------------------------
       1 |      14    2272.714    674.6932    2524.471    815.1283      3730.3
       2 |      19        2728    508.9954    2218.659     1658.64     3797.36
---------+--------------------------------------------------------------------
combined |      33    2534.848    404.8982    2325.963    1710.098    3359.599
---------+--------------------------------------------------------------------
    diff |           -455.2857    845.1551               -2192.722    1282.151
------------------------------------------------------------------------------
    diff = mean(1) - mean(2)                                      t =  -0.5387
Ho: diff = 0                     Satterthwaite's degrees of freedom =    25.94

    Ha: diff < 0                 Ha: diff != 0                 Ha: diff > 0
 Pr(T < t) = 0.2973         Pr(|T| > |t|) = 0.5947          Pr(T > t) = 0.7027

. ttest income, by(_stack) unequal welch

Two-sample t test with unequal variances
------------------------------------------------------------------------------
   Group |     Obs        Mean    Std. Err.   Std. Dev.   [95% Conf. Interval]
---------+--------------------------------------------------------------------
       1 |      14    2272.714    674.6932    2524.471    815.1283      3730.3
       2 |      19        2728    508.9954    2218.659     1658.64     3797.36
---------+--------------------------------------------------------------------
combined |      33    2534.848    404.8982    2325.963    1710.098    3359.599
---------+--------------------------------------------------------------------
    diff |           -455.2857    845.1551               -2187.312    1276.741
------------------------------------------------------------------------------
    diff = mean(1) - mean(2)                                      t =  -0.5387
Ho: diff = 0                             Welch's degrees of freedom =  27.7141

    Ha: diff < 0                 Ha: diff != 0                 Ha: diff > 0
 Pr(T < t) = 0.2972         Pr(|T| > |t|) = 0.5944          Pr(T > t) = 0.7028
```

그림 7.25 Two-group mean-comparison test 실행결과

앞에서 보는 것처럼 Stata 명령문은 다르지만 모든 결과는 이미 다루었던 그림 7.22 및 7.23에 나온 결과와 정확히 동일하다.

모평균 검정 중 t-test calculator는 tabi(7.3절)와 cii(7.4절) 명령어처럼 t 검정을 위한 데이터세트가 주어진 것이 아니라 단지 변수들의 요약 통계량만 주어진 상태에서 모평균에 대한 가설검정을 하기 위한 것이다. 먼저 t-test calculator 메뉴를 생각해보자. 이는 메뉴의 제목에서도 짐작할 수 있듯이 이미 앞에서 다루었던 One-sample mean-comparison test와 동일한 상황에서 사용한다. 즉 어떤 하나의 변수에 대해 그 변수의 모평균이 특정 값인지를 검정하는 것이다. 단 데이터시리즈 대신 주요 요약 통계량을 이용하여 검정을 실행한다는 점이 다를 뿐이다. t-test calculator 메뉴를 선택하면 다음과 같은 대화창이 나타난다.

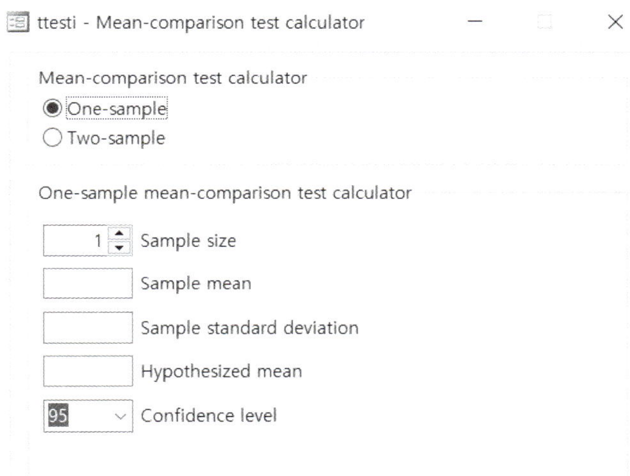

그림 7.26 One-sample t-test calculator 대화창

이제 앞에서 살펴보았던 그림 7.18의 정보를 이용해보자. 만약 남성의 소득에 관해 관측치가 19개이고, 표본평균이 2728이며, 표본표준편차가 2218.659라는 정보를 알고 있다고 하자. 이 상황에서 모평균이 3000이라는 가설을 5% 유의수준에서 검정하고자 한다. 이를 위해서는 이러한 정보들을 위의 대화창에 그림에서 보는 것과 같이 입력하면 된다. Stata 명령문과 실행결과는 다음과 같다. 아래 검정결과는 앞의 그림 7.18에 나온

결과와 정확히 동일하다는 것을 알 수 있다.

```
. ttesti 19 2728 2218.659 3000

One-sample t test
------------------------------------------------------------------------------
         |     Obs        Mean    Std. Err.   Std. Dev.   [95% Conf. Interval]
---------+--------------------------------------------------------------------
       x |      19        2728    508.9953    2218.659    1658.641    3797.359
------------------------------------------------------------------------------
    mean = mean(x)                                                t =  -0.5344
Ho: mean = 3000                                  degrees of freedom =       18

   Ha: mean < 3000              Ha: mean != 3000               Ha: mean > 3000
 Pr(T < t) = 0.2998         Pr(|T| > |t|) = 0.5996          Pr(T > t) = 0.7002
```

t-test calcuator에서 Two-sample을 선택할 수 있다. 이는 메뉴의 제목에서도 짐작할 수 있듯이 앞에서 다루었던 Two-sample mean-comparison test와 동일한 상황에서 사용한다. 즉 어떤 두 개의 독립적인 변수에 대해 이들의 모평균이 동일한지를 검정하는 것이다. 단 데이터 시리즈 대신 주요 요약 통계량을 이용하여 검정을 실행한다는 점이 다를 뿐이다. Two-sample을 선택하면 그림 7.27의 대화창이 나타난다.

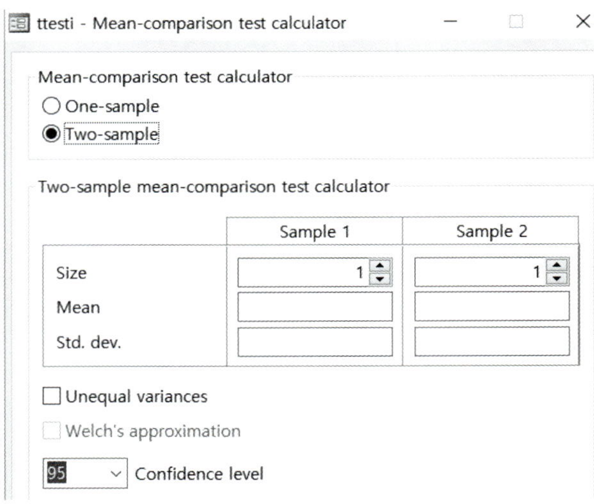

그림 7.27 Two-sample mean-comparison calculator 대화창

이제 앞에서 살펴보았던 그림 7.22의 정보를 이용해보자. 남성과 여성 2개 집단에 대해 표본크기, 표본평균, 표본표준편차 등이 그림 7.22와 같이 주어진 상황에서 두 표본의 모평균이 동일한지를 검정하기 위해서는 위의 그림 7.27과 같이 입력한다. 또한 그림 7.22는 두 모집단의 분산이 동일하다는 가정에서 검정한 것이기 때문에 이 결과와 비교하기 위해서는 앞의 그림 7.27에서도 Unequal variance 옵션을 주지 않아야 한다. Stata 명령문과 실행결과는 다음과 같다.

```
. ttesti 14 2272.714 2524.471 19 2728 2218.659

Two-sample t test with equal variances
------------------------------------------------------------------------------
         |     Obs        Mean    Std. Err.   Std. Dev.   [95% Conf. Interval]
---------+--------------------------------------------------------------------
       x |      14    2272.714    674.6933    2524.471    815.1278      3730.3
       y |      19        2728    508.9953    2218.659    1658.641    3797.359
---------+--------------------------------------------------------------------
combined |      33    2534.848    404.8982    2325.963    1710.098    3359.599
---------+--------------------------------------------------------------------
    diff |           -455.286    828.3372               -2144.691    1234.119
------------------------------------------------------------------------------
    diff = mean(x) - mean(y)                                      t =  -0.5496
Ho: diff = 0                                     degrees of freedom =       31

    Ha: diff < 0                 Ha: diff != 0                 Ha: diff > 0
 Pr(T < t) = 0.2933         Pr(|T| > |t|) = 0.5865          Pr(T > t) = 0.7067
```

위 검정결과는 당연히 앞의 그림 7.22에 나온 결과와 정확히 동일하다는 것을 알 수 있다.

TIP 7.2 ● *t* 검정에서 by와 if 사용법

예제 파일 data7_5.dta에서 income 변수는 각 개인들의 월 근로소득을 의미한다. 여기에서 관심사항은 배우자 여부(marital1 변수: 1—배우자 있음, 0—배우자 없음)에 따라 남성·여성(gender 변수)의 평균 근로소득에 차이가 있는지를 검정하는 것이다. 이 때 분석대상을 고용상태(emp 변수)가 full-time job인 경우(emp 변수 값이 1인 경우)로만 한정하고자 한다. 이를 위한 Stata 명령문과 실행결과는 다음과 같다.

```
. by marital1, sort: ttest income if emp==1 , by(gender)

-> marital1 = 0

Two-sample t test with equal variances
------------------------------------------------------------------------------
   Group |     Obs        Mean    Std. Err.   Std. Dev.   [95% Conf. Interval]
---------+--------------------------------------------------------------------
     men |     329    1943.334    64.57033      1171.2     1816.31    2070.359
   women |     274    1667.588    81.39332    1347.299    1507.349    1827.826
---------+--------------------------------------------------------------------
combined |     603    1818.036    51.34085    1260.729    1717.208    1918.865
---------+--------------------------------------------------------------------
    diff |            275.7468    102.5824                74.28314    477.2104
------------------------------------------------------------------------------
    diff = mean(men) - mean(women)                                t =   2.6881
Ho: diff = 0                                     degrees of freedom =      601

    Ha: diff < 0                 Ha: diff != 0                 Ha: diff > 0
 Pr(T < t) = 0.9963         Pr(|T| > |t|) = 0.0074          Pr(T > t) = 0.0037

--------------------------------------------------------------------------------
--> marital1 = 1

Two-sample t test with equal variances
------------------------------------------------------------------------------
   Group |     Obs        Mean    Std. Err.   Std. Dev.   [95% Conf. Interval]
---------+--------------------------------------------------------------------
     men |     456      2346.8    62.71164    1339.154     2223.56    2470.041
   women |     344    1650.515    70.13199    1300.755    1512.572    1788.457
---------+--------------------------------------------------------------------
combined |     800    2047.397    48.30306    1366.217    1952.582    2142.213
---------+--------------------------------------------------------------------
    diff |            696.2859    94.46541                510.8559     881.716
------------------------------------------------------------------------------
    diff = mean(men) - mean(women)                                t =   7.3708
Ho: diff = 0                                     degrees of freedom =      798

    Ha: diff < 0                 Ha: diff != 0                 Ha: diff > 0
 Pr(T < t) = 1.0000         Pr(|T| > |t|) = 0.0000          Pr(T > t) = 0.0000
```

앞의 명령문에서 by가 두 번 사용된 것에 주목해야 한다. 맨 앞의 by는 prefix이다. 배우자 여부에 따라 두 그룹으로 나누어 t 검정을 실시하기 위한 것이다. 맨 뒤의 by( )는 옵션으로서의 남녀 그룹의 평균 차이를 분석한다는 의미이다. 그 앞에 if 조건문으로 고용상태가 full-time이라는 조건을 주었다(즉 if emp==1). 위 결과에 따르면 배우자가 있든 없든 남녀 간 평균소득이 동일하다는 귀무가설을 예컨대 5% 유의수준에서 기각할 수 있는 것으로 나타났다. 구체적으로는 남성의 근로소득이 평균적으로 여성에 비해 높은 것을 알 수 있다.

6 분포관련 명령어

이번 절에서는 다양한 확률분포(정규분포, *t*분포, 카이제곱분포, *F*분포 등) 하에서 난수(random number)를 만들어 내는 방법과 임계치(critical value)나 *p*값(*p*-value)을 계산하는 방법에 대해 설명한다.

1) 확률분포표(probability distribution table)

많은 통계학 교과서들이 부록으로 다양한 확률분포표를 제공한다. Stata에서는 인터넷을 통해 이러한 확률분포표를 쉽게 다운로드 받을 수 있다. 일단 다운로드를 해 놓으면 필요할 때마다 언제든지 다시 불러올 수 있다. 물론 어떤 특정한 임계치나 *p*값 등은 이미 Stata 시스템에 입력되어 있어서 다운로드를 받을 필요가 없다. 여기에서 설명하는 것은 통계학 교과서에 부록으로 실린 것과 같은 형태의 확률분포표를 말한다.

이제 표준정규분포표를 다운로드 받기 위해 Command 창에 다음과 같이 명령문을 입력한다.

```
. findit ztable
```

이는 ztable이라는 키워드를 인터넷에서 검색하여 결과를 보여 달라(findit)는 명령문이다. 여기에서 ztable은 표준정규분포표를 의미한다. 이 명령을 실행하면 Viewer 창이 새로 나타나고 그 화면의 하단을 보면 그림 7.28과 같은 부분을 찾을 수 있다.

```
probtabl from http://www.ats.ucla.edu/stat/stata/ado/teach
    probtabl.  Probability tables / Philip B. Ender / Statistical Computing
    and Consulting / UCLA Academic Technology Services / ender@ucla.edu /
    STATA ado and hlp files in the package / distribution-date: 20070319

(click here to return to the previous screen)
```

그림 7.28 명령문 findit ztable 실행시 나타나는 Viewer 창의 일부분

여기에서 파란색 글씨로 되어 있는 probtabl... 부분을 클릭하면 일련의 패키지 파일을 설치하는 화면으로 넘어가게 된다. 새로운 화면에서 오른쪽 편에 있는 Click here to install을 선택하면 자동으로 4개의 확률분포표(ztable, ttable, ftable, chitable)가 설치된다. ztable은 앞서 말한 대로 표준정규분포표이고 ttable은 스튜던트(Student) *t*분포표, ftable은 *F*분포표, chitable은 카이제곱(χ^2) 분포표를 의미한다.

설치가 끝난 후 Command 창에 예를 들어 ztable이라고 입력하면 Results 창에서 다음과 같은 표준정규분표를 볼 수 있다.

```
. ztable

       Areas between 0 & Z of the Standard Normal Distribution
        .00     .01     .02     .03     .04   |  .05     .06     .07     .08     .09
0.00 0.0000 0.0040 0.0080 0.0120 0.0160 | 0.0199 0.0239 0.0279 0.0319 0.0359
0.10 0.0398 0.0438 0.0478 0.0517 0.0557 | 0.0596 0.0636 0.0675 0.0714 0.0753
0.20 0.0793 0.0832 0.0871 0.0910 0.0948 | 0.0987 0.1026 0.1064 0.1103 0.1141
0.30 0.1179 0.1217 0.1255 0.1293 0.1331 | 0.1368 0.1406 0.1443 0.1480 0.1517
0.40 0.1554 0.1591 0.1628 0.1664 0.1700 | 0.1736 0.1772 0.1808 0.1844 0.1879
0.50 0.1915 0.1950 0.1985 0.2019 0.2054 | 0.2088 0.2123 0.2157 0.2190 0.2224
0.60 0.2257 0.2291 0.2324 0.2357 0.2389 | 0.2422 0.2454 0.2486 0.2517 0.2549
0.70 0.2580 0.2611 0.2642 0.2673 0.2704 | 0.2734 0.2764 0.2794 0.2823 0.2852
0.80 0.2881 0.2910 0.2939 0.2967 0.2995 | 0.3023 0.3051 0.3078 0.3106 0.3133
0.90 0.3159 0.3186 0.3212 0.3238 0.3264 | 0.3289 0.3315 0.3340 0.3365 0.3389
```

그림 7.29 명령어 ztable 실행 시 나타나는 표준정규분포표

이 그림에 나온 숫자들은 표준정규분포에서 중앙인 0에서 오른쪽 *z*값까지의 면적을 의미한다. 이는 곧 표준정규분포 변수(Z)의 값이 0에서 *z*값 사이의 값을 가질 확률을 의미한다. 즉 $\Pr[0 < Z < z]$이다. 맨 왼쪽 열과 맨 위쪽 행이 하나로 결합하여 *z*값을 표시한다. 이들 행과 열을 제외한 부분의 모든 숫자가 확률(즉 면적)을 나타낸다. 예를 들어 z=0.14의 확률은 0.0557이다(숫자를 알아보기가 쉽지 않지만, 위 그림에서 이를 확인해보라). 한편 다음과 같이 cum 옵션을 주면 누적확률분포표(cumulative probability distribution table), 즉 $\Pr[Z < z]$를 보여 준다.

```
. ztable, cum
```

다음으로 정규분포가 아니라 스튜던트 *t*분포표를 구하고자 하면 다음과 같은 명령어를 이용한다.

```
. ttable
```

앞의 ztable이 표준정규분포의 '확률'을 보여주는데 반해 ttable은 다음과 같이 *t*분포의 '임계치'를 보여준다.

```
. ttable

       Critical Values of Student's t
       .10     .05     .025    .01     .005     .0005   1-tail
df     .20     .10     .050    .02     .010     .0010   2-tail
 1   3.078   6.314  12.706  31.821  63.657  636.619
 2   1.886   2.920   4.303   6.965   9.925   31.599
 3   1.638   2.353   3.182   4.541   5.841   12.924
 4   1.533   2.132   2.776   3.747   4.604    8.610
 5   1.476   2.015   2.571   3.365   4.032    6.869
 6   1.440   1.943   2.447   3.143   3.707    5.959
 7   1.415   1.895   2.365   2.998   3.499    5.408
 8   1.397   1.860   2.306   2.896   3.355    5.041
 9   1.383   1.833   2.262   2.821   3.250    4.781
10   1.372   1.812   2.228   2.764   3.169    4.587
```

그림 7.30 **명령어 ttable 실행시 나타나는 *t*분포 임계치 표**

즉 ttable은 1에서 200까지의 주요 자유도(*df*, degrees of freedom)별로 오른쪽 꼬리 확률이 특정 값(예컨대 5%)이 되는 *t*분포 값을 보여주고 있다. 모든 꼬리 확률에 대해서가 아니라 자주 사용되는 6개 확률에 대해서만 임계치를 보여준다. 위의 표에서 하나의 예를 들어보면 자유도가 10인 *t*분포의 경우 오른쪽 꼬리 면적이 0.025(이는 양쪽 꼬리 면적으로는 0.050임을 의미)가 되게 하는 자유도가 10인 *t*변수의 값은 2.228이다. 즉 $\Pr[t(10) > 2.228] = 0.025$이다. 이는 *t*분포가 대칭분포라는 특징을 이용하면 $\Pr[-2.228 < t(10) < 2.228] = 0.95$을 의미하는 것이기도 하다. 양쪽 꼬리 확률 5%가 가장 많이 쓰이기 때문에 위의 표에서 이 경우를 가운데 위치시키고 색깔도 구분시켜 놓았다. 다음과 같이 특정한 자유도를 주면 그 자유도에 해당하는 임계치만을 보여준다.

```
. ttable 43
```

여타 확률분포표도 사용법이 비슷하다. 카이제곱 확률분포표(임계치)를 보기 위한 명령어는 다음과 같다.

```
. chitable
. chitable 43
```

또한 *F*분포표(임계치)는 다음과 같은 명령어를 사용한다.

```
. ftable
```

*F*분포는 자유도 모수가 2개이다. Stata에서 제시하는 *F*분포 임계치는 주요 자유도에 대해 오른쪽 꼬리 확률이 5%인 경우이다. 오른쪽 꼬리 확률을 임의로 바꿀 수 있다. 예컨대 오른쪽 꼬리 확률이 1.5%인 경우를 구하고자 한다면 다음과 같은 옵션을 추가한다.

```
. ftable, alpha(0.015)
```

또한 ftable 명령어 바로 다음에 2개의 자유도를 지정해 주면, 주어진 자유도와 오른쪽 꼬리 확률 하에서의 임계치를 보여준다. 예를 들어 다음과 같다.

```
. ftable 2 2, alpha(0.05)
Critical value of F(2, 2, .05) =  19.00
```

2) 균등분포

균등분포(uniform distribution)는 구간의 하한과 상한을 의미하는 두 모수 a와 b값에 의해 확률분포가 결정된다. 균등분포를 따르는 난수(random number)를 만드는 방법은 다음과 같다.

```
. clear
. set obs 100
obs was 0, now 100

. set seed 1234

. gen u1=runiform()

. su u1

    Variable |       Obs        Mean    Std. Dev.       Min        Max
-------------+--------------------------------------------------------
          u1 |       100    .4826879    .2948334   .0003544   .9921315
```

그림 7.31 균등분포 난수 생성 명령문 및 실행결과

앞의 그림에서 첫 번째 명령문 set obs 100은 아직 균등분포 난수를 만들기 전 단계의 명령으로서 일단 100개의 관측치를 만드는 작업이다. 그 다음에 set seed 명령문을 통해 시드(seed)를 지정해 주었다. 시드를 지정하지 않으면 난수를 만들 때마다 숫자들이 달라지지만, 시드를 미리 지정해 놓으면 항상 동일한 난수들이 생성된다. 그 다음 명령문인 gen u1=runiform()을 실행하면 새로운 변수 u1이 생성되는데, 이는 $a=0$이고 $b=1$인 균등분포, 즉 U(0, 1) 분포에서 발생시킨 100개의 관측치로 구성된 변수이다. 마지막 명령문인 su u1은 u1 변수의 요약 통계량을 보기 위한 것이다. 그 결과를 보면 평균이 균등분포의 이론값과 상당히 가까운 것을 확인할 수 있다. 즉 U(a, b) 분포의 평균은 $(a+b)/2$으로서 U(0, 1)인 경우에는 0.5이다.

한편 U(0, 1)이 아니라 U(a, b)와 같은 일반적인 균등분포에서 난수를 발생시키고자 한다면 다음 명령문을 이용한다.

```
. gen u2=a+(b-a)*runiform() // 실행되지 않음. a와 b에 해당하는 값을 입력해야함
```

위에서 보듯이 U(0, 1) 분포의 난수(즉 runiform())를 이용하여 일반적인 균등분포 난수를 생성시키는 것을 알 수 있다. 예를 들어 U(-1, 1)을 따르는 난수를 만들고자 하면 명령문은 다음과 같다.

```
. gen u2=-1+2*runiform()
```

3) 정규분포

이번에는 정규분포(normal distribution)에 대해 살펴보자. 먼저 표준정규분포를 따르는 난수는 다음과 같이 만들 수 있다.

```
. set seed 1234
. gen n1=rnormal()
. su n1

    Variable |        Obs        Mean    Std. Dev.       Min        Max
-------------+---------------------------------------------------------
          n1 |        100    .0078032    .9745001  -3.217909   2.284249
```

위의 첫 번째 명령문에서 rnormal() 함수는 평균 0이고 분산이 1인 정규분포에서 난수를 생성하게 해준다. 앞의 결과에서 확인할 수 있듯이 새로 생성된 표준정규분포 변수인 n1의 평균과 표준편차는 표준정규분포의 이론적인 값인 평균 0과 표준편차 1에 매우 가까운 것을 알 수 있다.

표준정규분포가 아니고 $X \sim N(\mu, \sigma^2)$ 처럼 일반적인 정규분포를 따르는 난수를 만들고자 한다면 다음 공식을 이용한다.

$$\text{gen n2}=\mu+\sigma*\text{rnormal()}$$

예를 들어 평균이 2이고 표준편차가 3인 정규분포를 따르는 난수를 만들고자 한다면 다음과 같은 명령문을 이용한다.

```
. gen n2=2+3*rnormal()

. su n2

    Variable |       Obs        Mean    Std. Dev.       Min        Max
-------------+--------------------------------------------------------
          n2 |       100    2.086405    3.166398    -5.4311   8.891344
```

위 결과에서 보듯이 생성된 n2 변수의 평균과 표준편차가 이론적 값과 매우 가까운 것을 알 수 있다.

한편 앞의 그림 7.29에서 표준정규 확률분포표에 대해 소개한 바 있는데, 이와 같은 표 형식이 아니라 어떤 특정한 임계치와 확률값은 다음과 같은 방식으로 구할 수 있다. 예를 들어 표준정규 확률분포의 오른쪽 꼬리 5%에 해당하는 변수값을 구하는 명령문과 그 결과는 다음과 같다.

```
. di invnormal(0.95)
1.6448536
```

같은 방식으로 왼쪽 꼬리 1%에 해당하는 변수값을 구하는 명령문과 그 결과는 다음과 같다.

```
. di invnormal(0.01)
-2.3263479
```

위의 두 예에서 보듯이 invnormal( ) 함수에서 괄호 안의 값은 누적확률을 의미하며, 따라서 반드시 0과 1 사이의 값이어야 한다.

앞에서는 누적확률이 주어지고 그에 해당하는 변수값을 찾는 명령이었는데, 이와는 반대로 어떤 주어진 구간에 대한 확률을 계산하고자 할 때는 normal( ) 함수를 이용한다. 다음은 확률을 구하는 세 가지 경우에 대해 각각 명령문과 그 실행결과를 보여주고 있다.

$\Pr[Z \geq 1.96]$	. di 1-normal(1.96) 0.0249979
$\Pr[Z \leq -2.34]$	. di normal(-2.34) 0.00964187
$\Pr[-1.96 < Z < 1.96]$	. di normal(1.96)-normal(-1.96) 0.95000421

그 성격상 normal( ) 함수에서 괄호 안의 값은 $-\infty$에서 ∞까지 값을 사용할 수 있으며, 괄호 안에 지정된 값까지의 누적확률을 계산해 준다.

4) 스튜던트 *t* 분포

스튜던트 *t* 분포(Student's t distribution)의 난수를 만드는 방법은 *t* 분포 정의에 입각하여 표준정규분포를 이용할 수도 있지만 본 절에서는 명령어 rt( )를 이용하는 방법을 소개한다. 다음은 예이다.

```
. clear
. set obs 100
obs was 0, now 100

. set seed 1234

. gen xt=rt(5)

. su xt

    Variable |       Obs        Mean    Std. Dev.       Min        Max
-------------+--------------------------------------------------------
          xt |       100    .1351576     1.42641  -5.119202   3.915345
```

먼저 100개의 난수를 만들기 위해 set obs 100 명령문이 필요하다. 두 번째 명령문에서 seed를 임의로 지정해 주었다. rt(5) 명령어를 이용하여 자유도가 5인 t분포 난수를 100개 만들어 낸다. 이를 실행하면 xt 변수가 Variables 창에 만들어지는 것을 확인할 수 있다. 이 명령문으로 생성되는 t분포의 평균과 표준편차는 이론적으로 각각 0과 $\sqrt{df/(df-2)}$ 이다. 위의 예에서는 $df=5$이기 때문에 표준편차는 $\sqrt{5/3}=1.29$이다. 위 요약 통계량을 보면 생성된 xt 변수의 평균과 표준편차가 이들 이론값과 유사한 것을 알 수 있다.

한편 스튜던트 t분포의 임계치를 찾기 위해서는 다음과 같은 명령문을 이용한다. 예를 들어 자유도가 5인 t분포의 오른쪽 꼬리 5%에 해당하는 변수값을 구하는 명령문과 그 결과는 다음과 같다.

```
. di invttail(5, 0.05)
2.0150484
```

여기에서 보듯이 invttail( ) 함수 안에 먼저 t분포의 자유도를 지정하고 콤마를 한 다음에 오른쪽 꼬리 확률(즉 면적)을 입력한다. 또 다른 예로 자유도가 5인 t분포의 왼쪽 꼬리 10%에 해당하는 변수값을 구하는 명령문과 그 결과는 다음과 같다.

```
. di invttail(5, 0.9)
-1.475884
```

왼쪽 꼬리 면적이 0.1이라는 것은 오른쪽 꼬리가 0.9임을 의미하기 때문에 명령문이 위와 같이 된다.

앞에서는 오른쪽 꼬리 확률이 주어지고 그에 해당하는 t값을 찾는 명령이었는데, 이와는 반대로 t 변수값이 주어지고 그것보다 값이 클 확률을 구하고자 할 때는 ttail( ) 함수를 이용한다. 예를 들어 자유도가 18인 t분포에서 $\Pr[t(18) > -0.5344]$을 구하는 명령문과 그 결과는 다음과 같다.

```
. di ttail(18, -0.5344)
0.70019797
```

이 결과는 앞의 그림 7.18의 검정결과에서 오른쪽 꼬리 검정의 p값과 정확히 동일하다는 것을 확인할 수 있다. 즉 오른쪽 꼬리 검정에서 t값이 주어졌을 때 p값을 계산하기 위해서는 $\Pr[t(df) > t\text{값}]$을 구하면 된다. 왼쪽 꼬리 검정의 경우에는 t값이 주어졌을 때 p값을 계산하기 위해서는 $\Pr[t(df) < t\text{값}]$을 구하면 된다. 앞에서와 같은 예로 t값이 -0.5344이고 자유도가 18일 때 왼쪽 꼬리 검정의 p값을 구하는 명령문과 그 결과는 다음과 같다.

```
. di 1-ttail(18, -0.5344)
0.29980203
```

이는 그림 7.18의 검정결과에서 왼쪽 꼬리 검정의 p값과 동일하다는 것을 확인할 수 있다. 마지막으로 양측 검정의 경우에는 t값이 주어졌을 때 p값을 계산하기 위해서는 $1-\Pr[-|t\text{값}| < t(df) < |t\text{값}|]$을 구하면 된다. t분포와 같이 대칭분포일 경우에는 간단히 $2 \times \Pr[t(df) > |t\text{값}|]$을 계산하면 된다. 앞에서와 같은 예로 t값이 −0.5344이고 자유도가 18일 때 양측검정의 p값을 구하는 명령문과 그 결과는 다음과 같다.

```
. di 2*ttail(18, 0.5344))
0.59960405
```

이는 그림 7.18의 검정결과에서 양측검정의 *p*값과 동일하다는 것을 확인할 수 있다.

5) 카이제곱 분포

카이제곱 분포(Chi-square distribution) 확률변수는 0보다 큰 값만을 가질 수 있다. 즉 0보다 큰 구간에서만 확률이 존재한다. 카이제곱 분포는 *t*분포와 마찬가지로 자유도가 1개이다. 카이제곱 분포를 따르는 난수는 다음과 같이 만들 수 있다.

```
. clear

. set obs 100
obs was 0, now 100

. set seed 1234

. gen chi_random=rchi2(5)

. su chi_random

    Variable |       Obs        Mean    Std. Dev.       Min        Max
-------------+--------------------------------------------------------
  chi_random |       100    4.976592    3.305464   .2024734   16.27112
```

위에서 rchi2( )가 카이제곱 분포의 난수를 만드는 명령문이다. 괄호 안에 카이제곱 분포의 자유도(예에서는 5)를 지정해 주어야 한다. 카이제곱 분포의 평균은 이론적으로 자유도와 동일하고(즉 df=5), 표준편차는 $\sqrt{2\times df}=\sqrt{2\times 5}=3.16$이다. 위의 결과에서 보듯이 chi_random 변수의 평균 및 표준편차가 이론값과 유사하다는 것을 알 수 있다.

다음으로 카이제곱 분포에서 확률이 주어졌을 때 임계치를 찾기 위해서는 다음과 같은 명령문을 이용한다. 예를 들어 자유도가 10인 카이제곱 분포의 오른쪽 꼬리 5%에 해당하는 변수값을 구하는 명령문과 그 결과는 다음과 같다.

```
. di invchi2(10, 0.95)
18.307038
```

여기에서 보듯이 invchi2( ) 함수 안에 먼저 자유도를 지정하고 콤마를 한 다음에 오른쪽 꼬리를 '제외한' 누적확률(즉 면적)을 입력한다. 또 다른 예로 자유도가 5인 카이제곱 분포의 왼쪽 꼬리 10%에 해당하는 변수값을 구하는 명령문과 그 결과는 다음과 같다. 왼쪽 꼬리 10%는 누적확률 역시 10%이므로 0.1을 그대로 대입하면 된다.

```
. di invchi2(10, 0.10)
4.8651821
```

한편 카이제곱 분포 변수값이 주어지고 그것보다 값이 클 확률을 구할 때는 chi2tail( ) 함수를 이용한다. 예를 들어 자유도가 1인 카이제곱 분포에서 $\Pr[\chi^2(1) > 0.024]$을 구하는 명령문과 그 결과는 다음과 같다.

```
. di chi2tail(1, 0.024)
0.87688491
```

이 결과는 앞의 그림 7.10에서 계산된 *p*값과 정확히 일치한다. 그림 7.10의 피어슨 카이제곱 검정에서 계산된 Pearson chi2(1) 값이 0.024이었고 이보다 큰 값을 가질 확률이 *p*값이기 때문에 결과가 동일한 것이다.

6) *F*분포

*F*분포(*F* distribution) 역시 카이제곱 분포와 마찬가지로 확률변수가 0보다 큰 값만을 가질 수 있다. *t*분포나 카이제곱 분포는 자유도가 1개인데 반해, *F*분포는 2개의 자유도를 가지고 있다.

자유도가 (5,10)인 *F*분포를 따르는 난수를 생성해 보자. Stata에서 *F*분포를 따르는 난수를 만들어 내는 함수가 따로 없다. 따라서 자유도 5와 자유도 10의 카이제곱 분포 난수를 만든 후 각 카이제곱 난수를 각각의 자유도로 나눈 값의 비율을 구하면 *F*분포 난수가 된다.

```
. clear

. set obs 100
obs was 0, now 100

. set seed 1234

. gen chi_random1=rchi2(5)

. gen chi_random2=rchi2(10)

. gen f_random=(chi_random1/5)/(chi_random2/10)

. su f_random

    Variable |       Obs        Mean    Std. Dev.       Min        Max
-------------+--------------------------------------------------------
    f_random |       100    1.303938    1.105322   .0293741   5.068885
```

*F*분포의 평균과 표준편차는 이론적으로 다음과 같다.

$$평균 = \frac{df_2}{df_2 - 2} = \frac{10}{8} = 1.25$$

$$표준편차 = \sqrt{\frac{2df_2(df_1 + df_2 - 2)}{df_1(df_2 - 2)^2(df_2 - 4)}} = 1.16$$

위의 결과에서 보듯이 f_random 변수의 평균 및 표준편차가 이론값과 유사하다는 것을 알 수 있다.

*F*분포에서 확률이 주어졌을 때 임계치를 찾기 위해서는 다음과 같은 명령문을 이용한다. 예를 들어 자유도가 (5, 10)인 *F*분포의 오른쪽 꼬리 5%에 해당하는 변수값을 구하는 명령문과 그 결과는 다음과 같다.

```
. di invF(5, 10, 0.95)
3.3258345
```

여기에서 보듯이 invF( ) 함수 안에 먼저 자유도를 지정하고 그 다음에 오른쪽 꼬리를 '제외한' 누적확률(즉 면적)을 입력한다(함수명을 적을 때 inv는 소문자로 그다음 F는 대문자로 적어야 함). 다른 예로 자유도가 (5, 10)인 *F*분포의 왼쪽 꼬리 5%에 해당하는 변수값을 구하는 명령문과 그 결과는 다음과 같다. 왼쪽 꼬리 5%는 누적확률 역시 5%이므로 0.05를 그대로 대입하면 된다.

```
. di invF(5,10,0.05)
0.21119043
```

마지막으로 *F*분포 변수값이 주어지고 그것보다 값이 클 확률을 구할 때에는 Ftail( ) 함수를 이용한다(함수명을 적을 때 F는 대문자로 그 다음 tail은 소문자로 적어야 함). 예를 들어 자유도가 (5, 10)인 *F*분포에서 오른쪽 꼬리인 $\Pr[F(5, 10) > 1.57]$을 구하는 명령문과 그 결과는 다음과 같다.

```
. di Ftail(5, 10, 1.57)
0.25401623
```

동일한 상황에서 왼쪽 꼬리 확률을 계산하는 명령문과 그 결과는 다음과 같다.

```
. di 1-Ftail(5, 10, 1.57)
0.74598377
```

7 Stata do file

```
cd c:\stata
use data7_1, clear
su lived
su lived, de
by gender, sort: su lived
su lived if gender==0
su lived if gender=="male":sexlbl
su lived
return list
su lived_s = (lived-r(mean))/r(sd)
```

```
su lived_s

su lived educ
return list

tabstat lived, statistics(mean median) ///
by(gender) columns(varirables)

tabstat lived, statistics(mean median) ///
by(gender) columns(varirables) format(%9.2f)

tab gender kids
table gender kids, contents( mean lived median lived )
tab gender
tab gender kids
tab gender kids, nolabel
tab1 gender kids meetings
tab2 gender kids meetings

tab gender meetings, exp chi2
tabi 42 18 \ 64 29, chi2 expected

ci means lived
ci proportions meetings, binomial wald

use data7_2, clear
ci means die, poisson exposure(followup)
cii means 153 19.268 16.954
cii proportions 153 47, wald

use data7_3, clear
ttest inc_male = 3000

use data7_4, clear
ttest husband = wife

use data7_3, clear
ttest inc_female = inc_male, unpaired
ttest inc_female = inc_male, unpaired unequal
ttest inc_female = inc_male, unpaired unequal welch

stack inc_female inc_male, into(income) clear
```

```
ttest income, by(_stack)
ttest income, by(_stack) unequal
ttest income, by(_stack) unequal welch
ttesti 19 2728 2218.659 3000
ttesti 14 2272.714 2524.471 19 2728 2218.659

use data7_5, clear
by marital1, sort: ttest income if emp==1 , by(gender)

findit ztable
ztable
ztable, cum
ttable
ttable 43

chitable
chitable 43
ftable
ftable, alpha(0.015)
ftable 2 2, alpha(0.05)

clear
set obs 100
set seed 1234
gen u1=runiform()
su u1
gen u2=-1+2*runiform()

set seed 1234
gen n1=rnormal()
su n1

gen n2=2+3*rnormal()
su n2
di invnormal(0.95)
di invnormal(0.01)

di 1-normal(1.96)
di normal(-2.34)
di normal(1.96)-normal(-1.96)

clear
```

```
set obs 100
set seed 1234
gen xt=rt(5)
su xt
di invttail(5, 0.05)
di invttail(5, 0.9)
di ttail(18, -0.5344)
di 1-ttail(18, -0.5344)
di 2*ttail(18, 0.5344))

clear
set obs 100
set seed 1234
gen chi_random=rchi2(5)
su chi_random
di invchi2(10, 0.95)
di invchi2(10, 0.10)
di chi2tail(1, 0.024)

clear
set obs 100
set seed 1234
gen chi_random1=rchi2(5)
gen chi_random2=rchi2(10)
gen f_random=(chi_random1/5)/(chi_random2/10)
su f_random

di invF(5, 10, 0.95)
di invF(5,10,0.05)
di Ftail(5, 10, 1.57)
di 1-Ftail(5, 10, 1.57)
```

CHAPTER 08 | 그래프 그리기

1장에서 언급하였듯이 Stata는 통계분석을 위한 프로그램이면서 동시에 그래프 작성에 있어서도 매우 뛰어난 기능을 발휘한다. 기존 통계 프로그램의 경우 그래프는 단순히 통계분석의 부수적 결과로서 간주되는 경향이 있었다. 이 때문에 시각적 표현이 단순한 것에 한정된 경우가 많았다. 하지만 Stata에서는 그래프 작성이 지엽적이고 부수적인 분야가 아니라 전체 프로그램 내에서 중요한 축이라고 말할 수 있다. 한마디로 다른 통계 프로그램에 비해 매우 다양한 그래프의 작성과 편집이 가능하다. 그런데 이러한 특징은 중요한 장점임과 동시에 단점으로도 작용한다. 매우 다양하고 세세한 그래프가 가능하다 보니 그 작업이 지나치게 복잡해지는 경향이 있는 것이다. 이 때문에 사용자들이 Stata의 그래프 기능을 충분히 활용하지 못하는 단점이 있었다. 그러나 최신 버전에서는 Graph Editor 기능을 이용하여 간편하고 활용도 높은 그래프를 작성할 수 있게 되었다.

Stata에서 그래프 명령어는 지금까지의 다른 명령어에 비해 매우 길어 외우기 힘들 수가 있다. 따라서 본 장에서는 주로 대화창을 이용하여 그래프를 작성하는 방법에 설명한다. Stata의 다양하고 뛰어난 그래프 기능을 모두 다 설명할 수는 없지만, 본 장의 내용을 기반으로 사용자가 더욱 고급 기능을 익힐 수 있게 되기를 바란다.

1 히스토그램

데이터의 분포를 알아보는 가장 기본적인 그래프가 히스토그램(histogram)이다. 예제 데이터파일 data8_1.dta[17]을 이용하여 히스토그램을 만드는 방법을 소개한다. 먼저 상단의 메뉴에서 Graphics > Distributional graphs > Histogram을 선택한다. 그러면 그림 8.1과 같은 대화창이 나타난다. 이 대화창의 탭을 보면 Main, if/in 등 모두 합쳐 무려 11개의 탭이 있다. 그만큼 다양한 그래프가 가능하다는 것을 의미하지만 다른 한편으로는 이 모든 선택사항을 숙지하기가 쉽지 않다는 것을 의미하기도 한다.

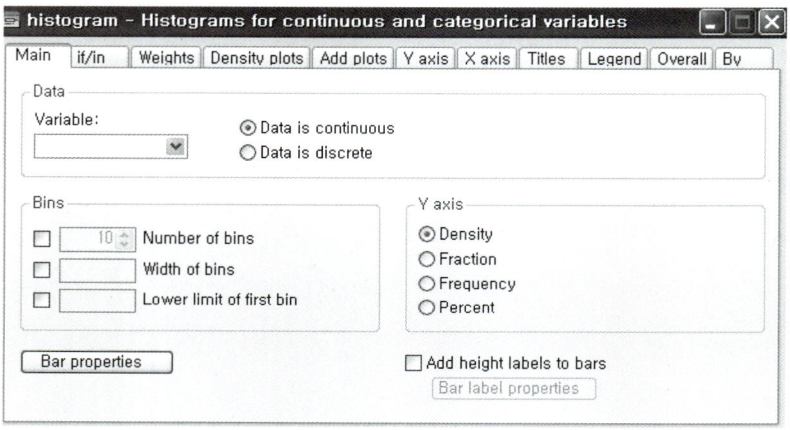

그림 8.1 히스토그램(histogram) 대화창

위의 대화창에서 먼저 Variable 란에서 히스토그램을 그리고자 하는 변수를 선택한다. 반드시 1개의 변수만 선택할 수 있다. 만약 변수가 연속형이라면 Data is continuous를 선택한다. 본 예에서는 sqfeet 변수를 선택해보자. 이 변수는 거주 주택의 넓이(제곱피트)를 나타낸다. 그 다음 Bins 옵션이 있는데, 여기에서 아무 것도 선택하지 않으면 Stata에서 자동으로 계급(bin)을 결정하여 히스토그램을 그려준다. 만약 사용자가 스스로 계급구간을 설정하고자 한다면 계급의 개수(Number of bins)나 폭(Width of bins) 중에서 하나를 선택하여 숫자를 기입한다. 가령 계급의 개수를 10으로 선택할 경우 데이터의

17) 예제 데이터 파일은 Mitchell(2008)에서 인용 후 필요에 따라 수정하였다.

전체 범위가 균등하게 10개로 나뉘어 계급이 된다. 반면 계급의 폭을 특정 길이로 선택하면 그것에 맞춰 계급의 개수가 결정된다. 주의해야 할 점은 Number of bins 옵션과 Width of bins 옵션을 둘 다 선택할 수는 없다. 계급에 대한 선택사항 중 마지막에 있는 Lower limit of first bin에서는 첫 번째 계급의 아래쪽 경계를 사용자가 설정하는 기능이다.

다음으로 Y axis 옵션을 보자. 먼저 Density는 히스토그램의 막대 높이를 마치 확률 밀도함수(pdf; probability density function)처럼 표현하는 것을 말한다. 즉 모든 막대의 전체 면적을 1로 하는 것이다. 전체 면적을 1로 맞추다 보니 계급의 구간크기가 매우 클 경우에는 Y축의 단위가 지나치게 작아질 수 있으며, 반대로 계급의 구간크기가 매우 작을 경우에는 Y축의 단위가 지나치게 커질 수 있다. Y axis 옵션에서 Fraction은 각 계급구간에 속하는 데이터의 비율(즉 해당 구간에 속하는 관측치의 개수를 총 관측치 개수로 나눈 비율)이 Y축 값이 된다. 따라서 이 경우 Y축 값은 반드시 0에서 1 사이가 될 것이다. 본 예제에서는 Bins 옵션에서 Number of bins로 10을 선택하고, Lower limit of first bin으로 0을 선택한다. 또한 Y axis 옵션에서는 Faction을 선택한다. 이를 실행하면 그림 8.2와 같은 히스토그램을 얻게 된다. 이에 대한 명령문은 다음과 같다.

```
. use data8_1, clear
. histogram sqfeet, bin(10) start(0) fraction
```

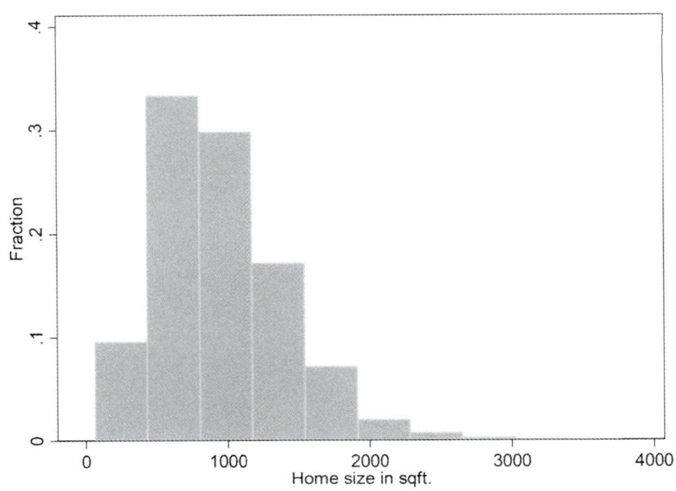

그림 8.2 기본 히스토그램

TIP 8.1 ● 그래프 대화창과 Submit 버튼

Stata에서 그래프 대화창을 사용할 때는 OK 대신 Submit을 선택하는 것이 편리하다. 대부분의 그래프는 한 번에 그려지기보다는 여러 번의 시행착오를 거쳐 완성되는 경우가 일반적이다. OK 버튼을 누르면 대화창이 사라지기 때문에 다시 시도하기 위해서는 메뉴를 또 다시 선택해야 하는 번거로움이 있다. 반면 Submit 버튼은 실행이후에도 대화창이 그대로 있기 때문에 다시 시도하기가 훨씬 용이하다.

히스토그램을 그리는 중요한 이유 중의 하나는 데이터의 분포가 어떤 모양인지를 알기 위한 것이다. 특히 정규분포와 유사한지를 판단하는 것은 중요한 의미를 지닌다. 히스토그램을 그릴 때 옵션을 이용하면 히스토그램 위에 정규분포 곡선을 함께 그릴 수 있다. 이를 위해서는 그림 8.1의 대화창에서 Density plots 탭으로 이동하여 Add normal-density plot을 선택하면 된다. 이 경우 sqfeet 변수의 표본평균과 표본분산을 이용하여 정규분포의 확률밀도함수를 그려서 히스토그램과 함께 보여준다. 아래 그림 8.3에 결과가 나와 있다. 이에 대한 명령문은 다음과 같다.

```
. histogram sqfeet, bin(10) start(0) fraction normal
```

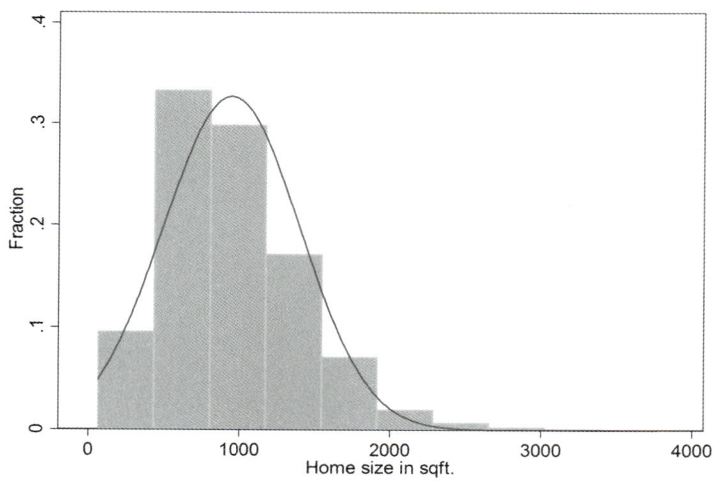

그림 8.3 정규분포곡선을 추가한 히스토그램

TIP 8.2 ● Stata 그래프의 배경색 바꾸기

Stata에서 그래프의 배경화면(그래프 영역을 제외한 테두리 부분 배경)은 옅은 하늘색 계통이다. 이 색깔을 사용자의 취향에 따라 바꿀 수 있다. 본 책에서 제시하는 예제 그래프는 이 배경을 흰색으로 바꾼 것이다. 이렇게 바꾸기 위해서는 Stata 상단의 메뉴(혹은 그래프 창 메뉴)에서 Edit 〉 Preferences 〉 Graph preferences로 들어가 Scheme에서 기본으로 되어 있는 s2color를 s1color로 변경하면 된다.

앞에서 그린 두 히스토그램에서는 모두 Y축과 X축 레이블이 'Fraction' 'Home size in sqft.'와 같은 식으로 영어로 되어 있다. 이를 한글 레이블을 바꿔보자. 우선 그림 8.1의 대화창에서 Y axis 탭으로 들어가 Title에 '비율'이라고 입력하고 X axis 탭의 Title에는 '집크기(스퀘어피트)'라고 입력하였다. 아래 그림 8.4에 결과가 나와 있다. 이에 대한 명령문은 다음과 같다.

```
. histogram sqfeet, bin(10) start(0) fraction normal ytitle(비율)
  xtitle(집크기(제곱피트))
```

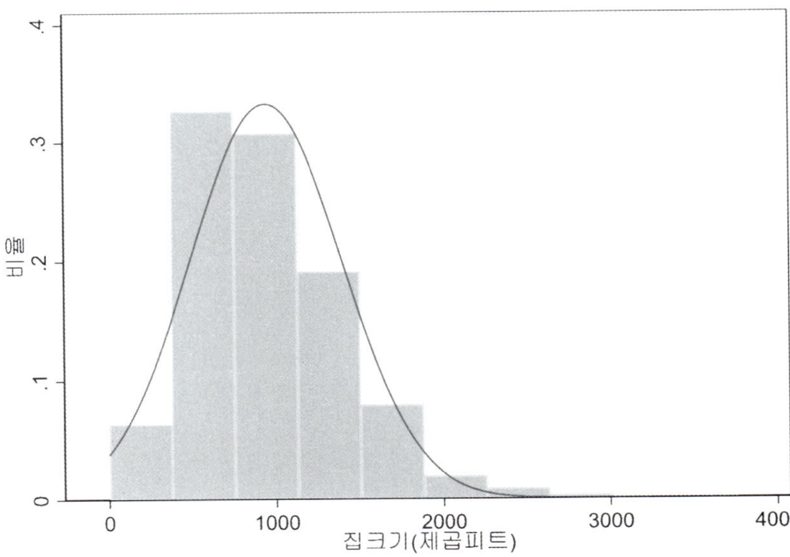

그림 8.4 X축 및 Y축 레이블을 한글로 바꾼 히스토그램

이번에는 연속형 변수가 아니라 범주형 변수에 대해 히스토그램을 그려보자. 그전에 참고로 언급하면 변수를 바꾸어 새롭게 히스토그램을 그릴 때는 그림 8.1 대화창의 맨 아래에 있는 Reset 아이콘(에서 가운데 아이콘)을 한 번 클릭함으로써 기존에 선택된 옵션들을 모두 지우는 것이 편리하다. 이번에 히스토그램으로 그리고자 하는 범주형 변수는 np9402로서 선호하는 정당을 기록한 시리즈이다. 1번부터 8번까지 총 8개의 값을 가진 범주형 변수이다. 이를 히스토그램으로 그리기 위해서는 그림 8.1의 대화창에서 Variable로서 np9402 변수를 선택하고 동시에 이산형 변수(Data is discrete)를 선택해 준다. 이처럼 이산형일 경우 그 성격상 Number of bins는 선택할 수 없다. 그 대신 np9402 변수의 범주 수만큼 자동으로 계급 수가 결정된다. Y axis에서 Fraction을 선택한다. 또한 앞의 예와 달리 Add height labels to bars 옵션을 선택해보자. 이 경우 아래 그림 8.5에서 보듯이 히스토그램의 각 막대 꼭대기에 높이 레이블(이 경우에는 각 정당 지지율)이 나타나게 된다. 이상의 작업을 명령문으로 표현하면 다음과 같다.

```
. histogram np9402, discrete fraction addlabel
```

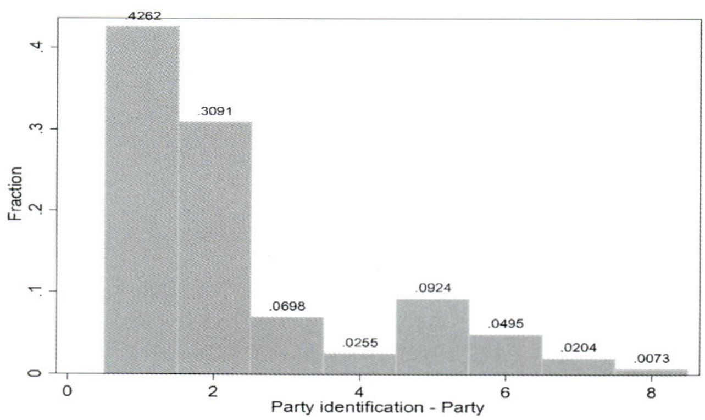

그림 8.5 범주형 변수에 대한 히스토그램

본 예제와 같은 범주형 변수의 경우 각 계급 구간의 길이가 1이기 때문에 Y axis로 Fraction을 선택하든 Density를 선택하든 Y축 값이 동일하다.

한편 위 그림에 불만족스러운 부분이 한 가지 있다. 원래 np9402 변수에는 각 범주에 밸류 레이블이 부여되어 있음에도 불구하고 위 그림 X축에서 보듯이 각 범주가 레이블 대신 숫자로 표시되어 있는 것이다. 이 문제점을 해결해 보자. 먼저 그림 8.1의 대화창에서 X axis 탭으로 들어가 Major tick/label properties 버튼을 클릭하면 아래 그림 8.6의 대화창이 추가로 나타난다.

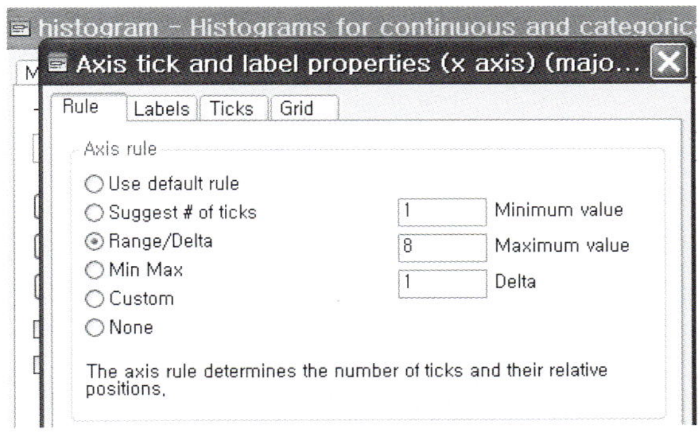

그림 8.6 **히스토그램 작성 시 X축 눈금 및 레이블 변경 대화창**

여기에서 Axis rule을 원하는 대로 선택할 수 있다. 본 예에서는 Range/Delta를 선택했는데, 여기에서 X축의 최소값을 1로, 최대값을 8로, 그리고 각 계급간의 차이(Delta)를 1로 설정했다. 이어 Labels 탭으로 들어가서 아래쪽에 있는 Use value labels를 선택했다. 실행결과는 아래 그림 8.7과 같다. 이상의 작업을 명령문으로 표현하면 다음과 같다.

```
. histogram np9402, discrete fraction addlabel xlabel(1(1)8,
  valuelabel)
```

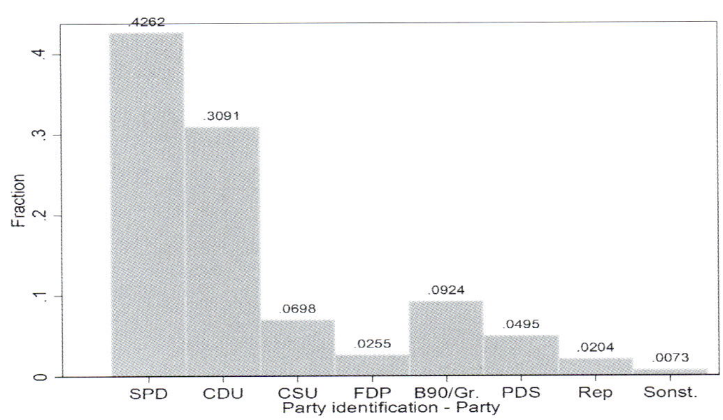

그림 8.7 **범주형 변수에 대한 히스토그램(밸류 레이블 이용)**

2 상자그림, 점그림

상자그림(box plot)은 간단하면서도 데이터의 분포를 파악하는 데 유용하다. 이상값의 존재와 그 분포를 쉽게 파악할 수 있는 장점이 있다. 예제 데이터파일 data8_2.dta[18]을 이용하여 상자그림을 만드는 방법에 대해 소개한다. 먼저 상단의 메뉴에서 Graphics > Distributional graphs > Box plot을 선택한다. 그러면 그림 8.8과 같은 대화창이 나타난다.

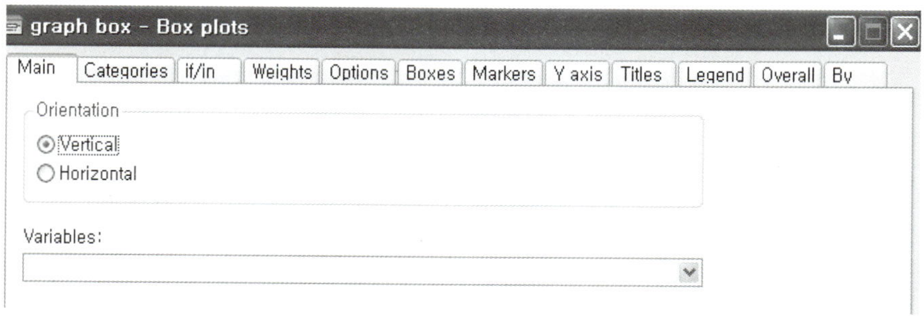

그림 8.8 상자그림(box plot) 대화창

Main 탭에서 Orientation은 상자그림을 어떤 방향으로 그릴 것인가를 결정한다. 기본은 세로방향(Vertical)으로 되어 있다. 그 아래 Variables에서 대상 변수를 선택한다. 2개 이상의 변수를 선택할 경우 데이터 분포를 비교하는 것이 가능하다. 또한 변수를 1개만 선택하더라도 선택한 변수를 몇 개의 그룹으로 나누어 상자그림을 그릴 수 있다. 이 경우 그룹간에 데이터의 분포를 비교할 수 있다. 본 예제에서는 시간당 임금을 나타내는 wage 변수 1개만을 대상으로 하여 이를 학력별로 구분하여 상자그림을 그려보기로 한다. 학력을 나타내는 변수는 grade4 변수로서 4가지 범주(1−Not HS, 2−HS Grad, 3−Some Coll, 4−Coll Grad)로 되어 있다. grade4 변수를 그룹핑(grouping)의 기준으로 하기 위해서는 위의 대화창에서 Categories 탭으로 가서 Grouping variable에 grade4 변수를 선택한다. 실행결과는 다음 그림 8.9와 같다. 이상의 작업을 명령문으로 표현하면 다음과 같다.

18) 예제 데이터 파일은 Mitchell(2008)에서 인용 후 필요에 따라 수정하였다.

```
. graph box wage, over(grade4)
```

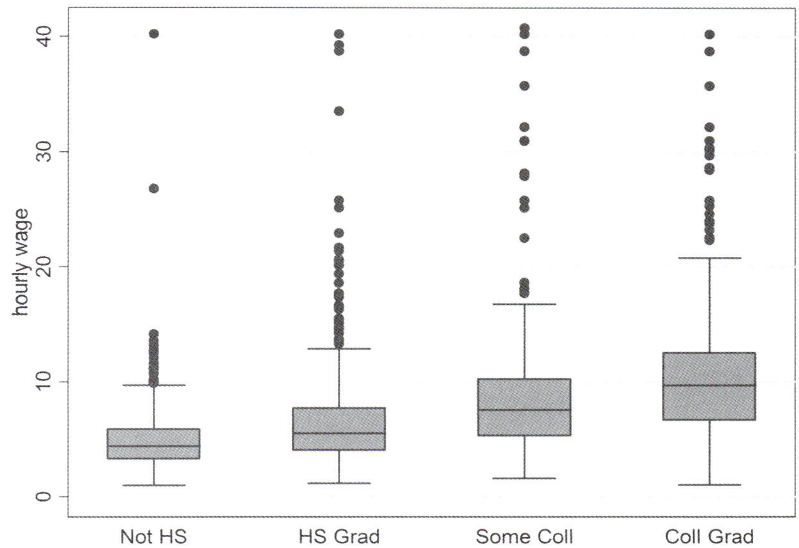

그림 8.9 **학력별 wage 상자그림**

위에서 보듯이 상자그림은 몇 가지 구성요소로 이루어져 있다. 우선 상자부분(음영으로 되어 있는 부분)이다. 우선 이 상자의 아랫변은 1사분위수(Q_1)를 의미한다. 즉 이보다 값이 작은 관측치가 25%인 것이다. 또한 이 상자의 윗변은 3사분위수(Q_3)를 의미한다. 즉 이보다 값이 작은 관측치가 75%인 것이다. 상자 중간부분을 가로지르는 선이 2사분위수(Q_2), 즉 중앙값(median)을 나타낸다. 한편 상자의 위쪽과 아래쪽으로 각각 선이 뻗어 나가는데, 그 선이 끝나는 지점에 짧은 수평선이 그어져 있다. 이를 펜스(fence; 울타리)라고 한다. 위쪽 펜스(upper fence)와 아래쪽 펜스(lower fence)의 위치는 다음과 같다.

$$\text{위쪽 펜스} \quad = Q_3 + 1.5(Q_3 - Q_1)$$
$$\text{아래쪽 펜스} \quad = Q_1 - 1.5(Q_3 - Q_1)$$

이렇게 위 아래로 펜스를 그어 놓은 이유는 이상값을 파악하기 위한 것이다. 즉 위쪽 펜스와 아래쪽 펜스 너머에 위치한 값들을 이상값으로 간주하여 이들은 하나하나 점으로 표시한다. 그림 8.9를 보면 아래쪽 펜스에 미달하는 이상값은 하나도 없는 반면 위쪽 펜스를 초과하는 이상값들은 상당히 존재하는 것을 알 수 있다.

앞의 그림 8.9는 각 학력수준에 따라 시간당 임금 분포가 대략적으로 어떻게 다른지 눈으로 파악할 수 있다. grade4 변수에 밸류 레이블이 있기 때문에 각 그룹에 밸류 레이블이 표시되어 나온다. 앞에서는 임금의 분포를 학력별로만 비교했는데 그 기준이 되는 범주형 변수를 최대 3개까지 선택하여 상자그림을 그릴 수 있다. 범주형 변수를 2개 선택하는 경우를 예로 들어보기로 한다. 이를 위해서는 그림 8.8의 상자그림 대화창에서 Categories 탭으로 들어가 Group 변수를 2개 지정하면 된다. Group 1에서 grade4 변수를 Group 2에서 union 변수를 선택하자. 여기에서 union 변수는 노조가입 여부를 나타내는 것으로서 2가지 범주(1−nonunion, 2−union)로 되어 있다. 실행결과는 그림 8.10과 같다. 이상의 작업을 명령문으로 표현하면 다음과 같다.

```
. graph box wage, over(grade4) over(union)
```

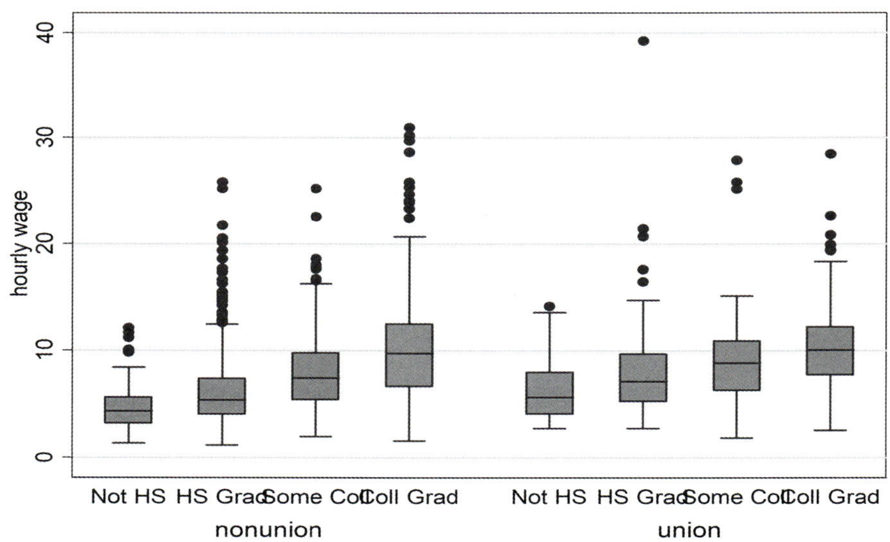

그림 8.10 노조가입별·학력별 wage 상자그림

위 그림에서 보듯이 먼저 union 변수에 따라 그룹이 나뉘고, 이들 각각에 대해 학력별 임금의 분포가 상자그림으로 그려진다. 학력수준이 동일해도 노조 가입여부에 따라 임금의 분포가 다른 것을 파악할 수 있다.

그런데 앞의 그림을 보면 grade4 변수의 X축 레이블이 일부 서로 겹친다. 이를 해결하는 한 가지 방법은 레이블들을 약간 경사지게 위치시키는 것이다. 이를 위해서는 Box plot 대화창의 Categories 탭에서 Group 1 변수(즉 grade4 변수) 기입란의 오른쪽에 있는 Properties 버튼을 클릭한다. 그러면 새로운 창이 나오는데, 거기에서 Labels의 Angle로 예컨대 45 degrees를 선택하고 Size에서 Small을 선택한다. 실행결과는 그림 8.11과 같다. 이상의 작업을 명령문으로 표현하면 다음과 같다.

```
. graph box wage, over(grade4, label(angle(forty_five)
  labsize(small))) over(union)
```

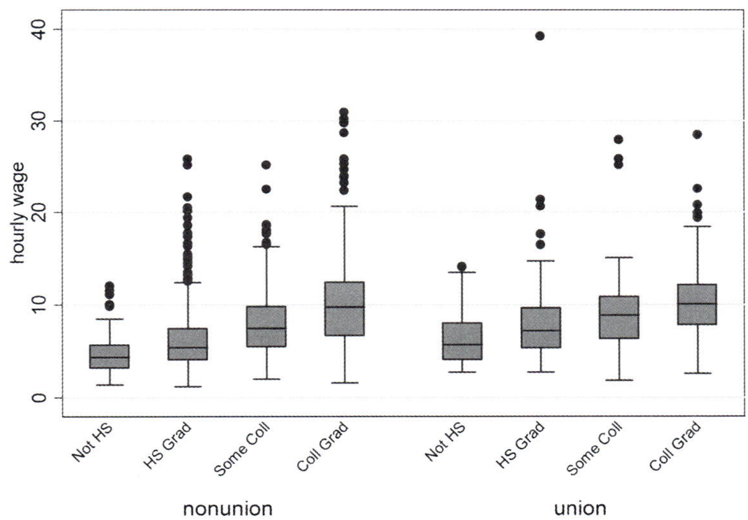

그림 8.11 노조가입별·학력별 wage 상자그림(X축 레이블 각도 조정)

만약 위 그림 8.11에서 X축 레이블이 너무 많고 복잡해 마음에 들지 않는다면 다른 방법을 시도해볼 수도 있다. 즉 grade4 변수를 X축 변수가 아니라 Y축 변수로 바꾸는 것이다. 이 말의 의미는 다음에 나오는 그림 8.12의 결과를 미리 보는 것이 도움이 될 것이다. 즉 grade4의 각 범주별로 wage의 분포를 색깔로 구분함과 동시에, 밸류 레이블들을 범례(legend)로 만드는 방식이다. 이를 위해서는 그림 8.8에 나온 Box plot 대화창의 Options 탭에서 Treat first ... as y variables를 선택해 준다. 실행결과는 그림 8.12와 같다. 이상의 작업을 명령문으로 표현하면 다음과 같다. 명령문에서 마지막에 옵션으로 들어가 있는 asyvars는 'as y variables'의 의미이다.

```
. graph box wage, over(grade4, label(angle(forty_five)
labsize(small))) over(union) asyvars
```

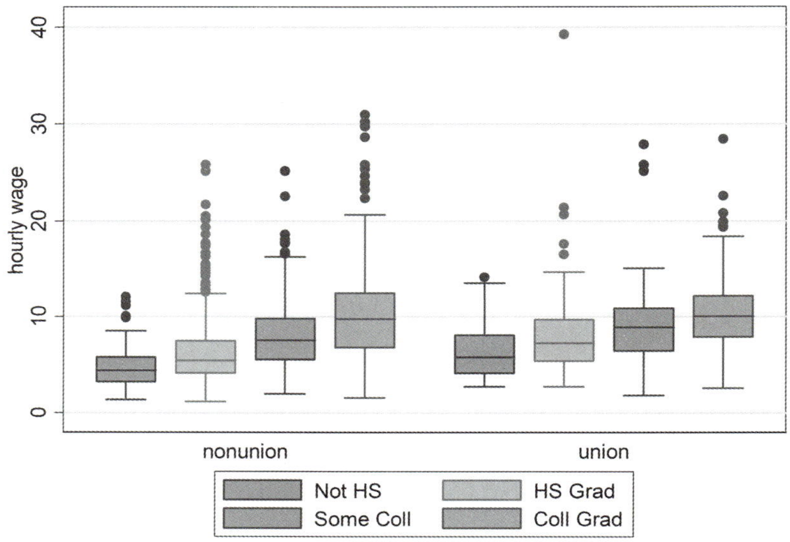

그림 8.12 노조가입별·학력별 wage 상자그림(학력을 Y 변수로 간주)

위의 상자그림은 nonunion과 union의 두 그룹에 대한 학력별 wage 분포를 하나의 큰 박스 안에 모두 그려 넣었다. 그러나 그룹의 종류가 늘어나면 너무 복잡해질 수 있다. 이럴 때는 각 그룹별로 박스를 따로 만들어 각각 그래프를 그리는 것이 더 나을 것이다. 위의 union 변수의 경우 범주가 2개였지만 이보다 범주가 1개 더 많은 race 변수를 이용해보자. 여기에서 race 변수는 인종을 나타내는 것으로 3가지 범주(1−white, 2−black, 3−other)로 되어 있다. 이들 3개 그룹별로 학력별 wage 분포를 상자그림으로 그려보자. 이를 위해서는 그림 8.8에 나온 Box plot 대화창의 Categories 탭에서 (앞에서처럼 2개의 그룹핑 변수를 지정하는 것이 아니라) grade4 변수 하나만 선택한다. 그 다음 By 탭으로 넘어가 Draw subgraphs...를 선택하고 Variables 란에 또 다른 범주형 변수인 race 변수를 선택한다. 실행결과가 그림 8.13에 나와 있다. 이상의 작업을 명령문으로 표현하면 다음과 같다.

```
. graph box wage, over(grade4) by(race)
```

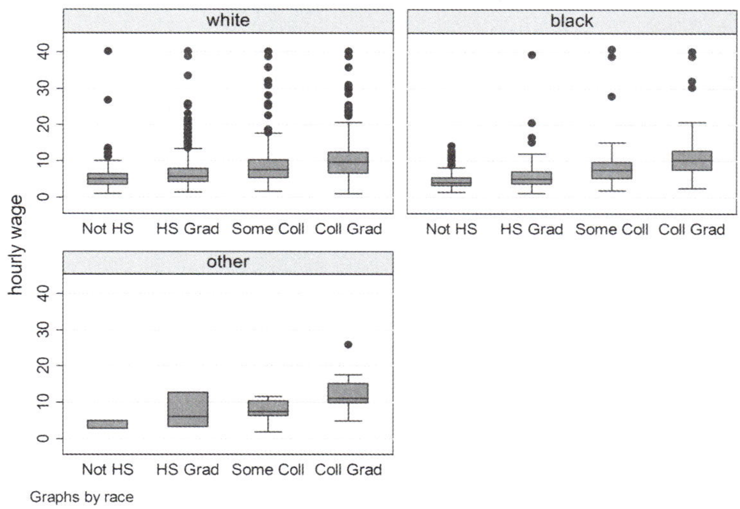

그림 8.13 인종별·학력별 wage 상자그림(인종별로 박스 구분)

상자그림과 관련하여 마지막으로 소개하고자 하는 기능은 X축에 나와 있는 grade4 변수에 대한 밸류 레이블들을 한글로 바꾸는 방법이다. 이를 위해서는 Box plot 대화창의 Categories 탭에서 Group 1 변수(즉 grade4 변수) 기입란의 오른쪽에 있는 Properties 버튼을 클릭한다. 그러면 다음 그림 8.14의 대화창이 새로 나온다. 여기에서 Override labels for this group을 선택하고 Label specification에 그림에서 보는 것처럼 1 "고졸미만" 2 "고졸" 3 "대재" 4 "대졸이상"이라고 입력해 준다. 즉 각 범주별로 숫자를 적고 " "(double quotation)안에 한글로 된 레이블을 적어주는 것이다. 실행결과가 그림 8.15에 나와 있다. 이상의 작업을 명령문으로 표현하면 다음과 같다.

```
. graph box wage, over(grade4, relabel(1 "고졸미만" 2 "고졸" 3 "대재" 4 "대졸이상"))
```

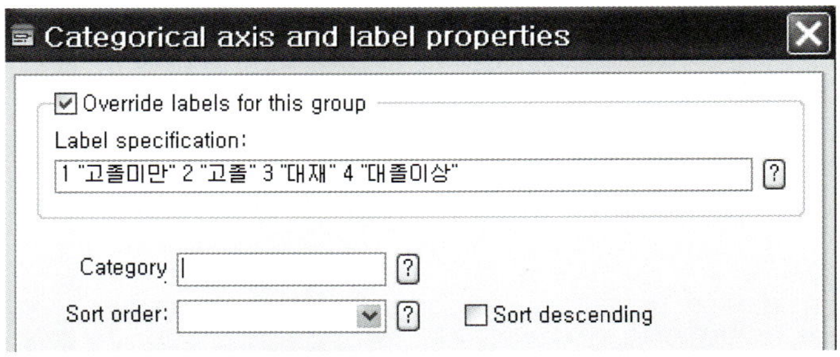

그림 8.14 **상자그림 X축에 한글 레이블 입력 대화창**

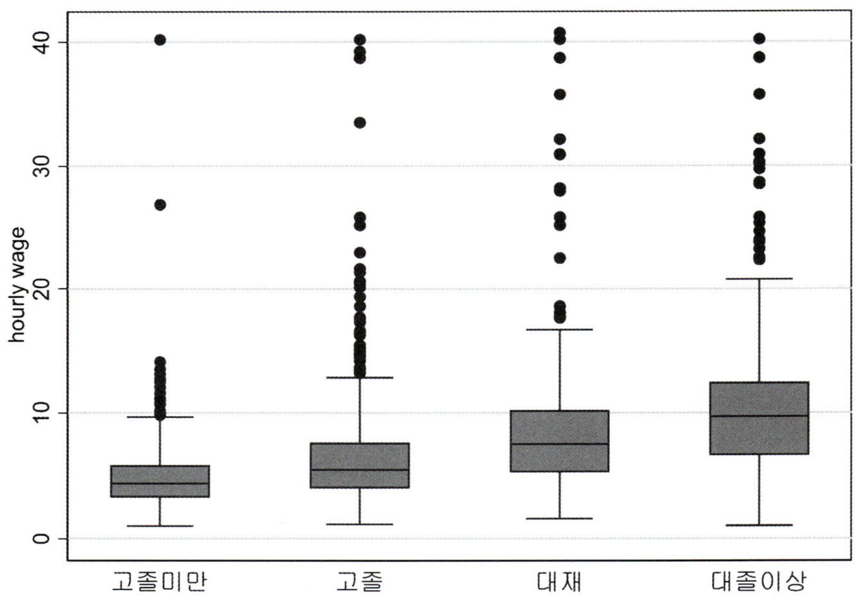

그림 8.15 **학력별 wage 상자그림(X축에 한글 레이블 입력)**

지금까지 상자그림에 대해 살펴보았다. 데이터의 분포를 나타내는 또 하나의 그래프로 점그림(dot plot)이 있다. 점그림이란 말 그대로 관측치 하나하나의 값을 점으로 표시하는 것으로 동일한 값(혹은 매우 근접한 값)이 여러 개 있는 경우에는 쌓아가는 방식으로 표현한다. 따라서 관측치가 많은 경우에는 (계급의 개수가 여러 개인) 히스토그램의 모습을 띄게 된다. 점그림 역시 상자그림과 비슷하게 2개 이상의 변수를 선택하여 서로 분포를 비교할 수도 있고, 혹은 하나의 변수를 몇 개의 그룹으로 나누어 분포를 비교할 수도 있다. 점그림을 그리기 위해서는 Stata 화면 상단의 메뉴에서 Graphics > Distributional graphs > Distribution dot plots 메뉴를 선택한다. 이것이 Graphics > Dot plots 메뉴와는 다른 것에 주의해야 한다. 메뉴를 선택하면 그림 8.16의 대화창이 나타난다. 먼저 Main 탭에서 Plot single variable을 선택하고 그 아래 Variable에 wage 변수를 선택해 보자. 그 다음 Options 탭에서 Show columnar dotplots를 선택하고 Variables에서 범주형 변수인 grade4를 선택한다. 실행결과가 그림 8.17에 나와 있다. 이상의 작업을 명령문으로 표현하면 다음과 같다.

```
. dotplot wage, over(grade4)
```

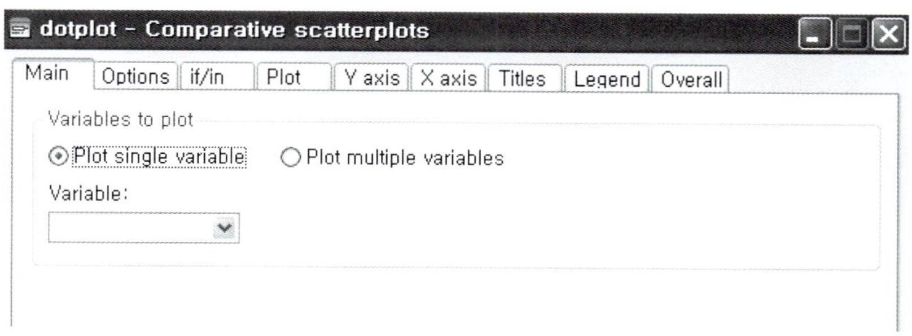

그림 8.16 **점그림(dot plot) 대화창**

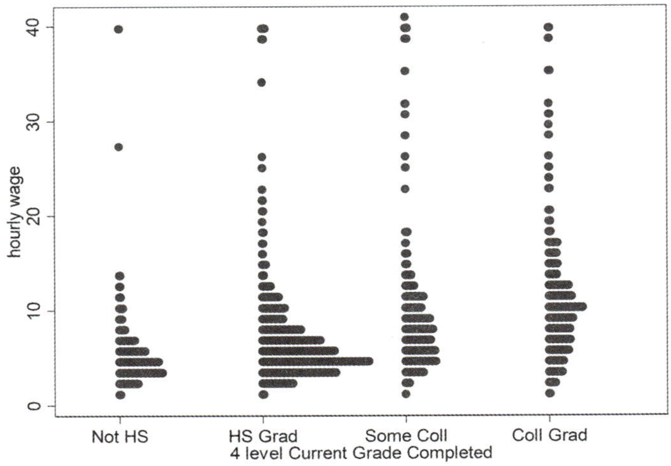

그림 8.17 학력별 wage 점그림

3 막대도표

막대도표(bar chart)는 데이터를 그래프로 표현할 때 가장 많이 쓰이는 도표 중의 하나이다. 시계열과 횡단면 데이터, 연속형과 범주형 데이터 등 제반 데이터에 다양한 용법으로 사용된다. 하지만 본 절에서는 막대도표를 이용하여 연속형 변수의 요약 통계량(예: 평균)을 각 그룹별로 표현하는 방법에 초점을 맞추고자 한다. 예제 데이터파일은 앞 절과 동일한 data8_2.dta을 이용하기로 한다.

막대도표를 그리기 위해서는 Stata 화면 상단의 메뉴에서 Graphics > Bar charts 메뉴를 선택한다. 그러면 그림 8.18의 대화창이 나타난다.

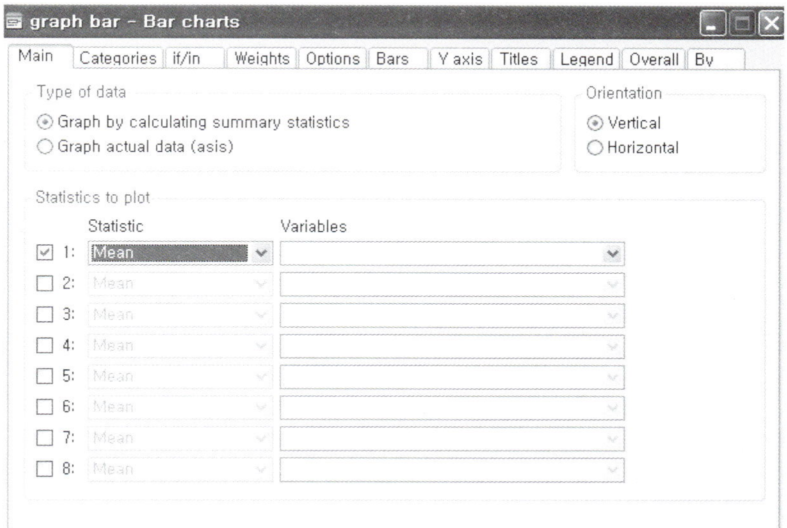

그림 8.18 **막대도표(bar chart) 대화창**

이 대화창에서 먼저 데이터의 유형으로 Graph by calculating summary statistics를 선택하면 어떤 데이터의 요약 통계량을 막대 높이로 표시하게 된다. 대화창 오른쪽의 Orientation에서 Vertical을 선택하면 수직의 막대그림을 그리게 된다. 그 다음 Statistic에서는 막대로 나타내고자 하는 통계량을 지정한다. 많은 통계량이 있는데, 여기에서 Mean(평균)을 선택해 보자. 통계량을 선택한 다음에는 그 대상이 되는 변수를 Variables란에서 선택한다. 본 예제에서는 직업경력이 몇 년인지를 나타내는 ttl_exp 변수를 선택하기로 한다. 이제 그룹핑의 기준이 될 변수를 선택하기로 한다. Categories 탭으로 이용하여 X축에 해당하는 범주형 변수를 지정한다. 여기에서 occ5 변수를 선택하기로 한다. 이는 직업의 종류를 나타내는 것으로 5가지 범주(1-Prof/Mgmt, 2-Sales, 3-Clerical, 4-Labor/Ops, 5-Other)로 되어 있다. 이들 5개 그룹별로 평균 경력연차를 막대도표로 그리는 것이다. 실행결과가 그림 8.19에 나와 있다. 이상의 작업을 명령문으로 표현하면 다음과 같다.

```
. graph bar (mean) ttl_exp, over(occ5)
```

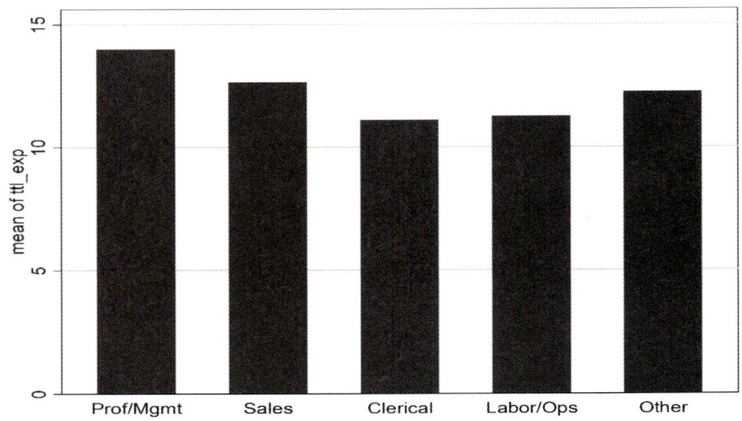

그림 8.19 직업종류별 평균 경력연차 막대도표

위 그림에서 Y축은 평균 경력연차(ttl_exp 변수)를 나타낸다. 또한 X축은 5개의 직업군을 나타내는데, 직업종류를 나타내는 occ5 변수의 밸류 레이블이 각 그룹의 이름으로 자동으로 지정되는 것을 알 수 있다.

위 그림에서는 직업종류별로 경력연차의 평균만을 말해주고 있지만 평균 이외에 또 다른 요약통계량을 같이 표현할 수도 있다. 예컨대 경력연차의 평균과 중앙값(median)을 표시하고자 한다면 그림 8.18의 대화창에서 Statistic에서 Mean 외에 Median을 선택하고 Variables 란에서 모두 ttl_exp 변수를 선택한다. 그 다음 occ5 변수를 그룹핑 변수로 선택하는 방법은 위에서와 동일하다. 실행결과가 다음 그림에 나와 있다. 이상의 작업을 명령문으로 표현하면 다음과 같다.

```
. graph bar (mean) ttl_exp (median) ttl_exp, over(occ5)
```

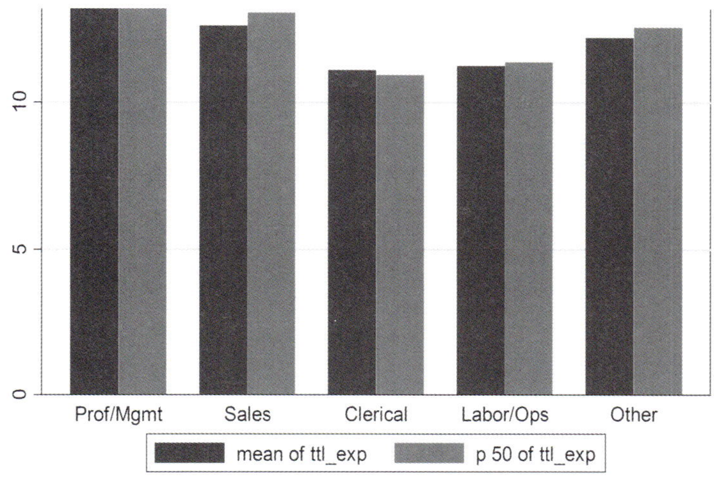

위 그림에서 아래쪽의 범례(legend)를 한글로 바꾸고자 한다면 그림 8.18의 막대도표 대화창에서 Legends 탭으로 이동하여 Override default keys에 다음과 같은 식으로 입력한다: 1 "ttl_exp 평균" 2 "ttl_exp 중앙값".

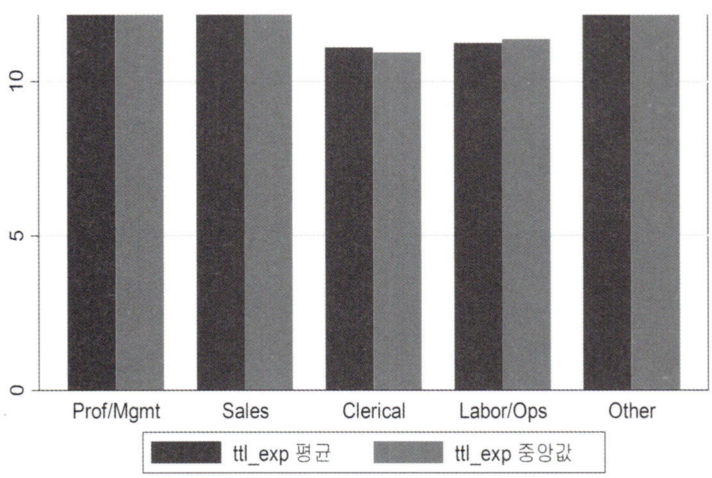

그림 8.20 **직업종류별 경력연차 평균 및 중앙값 막대도표**

막대도표로 표현할 수 있는 또 다른 예를 소개한다. 동일한 데이터파일에서 prev_exp는 전직장 경력연차이고 tenure는 현직장 경력연차이다(이 두 변수의 합이 앞에서 본 ttl_exp 변수임). 우리가 이 데이터로 표현하고자 하는 것은 직업종류별 전직장 및 현직장의 평균 경력연차이다. 앞의 그림들과 달리 이번에는 경력연차(단위: 년)를 그대로 표현하는 것이 아니라 총경력연차에서 전직장 및 현직장 경력연차가 차지하는 비중(%)을 각각 표현하고자 한다. 이를 위해서는 그림 8.18의 막대도표 대화창에서 우선 Main 탭에서 Variables에 2개의 대상 변수(prev_exp와 tenure 변수)를 지정하고 Statistic에서 둘 모두 Mean을 선택한다. 또한 이번에는 가로막대로 표현하기 위해 Orientation을 Horizontal로 선택해 보았다. 그 다음 occ5 변수를 그룹핑 변수로 선택하는 방법은 앞에서와 동일하다. 한편 단위가 년이 아니라 총경력연차에서 차지하는 비율로 표현하기 위해서는 Options 탭으로 들어가 Bar options에서 Base bar heights on percentages를 선택하면 된다. 실행결과가 그림 8.21에 나와 있다. 이상의 작업을 명령문으로 표현하면 다음과 같다.

```
. graph hbar (mean) prev_exp tenure, over(occ5) percentages
```

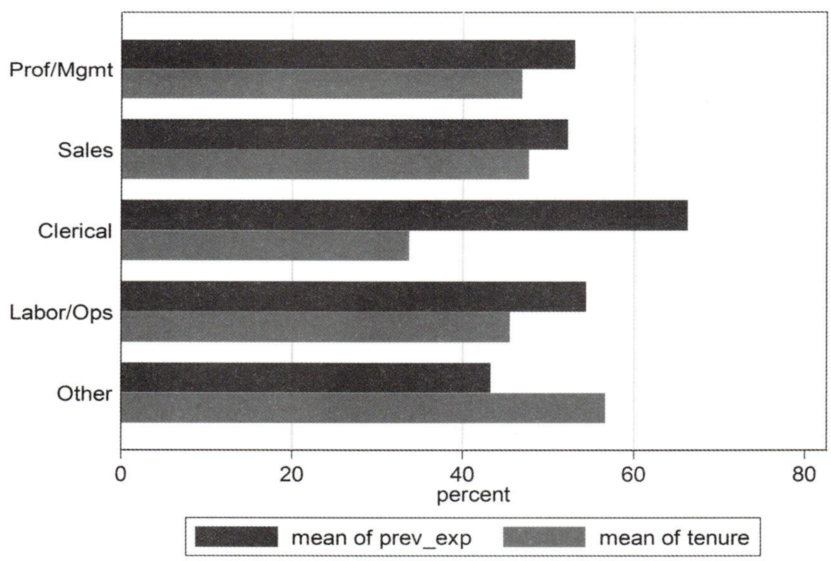

그림 8.21 직업종류별 전직장 및 현직장 경력연차의 평균 비중(%)

막대도표의 경우 때에 따라서는 막대들을 적절히 쌓아 누계로 표현하는 것도 좋은 방법이다. 시각적으로 덜 복잡한 느낌을 주면서도 정보의 손실이 없게 만들 수 있다. 앞에서 예로 든 경력연차 변수의 경우, 전직장 경력연차와 현직장 경력연차를 하나로 쌓을 수 있다. 그렇게 되면 막대의 전체 높이는 총경력연차를 의미하게 될 것이다. 또한 막대를 쌓을 때 색깔을 달리하기 때문에 총경력연차에서 전직장과 현직장이 차지하는 비중을 대략적으로 가늠할 수 있다. 막대도표 대화창에서 변수들(대상 변수: prev_exp, tenure, 그룹핑 변수: occ5)을 지정하는 방법은 앞에서와 동일하다. 단지 전직장 경력연차 막대와 현직장 경력연차 막대를 하나로 쌓기 위해서는 대화창에서 Options 탭으로 들어가 Stack bars on y variables를 선택한다. 이어 그 옆의 Bars 탭으로 이동하여 Bar labels에서 Label with total bar heights를 선택해주면 막대의 높이가 레이블로 나타나게 된다. 마지막으로 숫자 레이블들의 자리수를 통일하기 위해 Bar labels에서 Properties 버튼을 눌러 Format에서 %9.2f를 입력해 준다. 실행결과가 그림 8.22에 나와 있다 (Orientation에서 Vertical 선택). 이상의 작업을 명령문으로 표현하면 다음과 같다.

```
. graph bar (mean) prev_exp tenure, over(occ5) stack blabel(total,
  format(%9.2f))
```

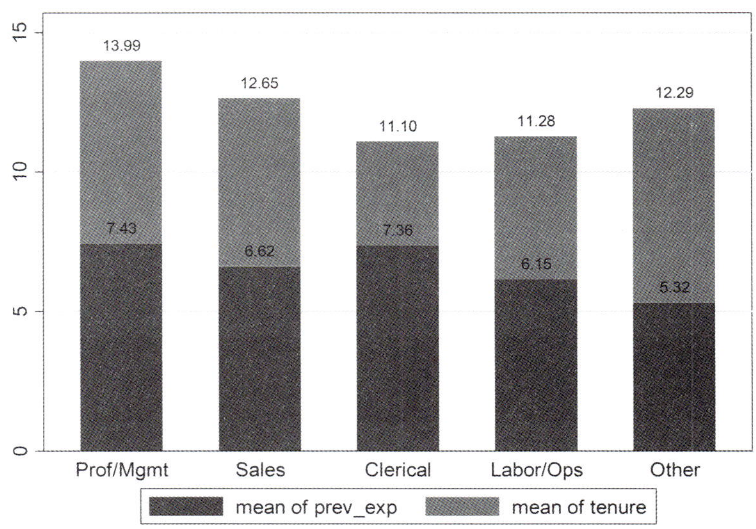

그림 8.22 직업종류별 전직장 및 현직장 평균 경력연차

앞의 그림을 해석하면 예를 들어 첫 번째 그룹인 Prof/Mgmt의 경우 전 직장 경력은 평균이 7.43년이고, 전직장과 현직장에 근무한 총기간은 13.99년이다. 물론 이 두 값의 차이가 현직장 재직기간이 된다.

막대도표에서 마지막으로 소개하고자 하는 것은 각 막대들을 크기 순서대로 정렬시키는 방법이다. 예를 들어 직업종류별 평균 임금을 막대그림으로 표현할 때 임금이 가장 낮은 그룹에서 높은 그룹 순으로 배열하고 자 한다. 앞에서와 동일한 예제 파일에서 wage(임금) 변수와 occ7(직업종류) 변수를 이용해보자. 막대도표 대화창에서 변수들(대상 변수: wage, 그룹핑 변수: occ7)을 지정하는 방법은 앞에서와 동일하다. 단지 막대를 크기 순서로 보여주고자 한다면 Categories 탭에서 occ7 변수를 지정할 때 그 옆에 있는 Properties를 클릭한 후 새로 나오는 대화창에서 Sort order에서 wage를 찾아 선택한다. 즉 wage를 기준으로 막대를 정렬하라는 의미이다. 이 경우 막대가 오름차순으로 정렬된다(내림차순 정렬을 위해서는 Sort order 변수를 기입하는 란의 옆에 있는 옵션 항목 Sort descending을 선택한다). 결과가 그림 8.23에 나와 있다(Orientation에서 Horizontal 선택). 이상의 작업을 명령문으로 표현하면 다음과 같다.

```
. graph hbar (mean) wage, over(occ7, sort(wage))
```

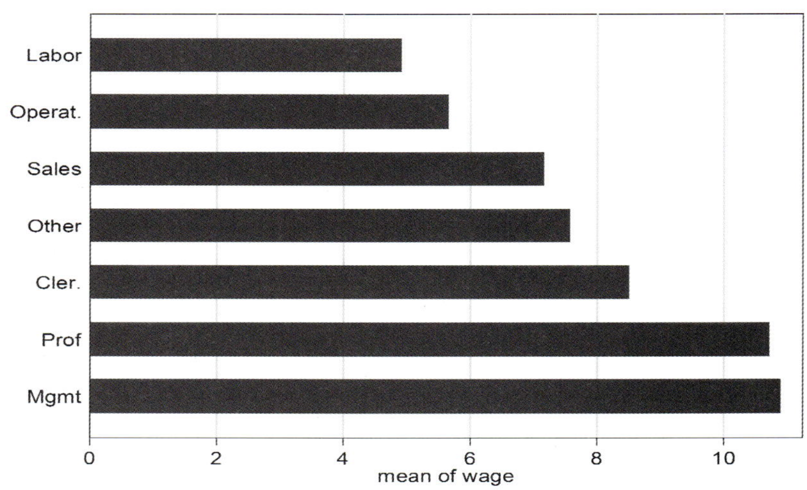

그림 8.23 직업종류별 평균 임금(오름차순 정렬)

4 파이도표

파이도표(pie chart)는 어떤 그룹이 전체에서 차지하는 비율을 표현하는데 자주 이용된다. Stata에서는 어떤 범주형 데이터를 입력하면 각 범주의 비중을 계산하여 이를 파이도표로 만들어준다. 예를 들어 그림 8.24는 어떤 조사에서 응답자의 직업 비율을 나타내는 파이도표이다.

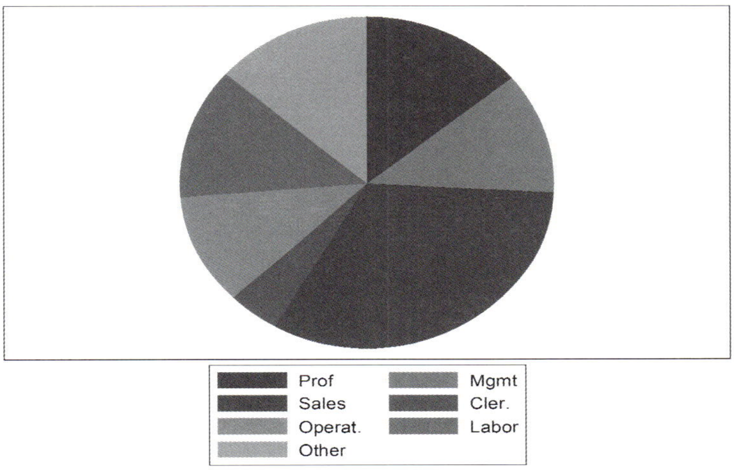

그림 8.24 **조사 대상자 직업 비율 파이도표**

파이도표를 그리기 위해서는 Stata 화면 상단의 메뉴에서 Graphics > Pie chart 메뉴를 선택한다. 그러면 그림 8.25의 대화창이 나타난다.

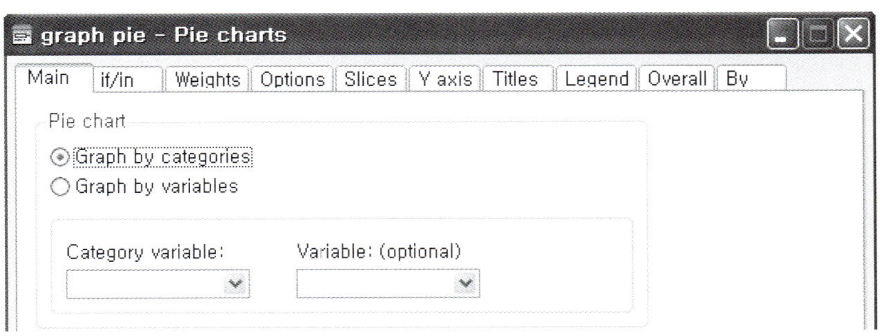

그림 8.25 **파이도표(pie chart) 대화창**

앞 절과 동일한 데이터 파일(data8_2.dta)을 이용하여 파이도표를 그리는 방법을 소개한다. 첫 번째 예제로 응답자(총 2,246명)들의 직업 종류를 7가지 범주로 분류하여 기록한 occ7 변수를 파이도표로 그려보자. 이를 위해서는 그림 8.25 대화창의 Main 탭에서 Graph by categories를 선택하고, Category variable로 occ7 변수를 선택한다. 앞의 그림 8.24가 실행 결과이다. 이상의 작업을 명령문으로 표현하면 다음과 같다.

```
. graph pie, over(occ7)
```

만약 슬라이스의 배열을 크기 순서대로 바꾸고자 하면 파이도표 대화창의 Options 탭으로 들어가 Slice order...에서 Size order와 Reverse order를 동시에 선택한다. 또한 앞의 그림 8.24에서 범례가 아래쪽에 위치하여 전체적으로 파이도표의 양 옆이 많이 비어 보인다. 이 범례를 왼쪽으로 옮기려면 Legends 탭에서 맨 아래 Organization/ Appearance 버튼을 클릭하여 Row/Columns에서 Columns를 선택하고 그 개수로 1을 선택한다. 또한 Placement 버튼을 클릭한 후 Position에서 9 o'clock을 선택한다. Stata 명령문과 실행결과는 다음과 같다.

```
. graph pie, over(occ7) sort descending legend(cols(1) position(9))
```

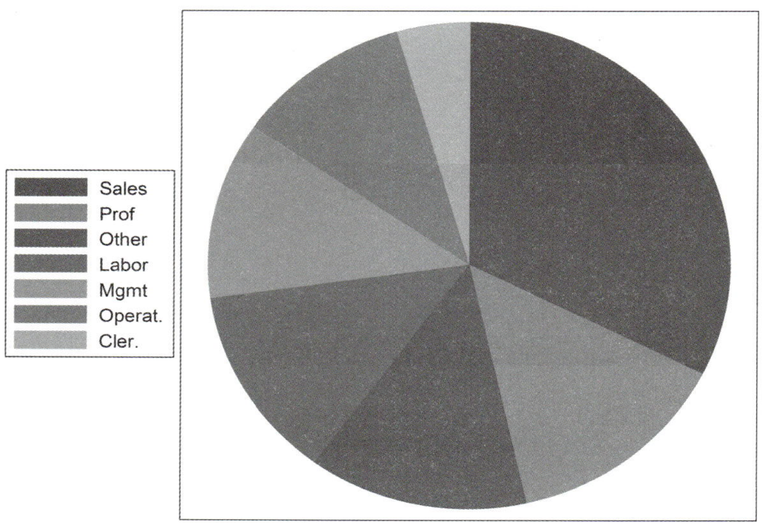

그림 8.26 **직업 비율 파이도표(슬라이스 크기 정렬, 범례 좌측 이동)**

파이도표의 각 슬라이스에 비율이나 빈도수를 입력하는 것이 더 효과적일 수 있다. 이를 위해서는 파이도표 대화창의 Main 탭에서 변수(예: occ7 변수)를 지정한 다음 Slices 탭으로 이동한다. 거기에서 하단의 Labels에서 Customize all slice labels를 선택한 후 Label properties (all) 버튼을 클릭하면 레이블의 유형을 선택할 수 있는 새로운 창이 나온다. 그 중 Label type에서 Sum을 선택하면 각 슬라이스마다 빈도수가 표시된다. 여기에서 한 가지 더 변형을 시도해보자. 즉 파이도표의 전제적인 유형(scheme)을 바꾸어 줌으로써 다양한 구조의 그래프를 얻을 수 있다. 본 예제에서는 Economist誌 유형을 선택해 보자. 이는 영국의 유명한 경제 주간지인 The Economist의 파이도표 유형을 의미한다. 이를 위해서는 파이도표 대화창에서 Overall 탭으로 이동하여 Scheme을 선택하는 란에서 Economist를 선택한다. 결과가 그림 8.27에 나와 있다. 이상의 작업을 명령문으로 표현하면 다음과 같다.

```
. graph pie, over(occ7) plabel(_all sum) scheme(economist)
```

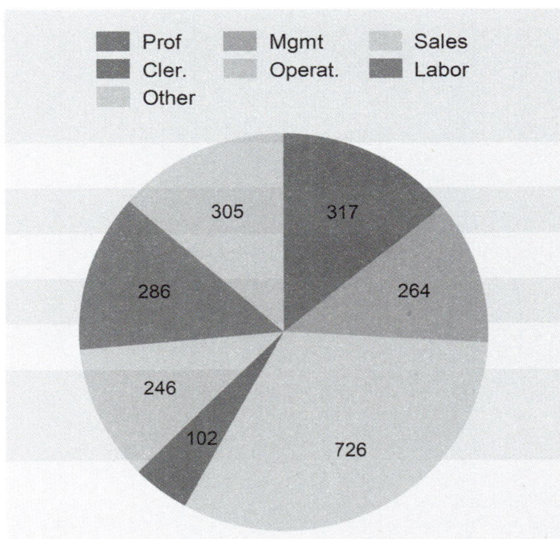

그림 8.27 조사 대상자 직업 빈도수 파이도표(Economist誌 유형)

앞의 그림에서 각 슬라이스에 나와 있는 숫자는 빈도수이다. 이를 비율로 바꿀 수도 있다. 이를 위해서는 다른 절차는 앞에서와 동일하고 Slices 탭에서 Label properties (all)

버튼을 눌러 새로 나오는 창에서 Label type으로 Sum대신 Percent를 선택하면 된다. 이 경우 달리 지정하지 않으면 비율이 소수점으로 표현되는데, 이 표현방식을 사용자가 지정할 수 있다. 이를 위해서는 Label type을 지정하는 동일 창에서 맨 아래 보면 Format을 지정할 수 있는데, 여기에서 예컨대 %9.0f로 지정하면 다음의 그림 8.28과 같은 결과를 얻게 된다. 이상의 작업을 명령문으로 표현하면 다음과 같다.

```
. graph pie, over(occ7) plabel(_all percent, format(%9.0f))
scheme(economist)
```

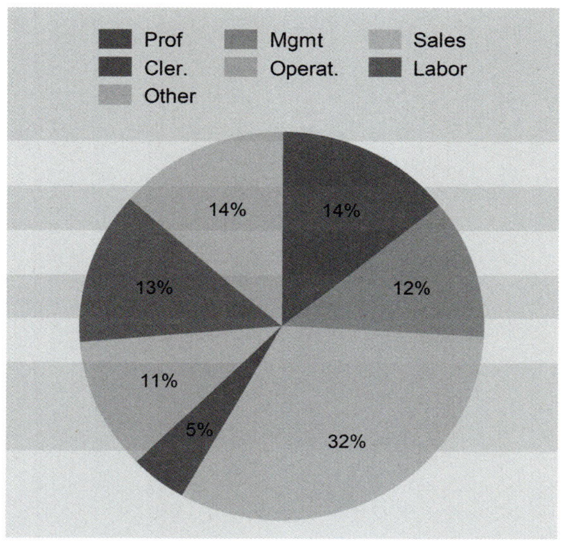

그림 8.28 **조사 대상자 직업 비율 파이도표**

참고로 레이블 숫자의 디스플레이 포맷 유형인 '%9.0f'를 메뉴에서 선택할 수도 있다. 즉 Format을 지정하는 란의 오른쪽 끝에 있는 버튼을 클릭하면 다음 그림과 같은 창이 나온다. 이 그림에서 지정된 옵션과 숫자들이 '%9.0f'에 해당하는 것들이다. 이 창의 맨 아래 공란에 자신이 선택한 옵션이 '%9.0f' 식의 표현으로 나타나기 때문에 이 창에서 여러 가지 변화를 주면서 포맷을 작성하는 문법을 익히기를 권한다.

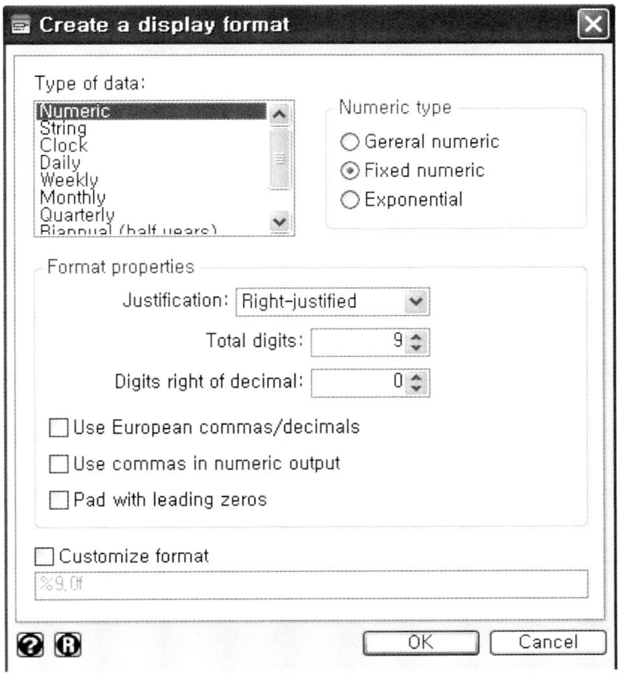

파이도표에서 마지막으로 설명할 기능은 슬라이스의 일부(혹은 전부)를 쪼개진(explode) 형태로 표현하는 방법이다. 7개 직업군 중 첫 번째인 'Prof'에 해당하는 슬라이스를 쪼개진 형태로 표현해보자. 이를 위해서는 변수 지정 등 다른 절차는 앞에서와 동일하고 Slices 탭에서 Slice properties로서 Customize individual slice properties를 선택하자. 거기에서 Slice 1을 선택하고 그 옆에 있는 Edit을 클릭한 후 새로 나온 창에서 Explode slice를 선택하면 된다. 결과가 그림 8.29에 나와 있다. 이상의 작업을 명령문으로 표현하면 다음과 같다.

```
. graph pie, over(occ7) pie(1, explode) plabel(_all percent,
format(%9.0f)) scheme(economist)
```

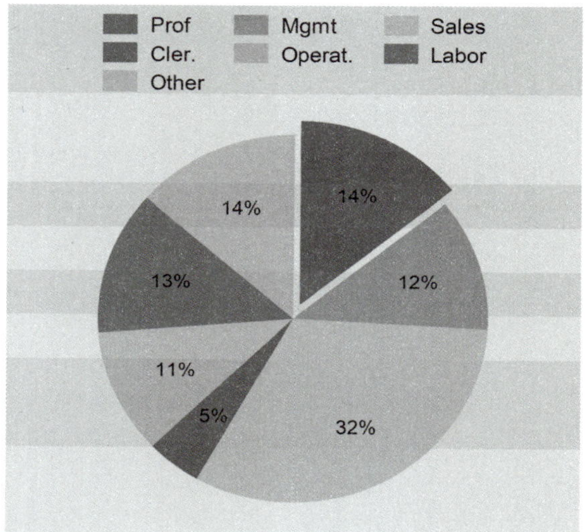

그림 8.29 조사 대상자 직업 비율 파이도표(쪼개진 형태)

5 Two-way 그래프

지금까지 다뤄온 그래프들은 기본적으로 변수가 하나(조사 대상자 직업)이거나 혹은 하나의 변수(임금 혹은 경력연차)를 그룹별(직업군)로 나누어 그리는 형태이었다. 이번 절에서 다룰 two-way 그래프는 두 변수 간의 관계를 표현하는 그래프이다. Stata에는 two-way 그래프가 30여 종류 있다.

1) 산포도

가장 먼저 설명할 two-way 그래프는 산포도(scatter plot)이다. 두 변수의 모든 관측치들을 XY 평면에 표시하는 그림이다. 예제 데이터 파일 data8_3.dta을 이용하여 산포도를 그리는 방법을 소개한다. 산포도를 그리기 위해서는 Stata 화면 상단의 메뉴에서 Graphics > Twoway graphs 메뉴를 선택한다. 그러면 그림 8.30의 대화창이 나타난다. 먼저 Plot 탭에서 Create 버튼을 클릭하면 새로운 창이 나온다. 거기에서 그림의 유형을 선택하는 Basic plots에서 Scatter를 선택한다. 그 다음 X축과 Y축을 차지하는 변수를 1개씩 지정한다.

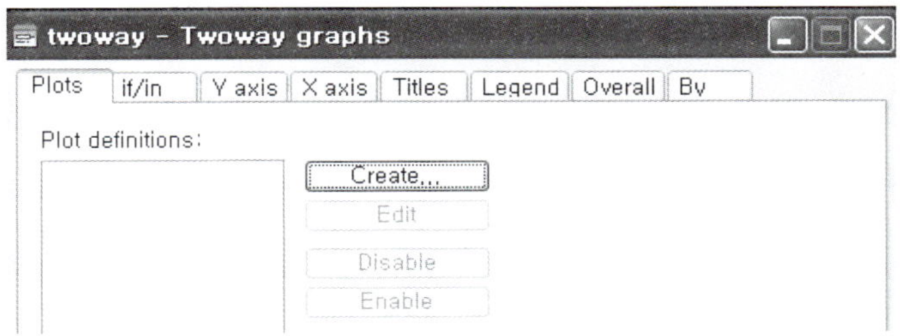

그림 8.30 Two-way 그래프 대화창

본 예제에서는 Y변수로 ownhome 변수(미국 각 주의 자가주택 비율), X변수로 propval100(미국 각 주의 10만 달러 이상 주택의 비율)을 선택한다. two-way 그래프 메뉴에서는 여러 종류의 two-way 그래프를 동시에 그릴 수 있다. 위와 같이 선택하면 첫 번째 그림을 완성하게 된다. 결과가 그림 8.31에 나와 있다. 이상의 작업을 명령문으로 표현하면 다음과 같다.

```
. twoway (scatter ownhome propval100)
```

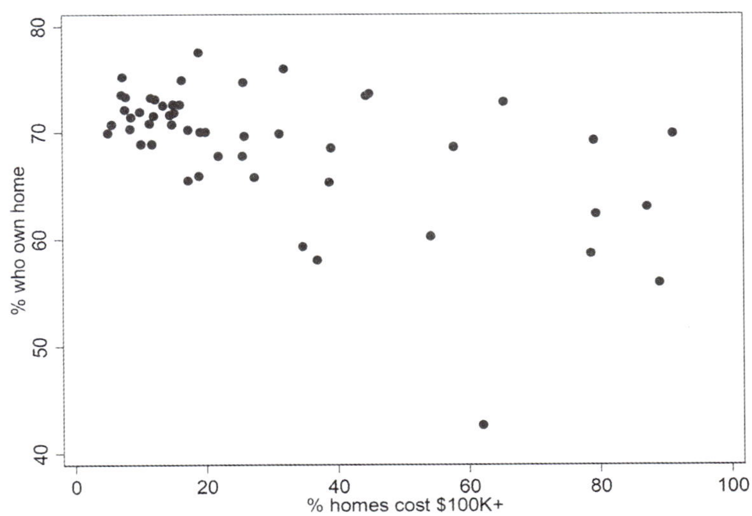

그림 8.31 각 州의 자가주택비율 및 10만 달러 이상 주택비율 산포도 I

앞의 그림 8.31을 보면 10만 달러 넘는 주택의 비율(X축)이 높을수록 해당 주의 자가주택 소유비율(Y축)이 낮아지는 경향이 있음을 알 수 있다. 그림 8.31과 같이 그려진 산포도가 마음에 들지 않아 이를 수정하고자 한다면 산포도 대화창으로 다시 들어간다. 그런데 산포도를 그린 후의 대화창은 아래 그림 8.32와 같은 모습으로서 산포도를 그리기 전의 그림 8.30과는 다른 점이 있다. 즉 Plot 1이 새로 생긴 것을 알 수 있는데, 여기에 앞에서 그렸던 산포도에 대한 정보가 들어가 있는 것이다. 기존에 그렸던 그림을 수정하기 위해서는 아래 대화창에서 Plot 1을 지정한 후 Edit를 선택한다.

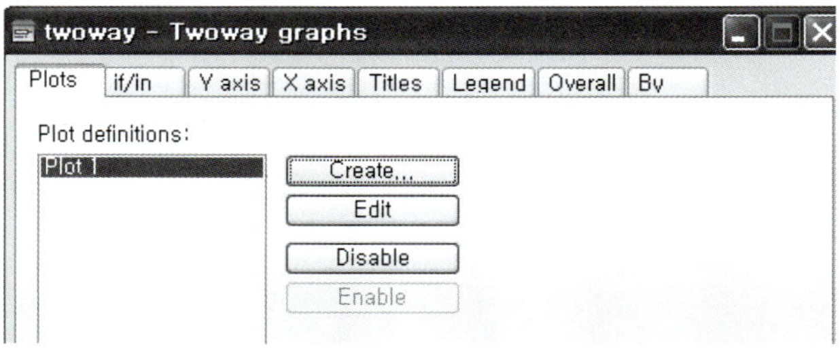

그림 8.32 **산포도 정보가 Plot 1에 저장된 대화창**

만약 기존의 산포도에서 마커(marker)의 모양을 바꾸고자 한다면 Edit 선택시 나오는 창에서 Marker properties를 클릭한 후 Symbol에서 예컨대 Hollow square를 선택한다. Stata 명령문과 실행결과는 다음과 같다.

```
. twoway (scatter ownhome propval100, symbol(square_hollow))
```

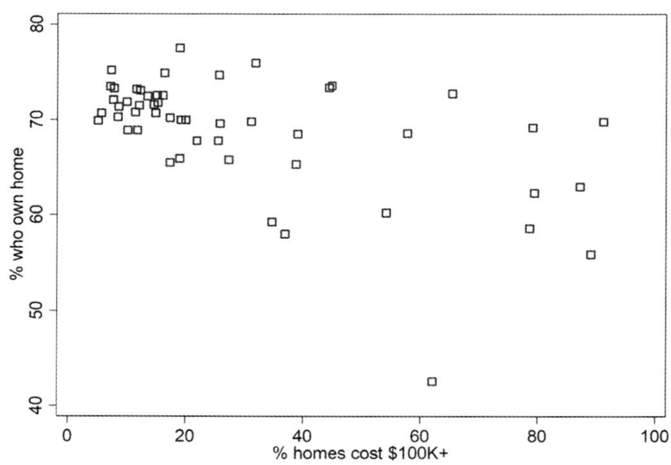

그림 8.33 **각 州의 자가주택비율 및 10만 달러 이상 주택비율 산포도 II**

이번에는 앞의 그림 8.33에서 사각형 마커 대신 각 주의 이름(약자)을 마커로 사용하고자 한다. 이를 위해서는 일단 현재의 네모 모양 마커를 제거하는 것이 필요하다. 이는 마커를 변경할 때와 동일한 절차를 거치되 마지막 단계에서 Hollow squre 대신 None을 선택한다. 그 다음 동일한 창에서 Add labels to markers를 선택한 후 Variable에서 stateab 변수(미국 각 주의 이름을 영문자 2글자의 약자로 표현한 문자변수)를 선택한다. 결과가 그림 8.34에 나와 있다. 이상의 작업을 명령문으로 표현하면 다음과 같다.

```
. twoway (scatter ownhome propval100, msymbol(none) mlabel(stateab))
```

한편 2개 이상의 산포도를 동시에 그리고자 하면 그림 8.32에서 Create를 다시 한 번 선택하여 필요한 변수와 옵션을 선택함으로써 하나의 평면에 2개 이상의 산포도를 표현할 수 있다.

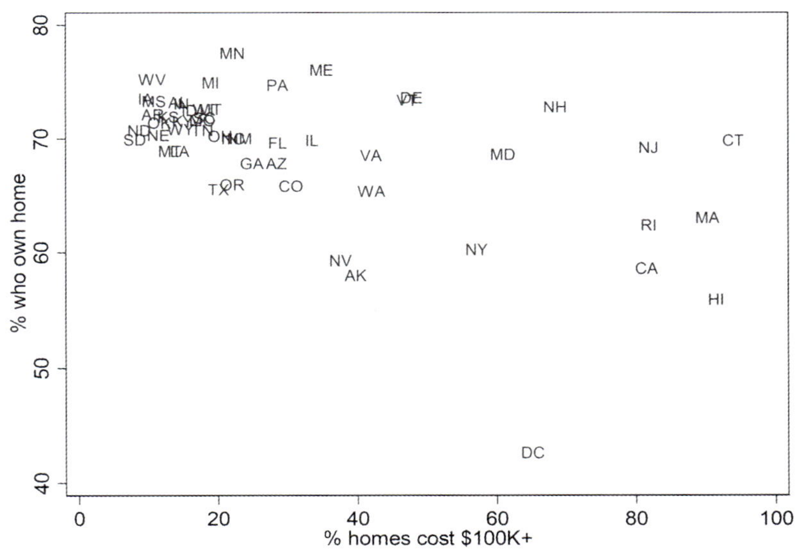

그림 8.34 각 州의 자가주택비율 및 10만달러 이상 주택비율 산포도 III

TIP 8.3 ● Stata 그래프의 마커, 선, 색의 종류 확인

Stata의 two-way 그래프에서 선택할 수 있는 마커, 선, 색의 종류는 매우 다양하다. 명령어를 이용하여 주어진 마커, 선 종류와 색을 구체적으로 확인할 수 있다. 우선 마커 모양들을 열람하기 위해서는 Command 창에 palette symbol이라는 명령을 실행시키면 다음과 같은 모양들을 보여준다.

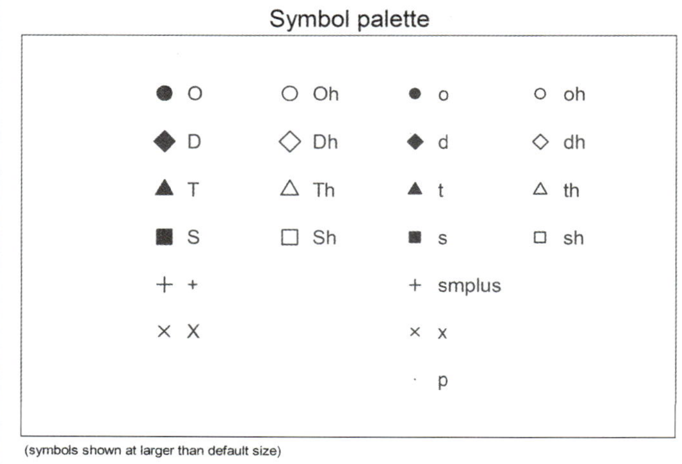

다음으로 선의 종류를 열람하기 위해서는 palette line이라는 명령을 실행시키면 다음과 같은 모양들을 보여준다.

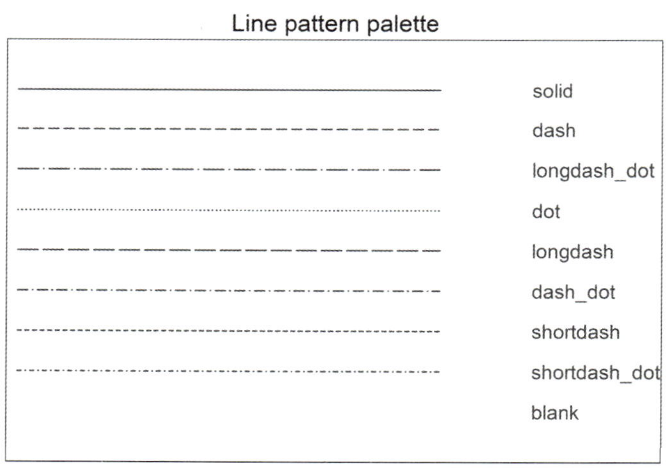

마지막으로 색(color)에 대한 정보를 알기 위해서는 다음과 같이 입력한다.

```
. palette color navy
```

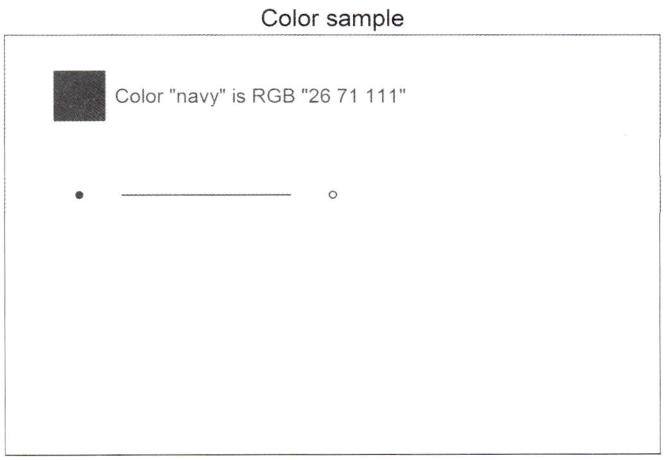

2) 선그래프

선그래프(line graph)는 우리에게 아주 익숙한 그래프로서 특히 시계열 데이터를 그리는 데 많이 이용된다. 예제 데이터파일로서 data8_4.dta을 이용하여 선그래프를 그리는 방법을 익혀보자. 이 데이터세트는 2001년 1월 2일부터 2월 28일까지 주가지수를 기록한 것이다. 선그래프 역시 two-way 그래프이기 때문에 앞에서 본 산포도와 비슷한 경로를 통해 그래프를 그린다. 우선 Stata 화면 상단의 메뉴에서 Graphics > Twoway graphs 메뉴를 선택한다. 그러면 앞에서 본 그림 8.30의 대화창이 나타난다. Plot 탭에서 Create 버튼을 클릭하면 새로운 창이 나오는데, 거기에서 Basic plots로 Line을 선택한다. 그 다음 Y축과 X축 변수를 1개씩 지정하는데, Y 변수로는 high(장중 고가)를 선택하고 X 변수로는 시간 변수인 date를 선택한다. 한 가지 주의할 것은 선그래프를 그리는 경우 반드시 X 변수 지정란 오른쪽에 있는 Sort on x variable을 선택해 준다. Stata 명령문과 실행결과는 다음과 같다. 결과가 그림 8.35에 나와 있다. 이상의 작업을 명령문으로 표현하면 다음과 같다.

```
. twoway (line high date, sort)
```

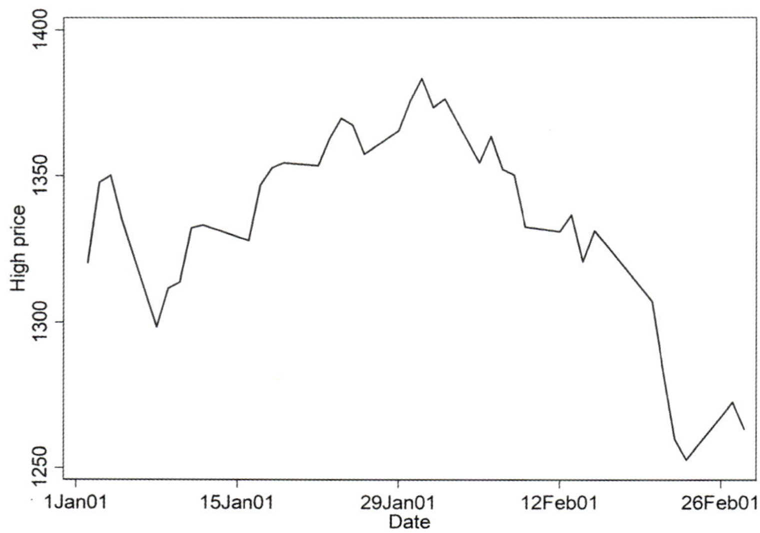

그림 8.35 주가지수 장중 고가 선그래프

위 그림에는 라인이 하나만 있으나, 2개 이상의 라인을 도표 한 개에 같이 그리는 것도 당연히 가능하다. 예를 들어 동일한 X 변수(예: 날짜)에 대해 Y1 및 Y2의 2개 변수를 선그래프로 그릴 수 있다. 이를 그리기 위해서는 (X, Y1)을 선그래프로 한 번 설정해주고, 이어 Create 버튼을 다시 한번 클릭하여 이번에는 (X, Y2)를 앞에서와 동일한 방식으로 선그래프로 설정해준다. 이 경우 다음 그림 8.36에서 보는 것처럼 two-way 그래프 대화창의 Plots 탭에 Plot 1 및 Plot 2가 생성된다.

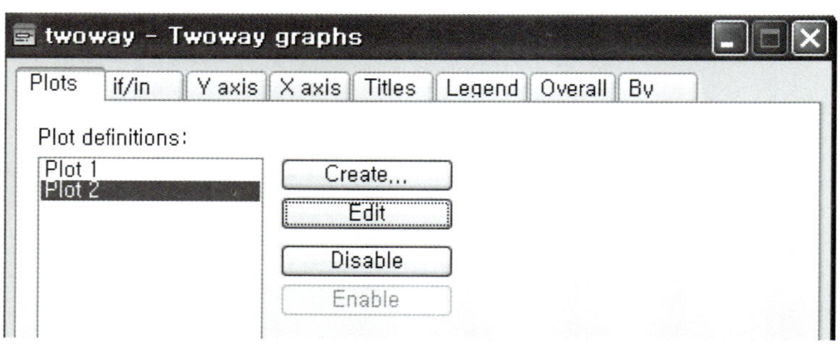

그림 8.36 2개의 Y 변수를 설정한 후 대화창의 모습

예제로 주가지수의 일별 고가(high 변수)와 저가(low 변수)를 함께 그려보자. 이들 2개 변수 각각에 대해 앞에서 행했던 방식대로 선그래프를 설정하면 된다. 한 가지 더 옵션을 추가하면, 두 개의 라인 형태를 구분해주기 위해 두 번째 변수인 low 변수에 대해서는 실선이 아니라 점선 형태로 표현하고자 한다. 이를 위해서는 Plot 2의 대화창에서 맨 아래 Line properties 버튼을 클릭하여 Pattern에서 Long dash를 지정해 준다. 결과가 그림 8.39에 나와 있다. 이상의 작업을 명령문으로 표현하면 다음과 같다.

```
. twoway (line high date, sort) (line low date, sort lpattern(longdash))
```

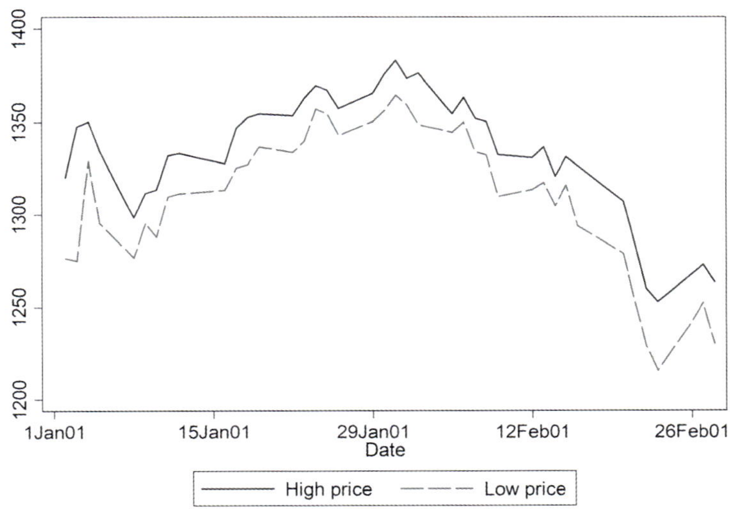

그림 8.39 **주가지수 고가 및 저가 선그래프**

위 그림은 2001년 1월초부터 2월말까지의 주가지수를 그림으로 그린 것인데, 이번에는 전체기간이 아니라 그 중 일부 기간, 예를 들어 1월 15일(15Jan01)부터 2월 12일(12Feb01)까지에 대해서만 그려보자. 이를 위해서는 먼저 날짜변수인 date 변수가 시계열 데이터라는 것을 인식시켜 주어야 한다. 그 명령어는 tsset이다. tsset 다음에 원하는 날짜변수를 적고 실행시키면 다음의 결과를 얻는다.

```
. tsset date
        time variable:  date, 2Jan01 to 28Feb01, but with gaps
                delta:  1 day
```

여기에서 보는 것처럼 tsset 명령어를 실행하면 지정한 날짜변수를 시계열 데이터로 인식하고 그 정보를 요약해서 보여준다. 위의 경우 시작 날짜와 끝나는 날짜, 그리고 날짜가 연속해 있지 않고 일부 갭(gap)이 있다는 점과 날짜의 간격이 1일이라는 정보를 확인할 수 있다. 그림 8.39를 일부 기간에 대해서만 그림을 그리기 위해서는 그림 8.36의 two-way 그래프 대화창에서 (Plot 1 및 Plot 2가 설정된 상황에서) if/in 탭으로 이동하여 if 조건문에 tin(15jan2001, 12feb2001)을 입력한다. 여기서 tin은 시계열 데이터의 기간을 지정할 때 사용하는 qualifier이다. Stata 명령문과 실행결과는 다음과 같다.

```
. twoway (line high date, sort) (line low date, sort lpattern(longdash))
if tin(15jan2001, 12feb2001)
```

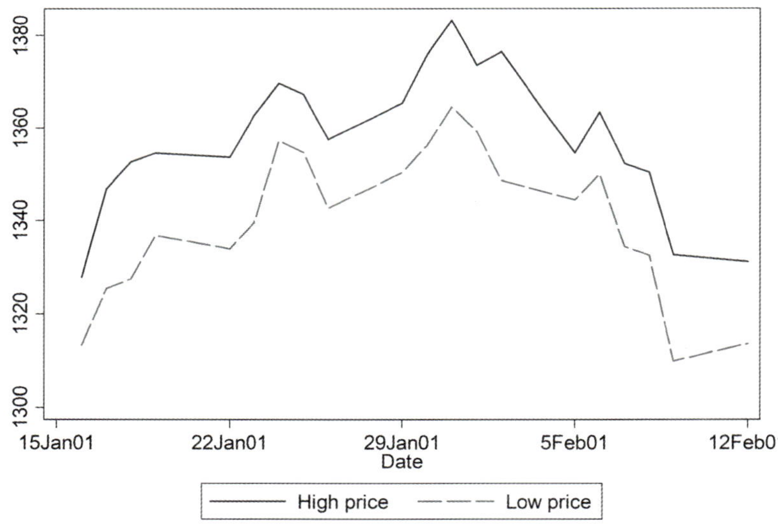

그림 8.40 **주가지수 고가 및 저가 선그래프(기간 제한)**

선그래프의 라인 모양을 다양하게 할 수 있다. 이번에는 점들을 연결해 놓은 모양으로 선그래프를 그려보자. 다시 종가(close 변수)에 대해 그림을 그려보기로 한다. 이를 위해 two-way 그래프 대화창 왼쪽 맨 아래에서 Reset 버튼(❓ Ⓡ 📋 에서 가운데 아이콘)을 한 번 클릭하여 기존에 입력된 모든 정보를 지우기로 한다. 그 다음 그림 8.35에서 종가 그래프를 그린 것과 동일한 절차를 거치되 Plot 1의 Basic plots를 선택할 때 Line 대신 Connected를 선택한다. 마커의 종류, 색, 크기 등에 변화를 주고 싶으면 Marker properties 버튼을 클릭하여 선택할 수 있다. Stata 명령문과 실행결과는 다음과 같다.

```
. twoway (connected close date, sort)
```

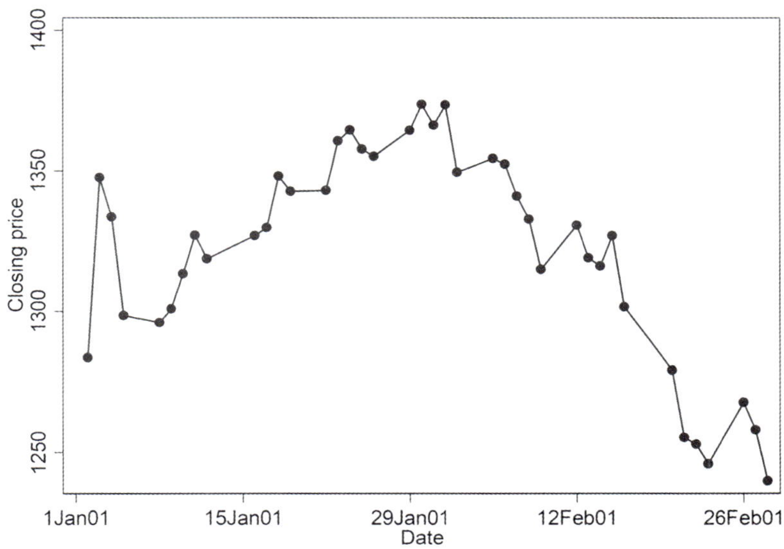

그림 8.41 주가지수 종가 선그래프(connected 라인)

이번에는 선그래프에 특정한 Y값 또는 X값을 지정하는 선(reference line)을 그리는 방법을 소개한다. 예를 들어 주가지수 1300선이 심리적 저지선으로 받아들여지는 경우 이를 위의 그림 8.41에 표시하는 것이 도움이 될 수 있다. 이를 위해서는 two-way 그래프 대화창에서 (Plot 1이 설정된 상황에서) Y axis탭으로 가서 Reference line을 클릭하면 그림 8.42와 같은 새로운 창이 나온다.

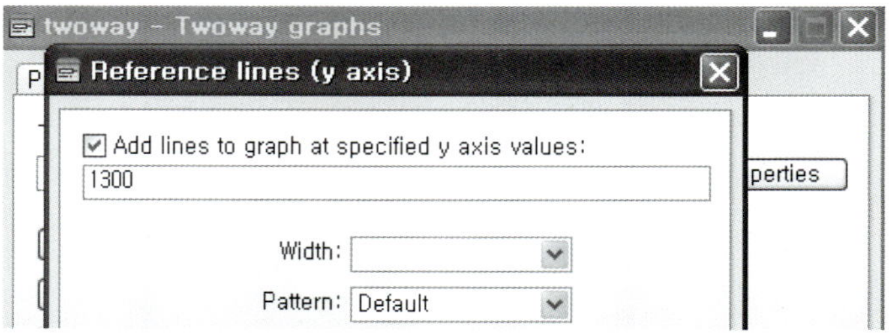

그림 8.42 선그래프에 reference line 설정하는 대화창

앞의 대화창에서 Add lines ... y axis value에 선의 위치를 의미하는 1300을 입력해 준다. Stata 명령문과 실행결과는 그림 8.43과 같다.

```
. twoway (connected close date, sort), yline(1300)
```

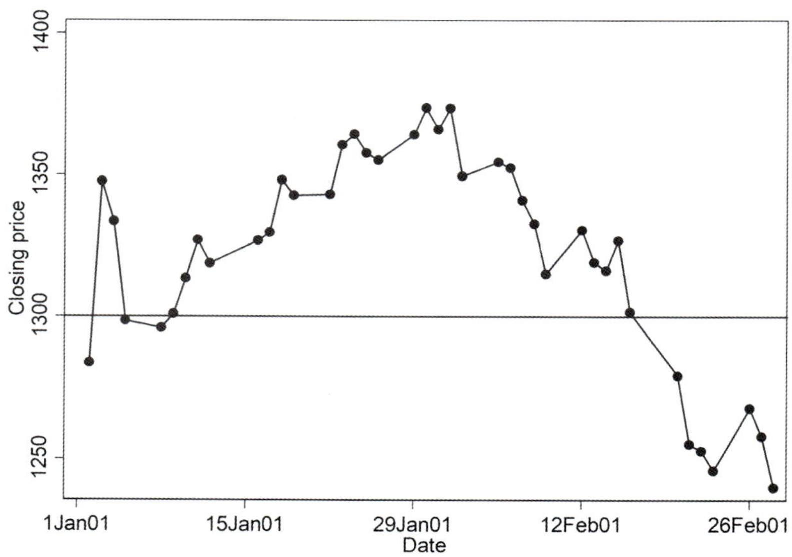

그림 8.43 주가지수 종가 선그래프(reference line 설정)

선그래프에서 마지막으로 소개하고자 하는 기능은 주가지수의 일별 고가와 저가를 범위로 나타내는 그래프이다. 하루 동안 주가지수가 어느 범위를 움직였는가를 보여주는 것으로 주가의 하루 변동폭이라는 의미에서 중요하다. Stata에서는 이와 같은 그림을

범위그림(range plot)으로 분류하고 있다. 이를 그리기 위해서는 (two-way 그래프 대화창에서 Create 버튼을 누르면 나오는) Plot 1 대화창에서 그림 8.44와 같이 Range plots를 선택하고 그 유형으로는 Range bar 그래프를 선택한다. 범위그림에서는 동일한 X에 대해 반드시 2개의 Y 변수를 선택해야 한다. Y1 변수로 고가(high 변수)를 선택하고, Y2 변수로 저가(low 변수)를 선택하자. 또한 X 변수로는 date를 지정하자. 결과가 그림 8.45에 나와 있다. 이상의 작업을 명령문으로 표현하면 다음과 같다.

```
. twoway (rbar high low date)
```

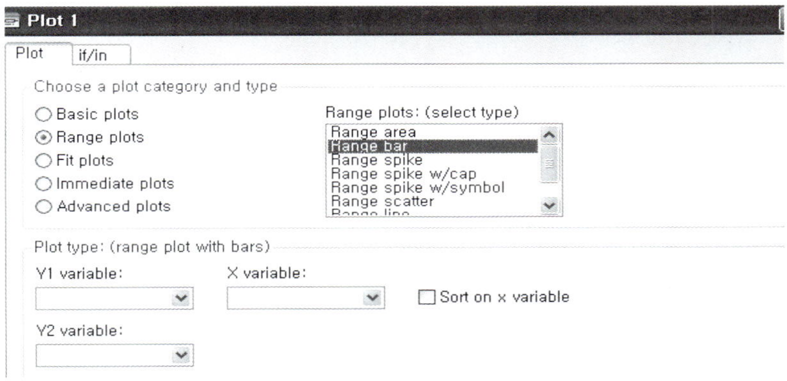

그림 8.44 범위그림(range plot) 선택 대화창

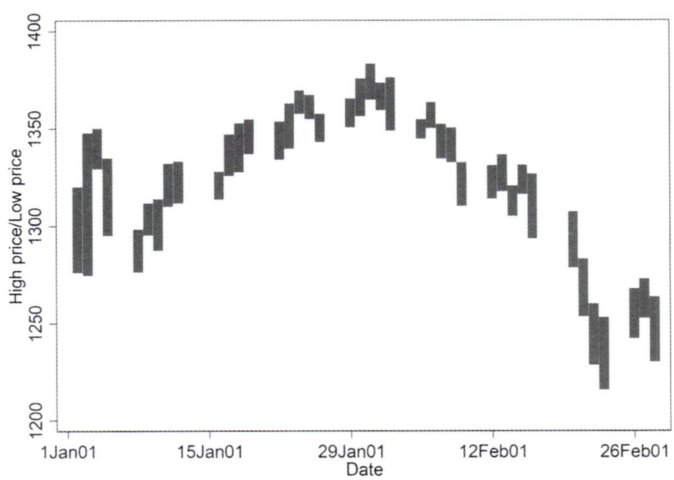

그림 8.45 주가지수 고가-저가 범위그림(range plot)

6 그래프 합하기

Stata에서는 여러 개의 그래프를 각각 그려 파일이나 혹은 메모리에 저장한 후에 이들을 합쳐서 하나의 그래프로 만들 수 있는 기능이 있다. 즉 graph combine 기능이다. 이 기능은 그래프를 그린 후 그래프 파일로 저장한 후에 나중에 합칠 수도 있고, 혹은 그래프를 그리는 작업 중에 각각 메모리에 저장한 다음 이를 합쳐서 하나의 그래프로 표현할 수도 있다. 본 예제에서는 메모리에 저장시킨 그래프를 결합하는 방법에 대해서 설명한다. 예제 데이터파일은 data8_3.dta을 이용하기로 한다.

우선 2개의 산포도를 만들어 이를 각각 메모리에 저장하기로 한다. 첫 번째는 미국 각 주의 1990년 기준 도시거주비율(urban 변수)과 10만달러 이상 주택비율(propval100 변수) 간의 산포도이고, 두 번째는 각 주의 도시거주비율(urban 변수)과 월세 700달러 이상 주택비율(rent700 변수) 간의 산포도이다. 이들을 산포도로 그린 다음 특정의 이름(예: graph1, graph2)을 부여하여 메모리에 저장하기 위해서는 그래프를 그리는 명령문 마지막에 name( ) 옵션을 추가하면 된다. name( ) 옵션의 괄호 안에는 저장할 이름을 지정한다. 위의 산포도 예에서 명령문은 다음과 같다.

```
. twoway (scatter propval100 urban, name(graph1, replace))
. twoway (scatter rent700 urban, name(graph2, replace))
```

위의 명령문을 실행할 경우 메모리에는 graph1과 graph2라는 2개의 산포도가 존재한다. 이를 하나로 합치기 위해서는 Stata 상단의 메뉴에서 Graphics > Table of graphs 메뉴를 선택한다. 그러면 다음과 같은 대화창이 나타난다.

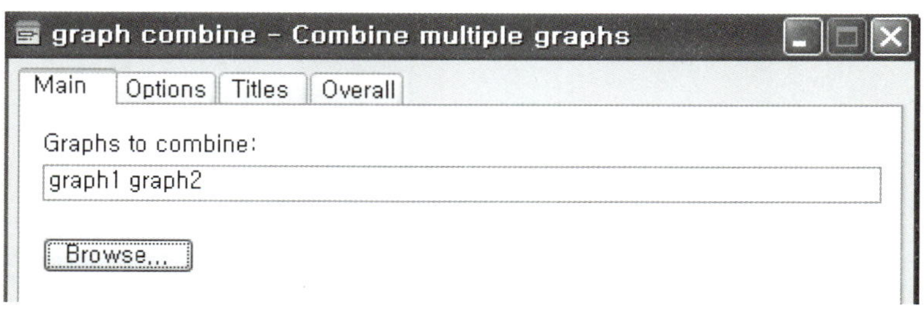

그림 8.46 그래프 결합 대화창

위의 그림에서 보듯이 여기에서 Graphs to combine 란에 이미 저장한 그래프들의 이름, 즉 graph1 graph2를 입력한다. Stata 명령문과 실행결과는 다음과 같다.

```
. graph combine graph1 graph2
```

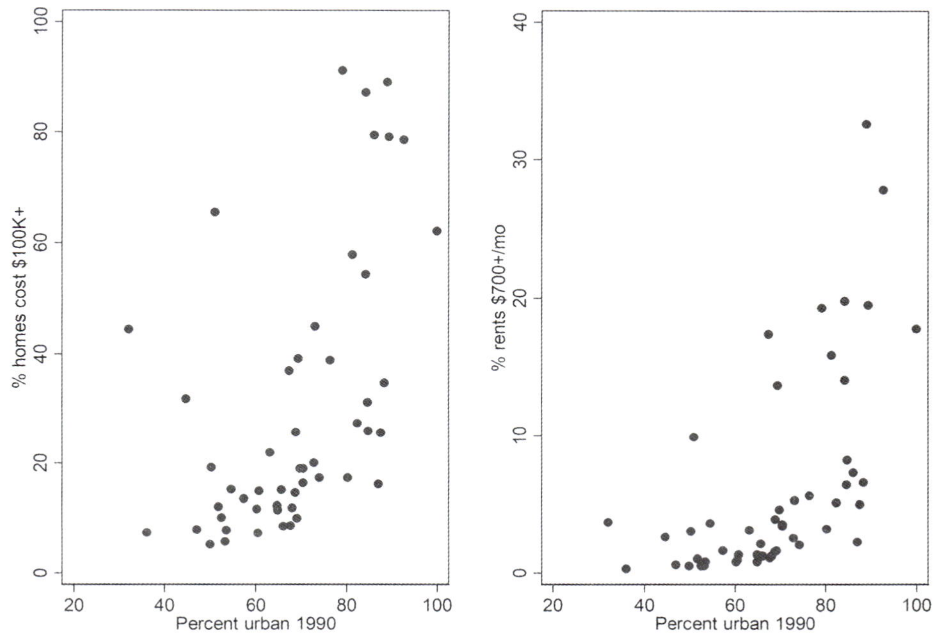

그림 8.47 2개의 산포도 결합

위의 명령문에서 보는 것처럼 graph combine 명령어 다음에 메모리에 저장된 그래프의 이름을 나열하면 모든 그래프들이 하나로 합쳐진다. 그런데 그림 8.47을 보면 좌우 양쪽의 그래프가 X축 척도는 20-100(%)로 동일하지만 Y축 척도는 각각 0-100과 1-40으로 서로 다르기 때문에 두 그래프를 이해하는데 있어서 오해가 있을 수도 있다. Y축의 척도를 같게 만들어 주기 위해서는 다음과 같이 ycommon 옵션을 주면 된다.

```
. graph combine graph1 graph2, ycommon
```

물론 이를 대화창으로 행할 수도 있다. 즉 그림 8.46의 대화창에서 Options 탭으로 이동하여 Use common scales for y axes를 선택해 준다. 그림 8.48을 보면 두 그래프의

Y축의 척도가 모두 0-100값이 되었음을 확인할 수 있다. 결과가 다음 그림 8.45에 나와 있다.

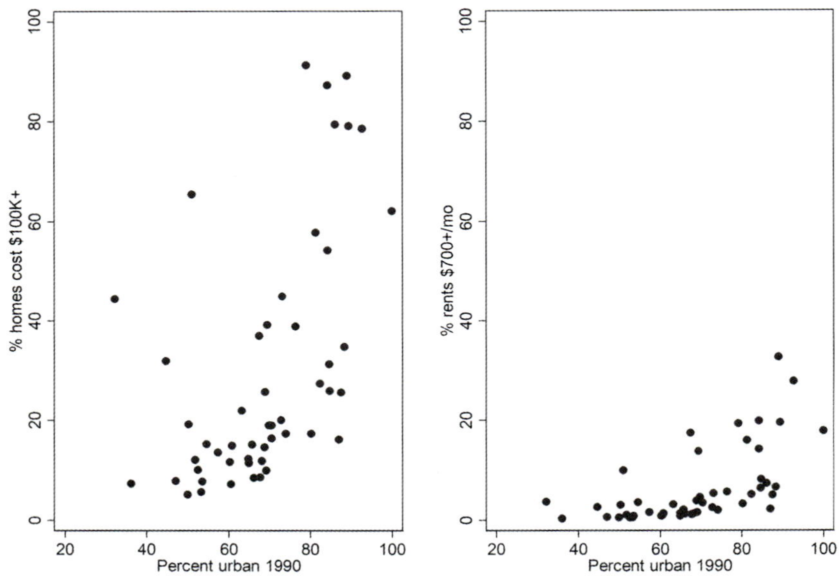

그림 8.48 **2개의 산포도 결합(Y축 척도 통일)**

명령어 graph combine을 이용하여 앞의 예보다 한 단계 더 복잡한 결합을 시도해보기로 하다. 이 예제를 통해 Stata 그래픽 기능의 다양성과 유연성을 이해할 수 있을 것이다. 아래에 소개할 예제는 데이터파일 data8_5.dta을 이용한다. 이는 2001년 1월 초부터 12월 말까지 주가지수와 거래량을 일별로 기록한 것이다. 여기에서 우리의 최종 목표는 일별 주가 및 거래량 데이터를 하나의 그래프로 표현하는 것이다. 즉 가로축은 날짜이고 세로축은 주가 및 거래량을 표시하게 된다. 이러한 그래프를 그릴 때 세로축의 좌축과 우축에 주가와 거래량을 하나씩 배분하여 그래프를 그릴 수도 있지만, 여기에서는 그래프를 결합하는 방식을 제시하기로 한다. 즉 주가 그래프와 거래량 그래프를 각각 그려 이를 하나의 그래프로 결합시키는 방식이다.

먼저 주가 그래프를 그려보자. 그래프의 형태를 앞에서 소개한 그림 8.45처럼 장중 고가(high 변수)와 저가(low 변수)를 쉽게 알아볼 수 있는 범위그림(range plot)으로 하기로 한다. 또한 시계열의 범위를 2001년 1월 1일부터 7월 1일까지로만 국한시키기로 한다. 먼저 날짜변수인 data가 시계열 변수임을 인식시키기 위해 다음과 같이 명령어 tsset을 실행한다(이 명령어에 대해서는 8.5절의 선그래프 항목 참조).

```
. tsset date
```

이제 다음의 명령문을 실행하여 주가지수 범위그림을 그린다.19) 결과가 그림 8.49에 나와 있다.

```
. twoway (rbar high low date if tin(01jan2001, 01jul2001), name(rbar1,
replace))
```

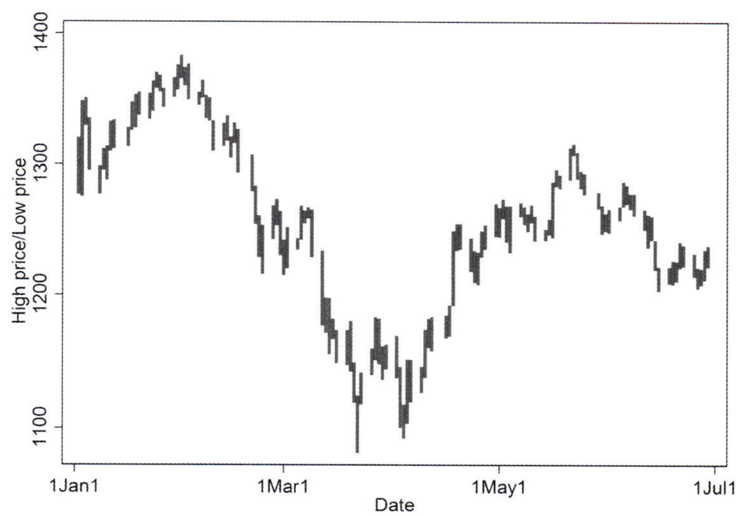

그림 8.49 주가지수 고가-저가 범위그림

원래의 데이터세트에는 2001년 전체에 걸쳐 관측치들이 있는데, 여기에서는 그 중 일부(1월1일부터 7월1일까지)를 이용하여 그래프를 작성하였다. 이를 지정한 부분이 if

19) 설명의 편의상 명령어를 사용하는 방법만 소개하지만, 명령어의 옵션들을 잘 관찰하면 대화창을 통한 방법도 파악할 수 있을 것이다.

tin(01jan2001,01jul2001)이다. 한편 위의 명령문에서 마지막 옵션인 name(rbar1)은 그린 그래프를 메모리에 rbar1의 이름으로 잠시 저장하기 위한 것이다. 또한 name 옵션에서 replace 옵션의 의미는 rbar1의 이름으로 이미 메모리에 저장된 그래프가 있다면 지우고 새로 저장하라는 명령문이다.

다음으로 일별 거래량 그래프를 그려보자. 거래량 변수명이 volmil이고 그래프 종류를 spike로 지정하는 경우 명령문과 실행결과는 다음과 같다.

```
. twoway (spike volmil date if tin(01jan2001, 01jul2001),
name(spike1,replace))
```

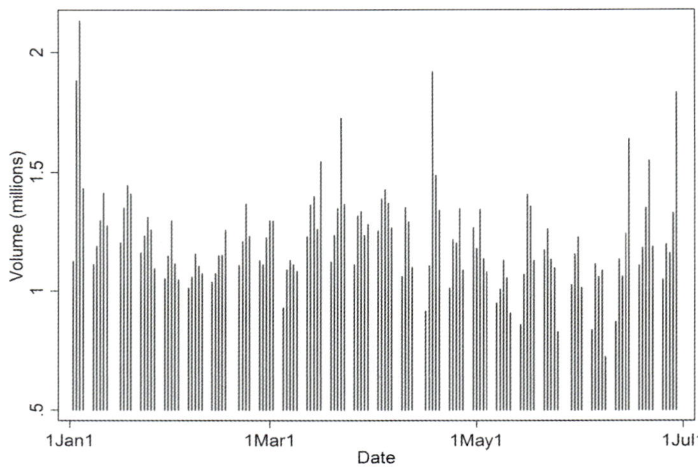

그림 8.50 주식 거래량 spike 그래프

이제 다음 작업은 그림 8.49와 그림 8.50을 하나의 그래프로 결합하는 것이다. 이를 위해서는 graph combine 명령어를 다음과 같은 식으로 사용한다.

```
. graph combine rbar1 spike1, cols(1)
```

위에서 graph combine 다음에는 이미 메모리에 저장해 놓은 그래프들의 이름을 지정한다. 여기에서 지정하는 순서대로 각 그래프가 나타나게 된다. 마지막에 있는 cols(1) 옵션은 결합의 방향을 지정하는 것이다. 여기에서 1은 하나의 열(column)로 결합하라는 의미이다. 실행결과는 다음의 그림 8.51과 같다. 이 그림에서 보듯이 주가지수 범위그림이 먼저 나오고, 그 아래로 거래량 그림이 위치한다.

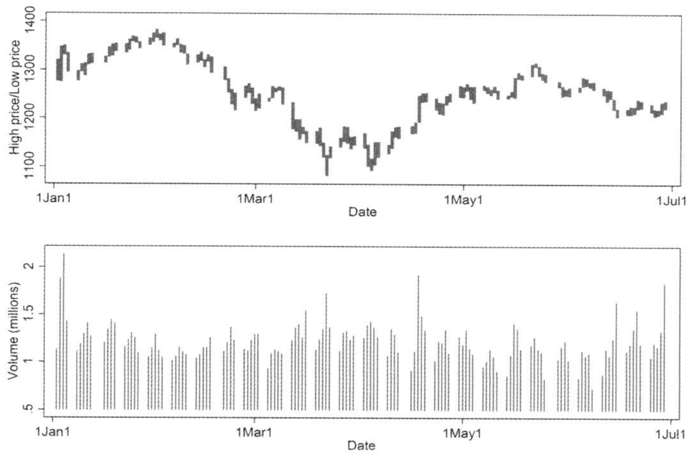

그림 8.51 주가지수 범위그림과 거래량 그래프의 결합

위의 그림 8.51이 그다지 만족스러운 수준이 아니기 때문에 다음과 같은 수정을 가해보자.

(1) 주가 및 거래량 그림 모두에 날짜를 표시하는 가로축이 들어가 있기 때문에 두 그림 중 위에 있는 주가 그래프에서 날짜 축을 제거한다.
(2) 주가 및 거래량 그림의 크기가 동일한데, 주가를 보다 강조하기 위해 거래량 그래프의 크기를 줄인다.
(3) 주가 및 거래량 그림의 간격이 다소 떨어져 있어 두 변수의 관계를 살펴보는데 시각적으로 적절하지 않기 때문에 두 그래프의 간격을 좁힌다.

첫 번째 수정사항을 위해서는 xscale(off) 옵션을 다음과 같이 추가하면 된다.

```
. twoway (rbar high low date if tin(01jan2001, 01jul2001)), xscale(off)
  name(rbar1, replace)
```

두 번째 수정사항을 위해서는 fysize( ) 옵션을 다음과 같이 이용한다.

```
. twoway (spike volmil date if tin(01jan2001, 01jul2001)),
ytitle(volume)  ylabel(1 2) name(spike1, replace) fysize(25)
```

위의 명령문에서 마지막에 있는 fysize(25) 옵션은 Y축의 크기를 원래 크기의 25%로 축소하라는 의미이다. 이처럼 세로축이 축소됨에 따라 몇 가지 추가적인 변경이 필요해졌는데, 우선 ytitle(volume) 옵션을 이용하여 Y축 이름을 기존의 Volume(millions)에서 volume으로 변경했다. 또한 ylabel(1 2) 옵션을 사용하여 Y축 눈금표시를 기존의 “0.5 1 1.5 2.0”에서 “1 2”로 바꾸었다.

위의 마지막 세 번째 수정사항은 그래프를 결합할 때 imargin( ) 옵션을 이용하면 된다. 즉 다음과 같다.

```
. graph combine rbar1 spike1, cols(1) imargin(tiny)
```

위 3개의 명령문을 실행시켜 최종적으로 얻은 그래프는 다음과 같다.

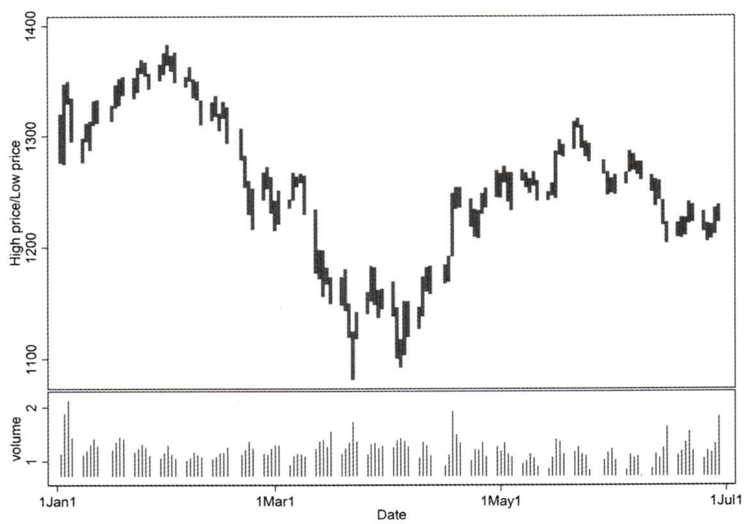

그림 8.52 주가지수 범위그림과 거래량 그래프의 결합(최종)

7 고급 그래프 기능

본 절에서는 더욱 고차원적인 형태의 그래프를 그리는 방법을 Stata 명령어를 통해서 보이고자 한다.[20] 크게 두 가지 예시를 제공한다. 피라미드형의 연령대별 인구구조를 막대(bar) 그래프로 그릴 수 있음을 보이고, 또한 정규분포 곡선과 같은 함수(function)를 twoway function 명령어를 이용하여 선(line) 또는 면(area) 그래프로 그리는 방법을 소개한다.

우선 예제 데이터파일 data8_6.dta을 이용하여 연령별 남녀 인구분포를 하나의 피라미드 그래프로 표현하는 방법을 생각해보기로 한다. 데이터는 각 연령대(agegrp 변수)에 따라 남자 인구(maletotal 변수)와 여자 인구(femtotal 변수)가 조사되어 있다. 우선 이들 변수를 1백만으로 나누어 줌으로써 단위가 백만인 새로운 인구 변수를 만들었다.

```
. gen fem_mil=femtotal/1000000
. gen male_mil=-maletotal/1000000
. gen zero=0
```

위에서 male_mil 변수를 만들 때 맨 앞에 마이어스 부호를 붙여준 것에 주의하라. 또한 세 번째 줄에서 설정된 zero 변수는 모든 값이 0인 변수로서 나중에 사용하기 위해서 미리 만들어 놓은 것이다. 다음과 같이 two-way 그래프 중 bar 명령어를 이용하여 인구피라미드 그래프의 대략적인 형태를 표현할 수 있다. Stata 명령문은 다음과 같다.

```
. twoway (bar male_mil agegrp, horizontal) (bar fem_mil agegrp,
horizontal)
```

이를 실행시킨 결과가 다음의 그림 8.53에 나와 있다. 이를 보면 남녀 각 그룹에 대한 연령대별 인구를 horizontal 옵션을 사용하여 눕힌 모양으로 만들었다. 왼쪽이 남성 그룹이고 오른쪽이 여성 그룹이다. 쌓여진 막대 중 위쪽으로 갈수록 나이가 많은 그룹이고, 아래쪽일수록 나이가 적은 그룹이다.

20) 설명의 편의상 명령어를 사용하는 방법만 소개하지만, 명령어의 옵션들을 잘 관찰하면 대화창을 통한 방법도 파악할 수 있을 것이다.

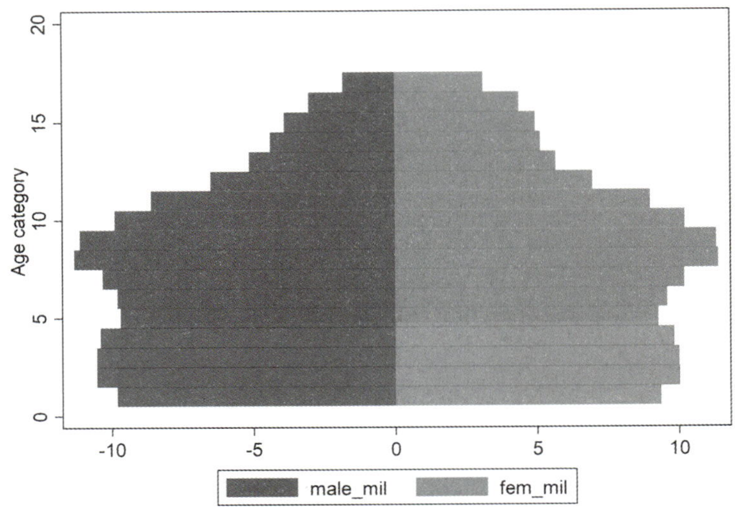

그림 8.53 연령별 남녀 인구분포 피라미드 그래프

위의 그림 8.53이 그다지 만족스러운 수준이 아니기 때문에 다음과 같은 수정을 가해보자.

> (1) 각 막대에 연령대를 입력해준다. 이렇게 되면 Y축이 불필요해지기 때문에 Y축을 없앤다.
> (2) 남자 그룹에 대해 마이너스 값으로 나와 있는 X축 눈금을 적절하게 바꾸어 준다. 동시에 X축 단위를 백만으로 써넣는다.
> (3) 필요에 따라 아래쪽 범례를 적절하게 바꾸어 준다.

첫 번째 수정사항을 위해 다음과 같은 명령문을 이용했다.

```
. twoway (bar male_mil agegrp, horizontal) (bar fem_mil agegrp,
  horizontal) (scatter agegrp zero, msymbol(none) mlabel(agegrp)
  mlabcolor(black)), yscale(off)
```

각 막대에 연령대를 입력하기 위해 우리는 산포도 기능을 활용했다. 이 산포도는 매우 특이한 형태로서 Y 변수는 연령대(agegrp 변수)이고 X 변수는 앞에서 만든 zero

변수이다. 이렇게 할 경우 다음의 그림 8.54에서 보는 것처럼 각 막대에 연령대를 표시할 수 있다. 즉 산포도에서 msymbol(none) 옵션을 이용하여 마커 심벌(marker symbol)을 지우는 것과 동시에 mlabel(agegrp) 옵션을 사용하여 각 점에 해당하는 레이블을 agegrp 변수로 설정하는 것이다. 또한 레이블의 색을 눈에 잘 띄는 검정색으로 하기 위해 mlabcolor(black) 옵션을 사용했다. 마지막으로 yscale(off) 옵션을 이용하여 기존의 Y축을 제거했다. 실행결과는 다음과 같다.

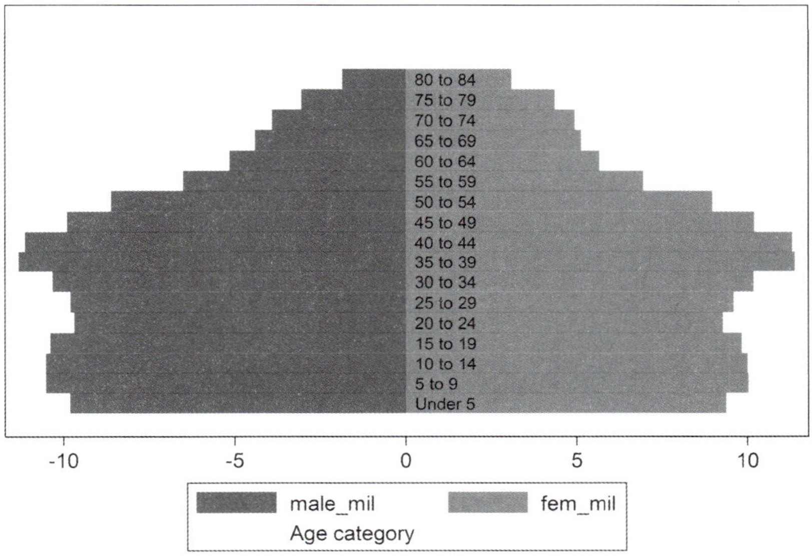

그림 8.54 연령별 남녀 인구분포 피라미드 그래프(수정 I)

두 번째 수정사항(남자그룹 X축 눈금 조정)을 위해 다음과 같은 명령문을 이용했다.

```
. twoway (bar male_mil agegrp, horizontal) (bar fem_mil agegrp,
  horizontal) (scatter agegrp zero, msymbol(none) mlabel(agegrp)
  mlabcolor(black)), yscale(off) xtitle(Populations in millions)
  xlabel( -12 "12" -8 "8" -4 "4" 4 8 12 )
```

위 명령의의 마지막 줄에 있는 xlabel( ) 옵션의 의미는 기존의 −12를 12로, −8을

8로, −4를 4로 바꾸고, 이와 동시에 오른쪽 눈금 역시 기존의 0 5 10에서 4 8 12로 바꾼다는 것이다. 실행결과는 그림 8.55와 같다.

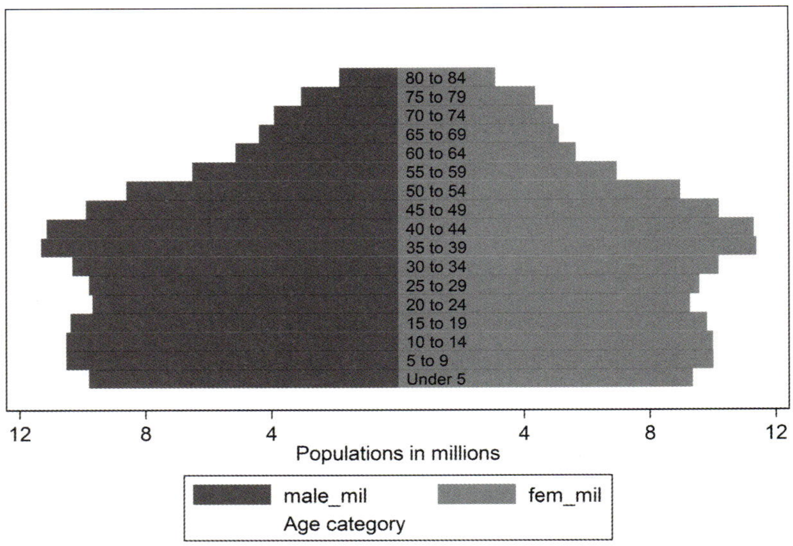

그림 8.55 **연령별 남녀 인구분포 피라미드 그래프(수정 II)**

마지막 수정사항(legend 조정)을 위해 다음과 같은 명령문을 실행했다.

```
. twoway (bar male_mil agegrp, horizontal) (bar fem_mil agegrp,
  horizontal) (scatter agegrp zero, msymbol(none) mlabel(agegrp)
  mlabcolor(black)), yscale(off) xtitle(Populations in millions)
  xlabel( -12 "12" -8 "8" -4 "4" 4 8 12 ) legend(order(1 "male" 2
  "female"))
```

마지막 줄의 legend( ) 옵션에서 1과 2의 의미는 범례(legend)의 순서를 의미한다. 우리는 3번째 범례는 표시되지 않기를 원한다. 이를 위해서는 1과 2까지만 입력하면 3번째 범례는 자동으로 사라지게 된다. 최종적으로 그려진 인구피라미드 그래프는 다음의 그림 8.56과 같다.

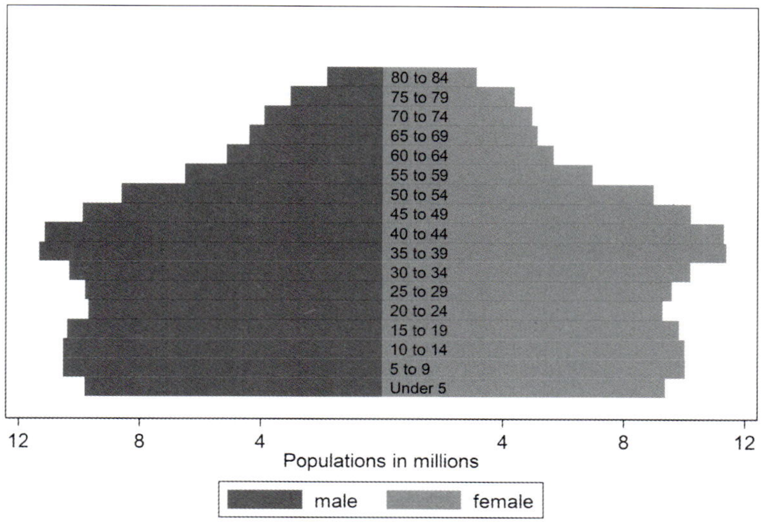

그림 8.56 연령별 남녀 인구분포 피라미드 그래프(수정 III)

다음 주제로 이번에는 어떤 함수(function)를 그래프로 그리는 방법에 대해 소개한다. 여기에서 예로 드는 것은 정규분포의 확률밀도함수(pdf; probability density function)이다. 즉 표준정규분포의 pdf를 그래프를 그린 다음 거기에 왼쪽과 오른쪽 꼬리 영역을 표시해 보기로 한다. 이러한 함수를 그리는 데 있어서는 twoway function 명령어가 유용하다. 우선 표준정규분포 pdf를 그리는 Stata 명령문은 다음과 같다.

```
. twoway function y=normalden(x), range(-4 4)
```

여기서 normalden(x)은 표준정규 확률밀도함수를 의미하고, range( ) 옵션은 X값의 범위를 의미한다. 이를 대화창으로 그리기 위해서는 먼저 그림 8.36의 two-way 그래프 대화창에서 Create 버튼을 클릭하여 그림 8.58과 같은 새로운 대화창(Plot 1 창)을 불러온다. 이 그림에서 보는 것처럼 여기에서 Advanced plots를 선택하고 그 유형으로서 Function을 선택하면 된다. 실행결과가 다음의 그림 8.58에 나와 있다.

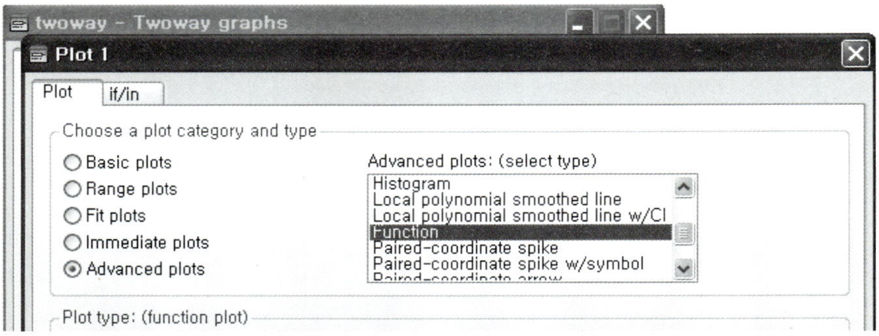

그림 8.57 **함수(function) 그리기 대화창**

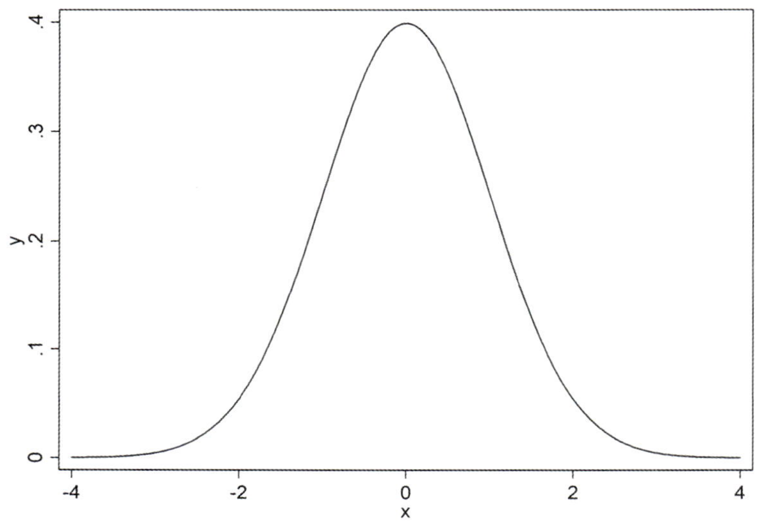

그림 8.58 **표준정규분포 확률밀도함수**

위의 그림 8.58보다 한 단계로 진전된 그림으로서 위의 그림에서 양쪽 꼬리 2.5%씩을 빗금 영역으로 표시하고자 한다. 이를 위해서는 다음과 같은 명령문을 새로 실행한다.

```
. twoway (function y=normalden(x), range(-4 4)) (function
  y=normalden(x), range(-4 -1.96) color(gs12) recast(area)) (function
  y=normalden(x), range(1.96 4) color(gs12) recast(area))
```

앞의 명령문을 살펴보면 이용된 함수가 총 3개인 것을 알 수 있다. 즉 기존의 표준정규분포 그래프 이외에도 왼쪽 꼬리부분(−4에서 −1.96까지)과 오른쪽 꼬리부분(1.96에서 4까지)만을 표현하는 그래프가 추가적으로 이용되었다. 단 이들 추가적인 그래프는 선그래프가 아니라 recast(area) 옵션을 사용함으로써 면적(area) 그래프로 변환시켰다. 또한 빗금 영역을 표현하기 위해 color(gs12) 옵션으로 면적의 색을 gray로 지정하였다. 실행결과는 그림 8.59와 같다.

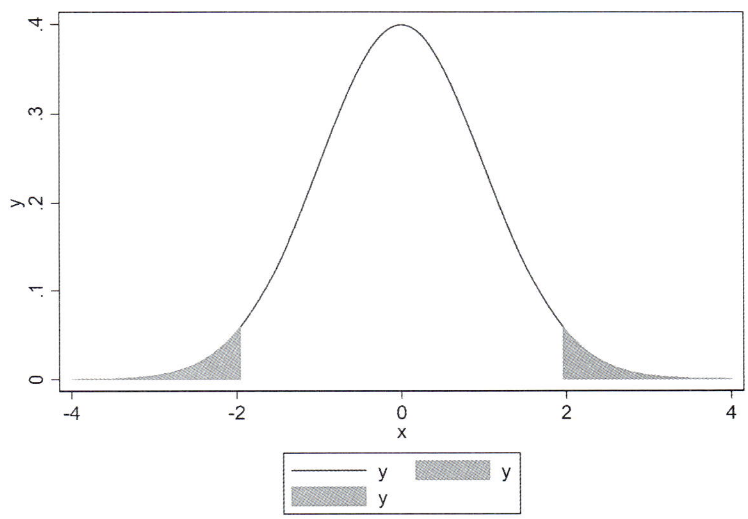

그림 8.59 **표준정규분포 확률밀도함수(꼬리부분 음영표시)**

위의 그림 8.59를 좀 더 세련된 그래프로 만들기 위해 다양한 옵션을 추가해 줄 수 있다.

```
. twoway (function y=normalden(x), range(-4 4)) (function
  y=normalden(x), range(-4 -1.96) color(gs12) recast(area)) (function
  y=normalden(x), range(1.96 4) color(gs12) recast(area)), yscale(off)
  xscale(noline) xtitle(" ") xlabel(-4 "-4 sd" -3 "-3 sd" -2 "-2 sd" -1
  "-1 sd" 0 "mean" 1 "+1 sd" 2 "+2 sd" 3 "+3 sd" 4 "+4 sd", grid)
  legend(off)
```

앞의 명령문을 보면 우선 yscale(off) 옵션으로 Y축을 사라지게 했으며, xtitle(" ") 옵션으로 앞의 그림 8.59의 가로축에 있는 "x"라는 글자가 사라지게 했다. 또한 X축의 레이블을 평균에서 몇 표준편차(sd) 거리만큼 떨어져 있는지를 나타내는 것으로 바꾸었다. 또한 legend(off) 옵션을 이용하여 앞의 그림에 있던 불필요한 범례를 없앴다. 최종적으로 완성된 그래프는 다음과 같다.

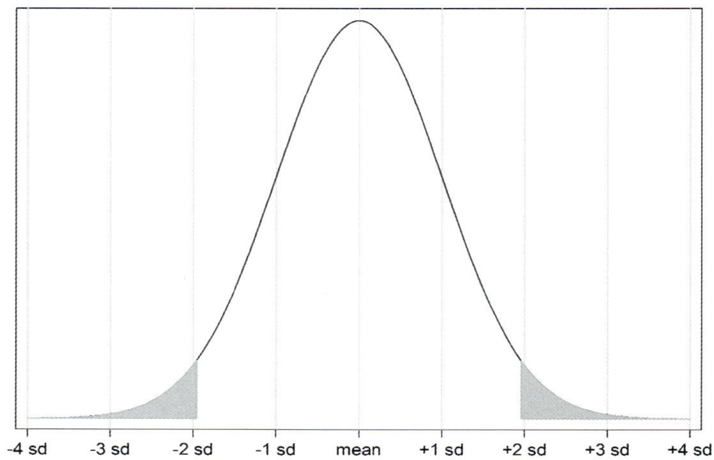

그림 8.60 표준정규분포 확률밀도함수(최종)

8 그래프 에디터(Graph Editor)

본 장의 서론에서 언급하였듯이 그래프를 그릴 때 Graph Editor를 사용하여 다양한 옵션을 구현할 수 있다. 즉 기본 명령어만으로 기본적인 그래프를 먼저 그린 후 그 다음 Graph Editor를 이용하여 다양한 옵션을 적용하는 것이 가능하다. 예제 데이터파일 data8_3.dta을 이용하여 Graph Editor의 기능에 대해 설명하기로 한다. 먼저 다음 명령문을 이용하여 산포도를 그려보자.

```
. twoway (scatter propval100 ownhome)
```

이 상태에서 Graph Editor를 부르기 위해서는 그래프 창의 메뉴에서 File > Start Graph Editor를 선택하거나, 혹은 그래프 창 위 아무데나 커서를 두고 오른쪽 마우스를 클릭하여 나오는 메뉴에서 Start Graph Editor를 선택하면 된다. 그러면 다음과 같은 Graph Editor 화면을 보게 된다.

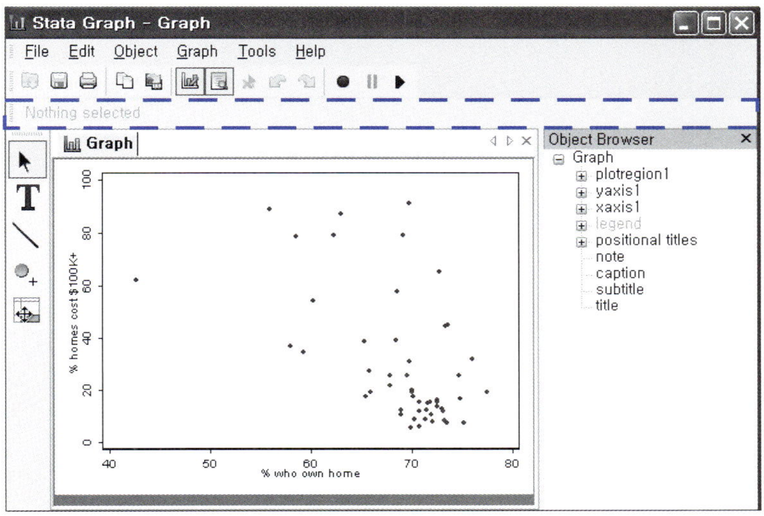

그림 8.61 Graph Editor 창

예를 들어 위의 산포도 그림에서 X축의 이름을 한글로 바꿔보자. 이를 위해서는 먼저 X축 레이블(% who own home) 부분에 커서를 놓고 왼쪽클릭을 한 번 한다. 이러면 두 가지 변화가 생기는데, 우선 X축 레이블 부분에 빨간색 테두리가 생기면서 활성화된다. 여기에 커서를 두고 왼쪽 클릭한 상태에서 드래그하면 X축 레이블을 자신이 원하는 위치로 이동시킬 수 있다. 또 한 가지 중요한 변화는 위의 그림 8.61에서 상단의 점선으로 표시된 부분이 원래는 Nothing selected란 연한 글씨 이외에는 아무것도 없다가 다음 그림 8.62와 같은 메뉴가 새로 생기게 된다.

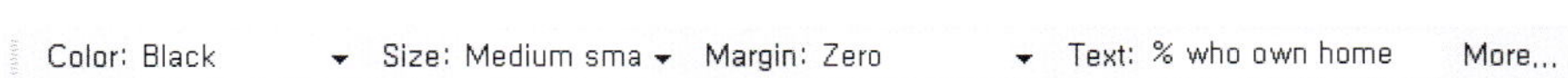

그림 8.62 X축 레이블 클릭 시 나타나는 메뉴

이 메뉴를 이용하여 X축 레이블의 색깔(Color), 크기(Size), 여백(Margin), 문구(Text) 등을 수정할 수 있다. 문구를 바꾸고 싶으면 Text 란에 기존의 '% who own home'을 지우고 새로 예컨대 '집을 보유하고 있는 가구 비율'이라고 입력한 후 엔터키를 누른다. 실행결과는 다음 그림 8.63과 같다. 한편 그림 8.62의 메뉴에서 맨 마지막에 있는 More를 클릭하면 X축 레이블과 연관된 기타 여러 가지 옵션들을 담고 있는 새로운 창이 나타난다. 이를 이용하여 각종 옵션을 변경할 수 있다.

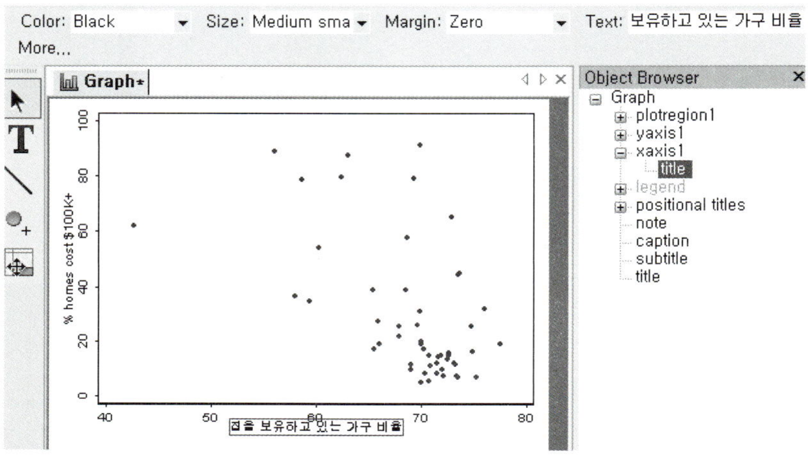

그림 8.63 Graph Editor를 이용하여 X축 레이블 문구(Text) 변경

예를 하나만 더 들어보기로 한다. 즉 Y축 눈금의 최대 단위가 현재 20으로 되어 있는데 이를 10으로 바꿔보자. 이를 위해서는 Y축의 숫자 부분에 왼쪽클릭을 한 번 해준다(더블클릭을 할 경우에는 Axis properties라는 제목의 새로운 창이 나타나는데, 이를 이용하는 것도 기본적으로 동일한 방법이다). 이 경우 그래프 위쪽에 Y축 눈금의 종류를 변경할 수 있는 각종 메뉴가 나타난다. 이 중 Axis rule을 클릭하여 나타나는 창에서 Range/Delta를 선택한 후 Minimum을 0, Maximum을 100, Delta(간격)를 10으로 입력한다. 실행 결과는 다음 그림 8.63과 같다.

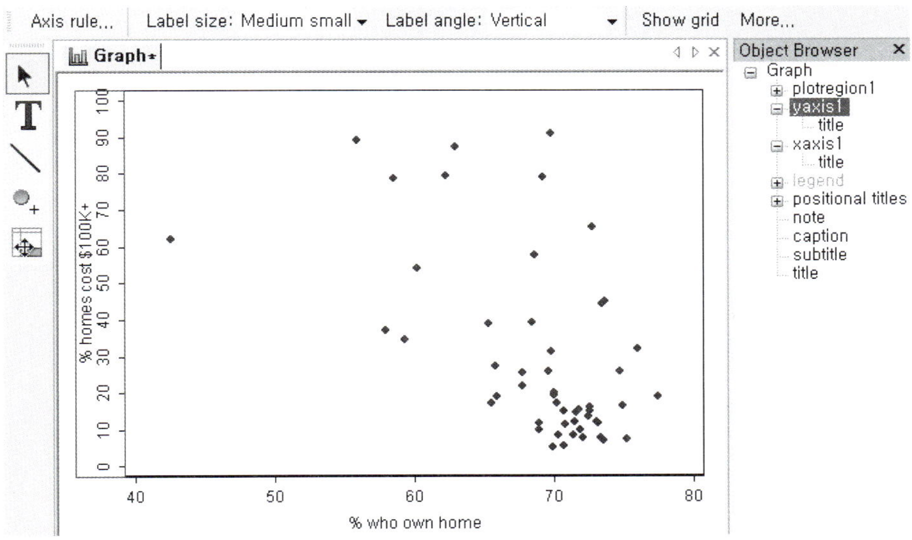

그림 8.63 Graph Editor를 이용하여 Y축 눈금 단위 변경

지금까지 설명한 것 외에도 매우 다양한 그래프 에디터 기능이 있지만 지면 관계상 모두 설명하기는 힘들다. 앞서 설명한 그래프 에디터 기능을 참고로 하여 각자 많은 실습을 통해 다양한 기능을 활용할 수 있게 되기를 기대한다.

9 Stata do file

```
cd c:\stata
use data8_1, clear
histogram sqfeet, bin(10) start(0) fraction
histogram sqfeet, bin(10) start(0) fraction normal
histogram sqfeet, bin(10) start(0) fraction normal ///
ytitle(비율) xtitle(집크기(제곱피트))


histogram np9402, discrete fraction addlabel
histogram np9402, discrete fraction addlabel ///
xlabel(1(1)8, valuelabel)
```

```
use data8_2, clear
graph box wage, over(grade4)
graph box wage, over(grade4) over(union)

graph box wage, over(grade4, ///
label(angle(forty_five) labsize(small))) over(union)

graph box wage, over(grade4, label(angle(forty_five) ///
labsize(small))) over(union) asyvars

graph box wage, over(grade4) by(race)
graph box wage, over(grade4, ///
relabel(1 "고졸미만" 2 "고졸" 3 "대재" 4 "대졸이상"))

dotplot wage, over(grade4)
graph bar (mean) ttl_exp (median) ttl_exp, over(occ5)
graph hbar (mean) prev_exp tenure, over(occ5) percentages
graph hbar (mean) wage, over(occ7, sort(wage))

graph pie, over(occ7)
graph pie, over(occ7) sort descending legend(cols(1) position(9))
graph pie, over(occ7) plabel(_all sum) scheme(economist)
graph pie, over(occ7) plabel(_all percent, format(%9.0f)) ///
scheme(economist)

graph pie, over(occ7) pie(1, explode) ///
plabel(_all percent, format(%9.0f)) scheme(economist)

use data8_3, clear
twoway (scatter ownhome propval100)
twoway (scatter ownhome propval100, symbol(square_hollow))
twoway (scatter ownhome propval100, msymbol(none) mlabel(stateab))
palette symbol
palette line
palette color navy

use data8_4, clear
twoway (line high date, sort)
twoway (line high date, sort)  ///
(line low date, sort lpattern(longdash))

tsset date
```

```
twoway (line high date, sort) ///
(line low date, sort lpattern(longdash)) if tin(15jan2001, 12feb2001)

twoway (connected close date, sort)
twoway (connected close date, sort), yline(1300)
twoway (rbar high low date)


use data8_3,clear
twoway (scatter propval100 urban, name(graph1, replace))
twoway (scatter rent700 urban, name(graph2, replace))
graph combine graph1 graph2
graph combine graph1 graph2, ycommon

use data8_5, clear
tsset date
twoway (rbar high low date ///
if tin(01jan2001, 01jul2001), name(rbar1, replace))

twoway (spike volmil date if tin(01jan2001, 01jul2001), ///
name(spike1,replace))
graph combine rbar1 spike1, cols(1)

twoway (rbar high low date if tin(01jan2001, 01jul2001)), ///
xscale(off)  name(rbar1, replace)

twoway (spike volmil date if tin(01jan2001, 01jul2001)), ///
ytitle(volume)  ylabel(1 2) name(spike1, replace) fysize(25)
graph combine rbar1 spike1, cols(1) imargin(tiny)

use data8_6 , clear
gen fem_mil=femtotal/1000000
gen male_mil=-maletotal/1000000
gen zero=0
twoway (bar male_mil agegrp, horizontal) ///
(bar fem_mil agegrp, horizontal)


twoway (bar male_mil agegrp, horizontal) ///
(bar fem_mil agegrp, horizontal) ///
(scatter agegrp zero, msymbol(none) mlabel(agegrp) ///
mlabcolor(black)), yscale(off)
```

```
twoway (bar male_mil agegrp, horizontal) ///
(bar fem_mil agegrp, horizontal) ///
(scatter agegrp zero, msymbol(none) mlabel(agegrp) ///
mlabcolor(black)), yscale(off) xtitle(Populations in millions) ///
xlabel( -12 "12" -8 "8" -4 "4" 4 8 12 )

twoway (bar male_mil agegrp, horizontal) ///
(bar fem_mil agegrp, horizontal) ///
(scatter agegrp zero, msymbol(none) mlabel(agegrp) ///
mlabcolor(black)), ///
yscale(off) xtitle(Populations in millions) ///
xlabel( -12 "12" -8 "8" -4 "4" 4 8 12 ) legend(order(1 "male" 2
"female"))


twoway function y=normalden(x), range(-4 4)
twoway (function y=normalden(x), range(-4 4)) ///
(function y=normalden(x), range(-4 -1.96) color(gs12) recast(area)) ///
(function y=normalden(x), range(1.96 4) color(gs12) recast(area))


twoway (function y=normalden(x), range(-4 4)) ///
(function y=normalden(x), range(-4 -1.96) color(gs12) recast(area)) ///
(function y=normalden(x), range(1.96 4) color(gs12) recast(area)), ///
yscale(off) xscale(noline) xtitle(" ") ///
xlabel(-4 "-4 sd" -3 "-3 sd" -2 "-2 sd" -1 "-1 sd" 0 "mean" ///
1 "+1 sd" 2 "+2 sd" 3 "+3 sd" 4 "+4 sd", grid) legend(off)

use data8_3,clear
twoway (scatter propval100 ownhome)
```

CHAPTER 09 | 기본 프로그래밍

지금까지는 Stata 명령문을 Command 창에 입력하여 실행결과를 얻었다. 또한 작성된 명령문을 한 번에 하나씩 실행시켜 왔다. 이와 같은 방식은 각 명령문마다 실행결과를 확인하면서 오류를 수정할 수 있다는 장점이 있다. 그러나 데이터 분석에 많은 명령문이 필요한 경우에는 매우 번거로운 작업이 된다. 따라서 데이터 분석을 위한 명령문을 코딩(coding)하여 하나의 batch 파일 형태로 만들 필요가 있다. Stata의 경우 사용자들이 초보 단계를 벗어나면 대부분 코딩을 통한 프로그래밍을 선호하게 된다. 그러나 프로그래밍을 하기 위해서는 많은 명령어를 직접 외워서 문법에 맞게 작성하여야 하는 어려움이 있다. 본 장에서는 프로그래밍 관련된 기본적인 내용에 초점을 맞추고자 한다.

1 do 파일과 ado 파일

먼저 do 파일은 일련의 명령문들을 저장해 놓은 파일이다. 데이터 분석 작업을 위한 일련의 명령문을 텍스트 파일형태로 만든 것으로서 Stata 세션을 종료한 이후에라도 언제든지 불러올 수 있으며, 또한 실행시킬 수 있다. 특히 Command 창에는 한 번에 하나씩의 명령문만을 실행시킬 수 있는 반면 do 파일의 경우에는 거기에 담긴 일련의 명령문들을 순서대로 한 번에 실행시키게 된다. 이와 같은 do 파일을 만들어 놓으면 나중에 동일한 작업을 할 때 유용하게 사용할 수 있다. 또한 과거에 했던 작업을 약간 수정하여 다시 실행할 때에도 do 파일이 유용할 것이다.

예제 데이터파일 data9_1.dta을 이용하여 do 파일을 만들어 보기로 한다. 우선 do 파일을 만들기 전에 다음과 같은 일련의 명령문들을 생각해보자.

```
. use data9_1,clear
. tab1 gender emp, nolabel
. recode gender (1=1) (2=0), gen(men)
. recode emp (1=1) (2/7=0), gen(fulltime)
. reg income men fulltime
```

여기에서 첫 번째 명령문은 tab1 명령어를 이용하여 두 개의 범주형 변수(gender 변수 및 emp 변수)에 대해 빈도표를 작성하는 것이다. 두 번째 명령문은 1과 2의 값으로 이루어진 이항변수인 gender 변수를 recode 명령어를 이용하여 1과 0의 값으로 이루어진 men 변수를 만드는 것이다. 세 번째 명령문은 1에서 7까지의 값으로 이루어진 범주형 변수인 emp 변수를 recode 명령어를 이용하여 1과 0의 값으로 이루어진 fulltime 변수를 생성하는 것이다. 마지막 명령문은 income(소득) 변수를 종속변수로 하고 새로 만들어진 두 변수, 즉 men과 fulltime 변수를 설명변수로 하여 선형회귀모형을 추정하는 것이다. 참고로 Stata에서 선형회귀모형을 추정하고자 할 때에는 regress(줄여서 reg) 명령어 다음에 종속변수와 설명변수 순으로 변수를 나열하면 된다.

이제 위와 같은 일련의 작업을 하나의 do 파일로 만들어 보자. do 파일을 작성하기 위해서는 먼저 do 파일 에디터 창을 불러와야 한다. 아래 그림 9.1에서 보는 것처럼 Stata 화면 상단의 New Do-file Editor 아이콘을 클릭하면 된다.

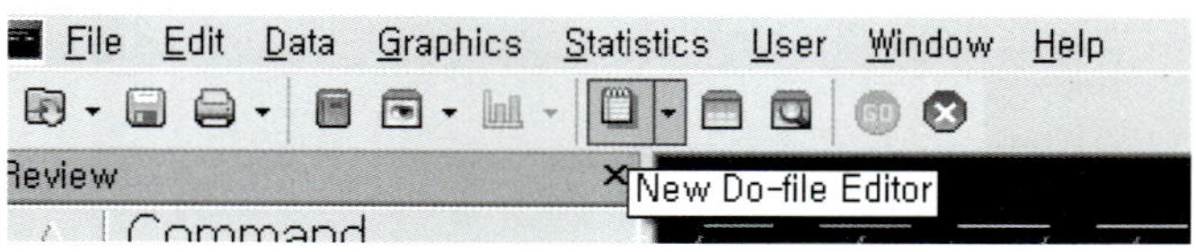

그림 9.1 New Do-file Editor 아이콘

명령어를 이용하여 불러올 수도 있는데, Command 창에 다음과 같이 명령어를 입력한다.

```
. doedit
```

이를 실행하면 다음 그림 9.2에서 보는 것과 같은 do 파일 작성 화면을 얻는다. 여기에다 do 파일 구문을 작성한다. 이렇게 작성된 do 파일은 ASCII 파일 형식과 같기 때문에 대부분의 워드프로그램에서 열어볼 수도 있다. 앞에서 본 일련의 명령문을 do 파일로 만든 것이 그림 9.2에 나와 있다.

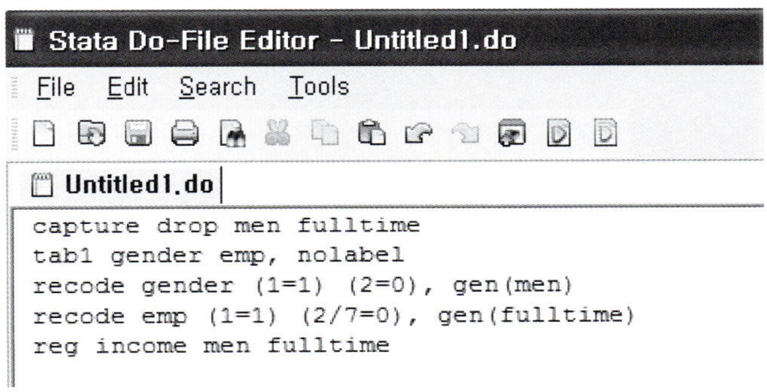

그림 9.2 do 파일 작성 사례 I

위의 do 파일을 보면 앞에서 본 일련의 명령문에 비해 첫째 줄이 추가되어 있음을 알 수 있다. 앞에서 설명한 것처럼 위의 3, 4번째 명령문들을 보면 recode 명령어를 사용하여 각각 men 변수와 fulltime 변수를 생성한다. 이와 관련하여 위의 첫째 줄 명령문은 drop 명령어를 이용하여 새로 생성될 두 변수의 이름을 제거해 놓는 역할을 한다. 왜냐하면 Stata에서는 새로 만들고자 하는 변수이름이 이미 메모리에 있는 경우에는 새로운 변수가 생성되지 않기 때문이다. drop 앞의 capture 명령어는 만약 기존의 변수이름에 삭제대상인 men과 fulltime이라는 이름이 없다고 해도 문제 삼지 말라는 의미이다.

위의 do 파일을 실행하면 위의 일련의 명령문들이 차례로 실행된다. do 파일을 실행시키기 위해서는 do 파일 편집창의 오른쪽 끝에 있는 Run 또는 Do 아이콘을 선택하면 된다. Run은 do 파일을 실행시키기만 하고 실행결과를 Results 창에 보여주지 않는다.

따라서 위의 경우 Run을 선택하면 men과 fulltime 두 변수는 생성되지만 tab1과 reg 명령어의 실행결과는 화면에 제시되지 않는다. 반면 Do는 위 명령문들의 실행결과를 Results 화면에 제시해 준다. 다음 그림 9.3은 Do 아이콘을 선택한 실행결과이다.

```
. capture drop men fulltime

. tab1 gender emp, nolabel

-> tabulation of gender

     Gender |      Freq.     Percent        Cum.
------------+-----------------------------------
          1 |      1,595       47.75       47.75
          2 |      1,745       52.25      100.00
------------+-----------------------------------
      Total |      3,340      100.00

-> tabulation of emp

 Employment |
status 1997 |      Freq.     Percent        Cum.
------------+-----------------------------------
          1 |      1,561       46.74       46.74
          2 |        243        7.28       54.01
          3 |         74        2.22       56.23
          4 |         49        1.47       57.69
          6 |         13        0.39       58.08
          7 |      1,400       41.92      100.00
------------+-----------------------------------
      Total |      3,340      100.00

. recode gender (1=1) (2=0), gen(men)
(1745 differences between gender and men)

. recode emp (1=1) (2/7=0), gen(fulltime)
(1779 differences between emp and fulltime)

. reg income men fulltime

      Source |       SS       df       MS              Number of obs =    3034
-------------+------------------------------           F(  2,  3031) =  460.61
       Model |  1.0970e+09     2   548523843           Prob > F      =  0.0000
    Residual |  3.6095e+09  3031  1190853.52           R-squared     =  0.2331
-------------+------------------------------           Adj R-squared =  0.2326
       Total |  4.7065e+09  3033  1551772.07           Root MSE      =  1091.3

------------------------------------------------------------------------------
      income |      Coef.   Std. Err.      t    P>|t|     [95% Conf. Interval]
```

```
-------------+----------------------------------------------------------------
         men |   462.9346   40.10069    11.54   0.000    384.3073    541.5619
    fulltime |   1046.555    40.1808    26.05   0.000    967.7705    1125.339
       _cons |   643.2458   31.64643    20.33   0.000    581.1951    705.2964
------------------------------------------------------------------------------


.
end of do-file
```

그림 9.3 do 파일 실행 결과

do 파일을 작성한 후에는 반드시 이를 저장해야만 다음에 이용할 수 있다. 앞의 그림 9.2를 do9_1.do라는 이름으로 c:\stata인 working directory에 저장했다고 하자. 저장은 편집창의 메뉴에서 File > Save를 선택하면 된다. 이렇게 저장된 상태에서 나중에 해당 do 파일을 실행하고자 하면 굳이 do 파일을 다시 open할 필요 없이 Command 창에 다음과 같이 입력하면 실행결과를 얻을 수 있다.

```
. do do9_1.do
```

TIP 9.1 ● do 파일에서 세미콜론 사용

앞의 그림 9.2의 do 파일을 보면 SAS에서와 달리 하나의 명령문이 끝날 때 세미콜론(;)을 넣지 않는다. Stata에서는 세미콜론 대신 그냥 엔터키를 눌러주면 자동으로 다음 명령문이라는 것을 인식한다. 만약 SAS에서처럼 세미콜론(;)을 명령문 사이의 구분표시로 사용하고자 한다면 다음과 같이 #delimit 명령어를 넣어주어야 한다.

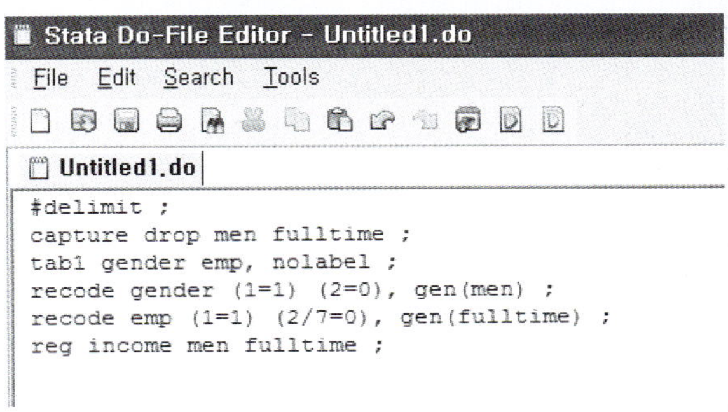

do 파일을 만들기 위해서 사용자가 직접 명령어나 명령문들을 입력해야 하는 예도 있지만, 대화창 작업 등을 통해 이미 실행시킨 명령문들을 그대로 활용하는 방법도 있다. 왜냐하면 이들이 모두 Stata 화면의 왼쪽 상단에 있는 Review 창에 모아져 있기 때문이다. 이들 중 필요한 명령문들은 간단한 조작으로 do 파일 편집창으로 가져갈 수 있다. 우선 Review 창에 모아져 있는 명령문 중 자신이 필요로 하는 명령문을 왼쪽 마우스로 클릭을 하면 파란색으로 블록이 형성된다. 이 상태에서 오른쪽 마우스를 클릭하면 그림 9.4와 같은 메뉴 리스트가 생긴다. 여기에서 Send to Do-file Editor를 선택하면 do 파일 편집창이 새로 생기면서 거기에 선택한 명령문이 나타나게 된다. 혹은 Send to Do-file Editor 대신 Copy를 선택한 다음 do 파일 편집창에서 Paste해도 된다.

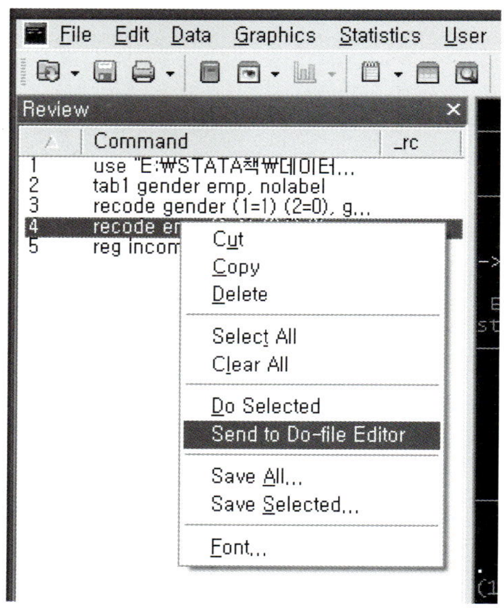

그림 9.4 **Review 창 명령문을 do 파일 편집창으로 가져가기**

Review 창의 명령문을 하나가 아니라 여러 개를 동시에 가져갈 수도 있다. 이를 위해서는 Ctrl 키를 누른 상태에서 자신이 원하는 명령문들을 왼쪽 마우스로 선택하면 된다. 그렇게 여러 개를 블록으로 선택한 상태에서 앞에서와 마찬가지로 오른쪽 마우스 메뉴에서 Send to Do-file Editor나 Copy를 선택하면 된다.

기존의 명령문들을 이용하여 do 파일을 만드는 방법으로 또 다른 방법이 있다. 이는

cmdlog 명령어를 이용하는 것이다. 다음과 같은 명령문을 Command 창에 입력하면 이후에 입력되는 모든 명령문들이 여기에서 지정해 놓은 do9_2.do 파일에 저장된다.

```
. cmdlog using do9_2.do
```

나중에 입력을 마치고자 할 때는 다음의 명령문이 필요하다.

```
. cmdlog close
```

한편 앞의 그림 9.2에서 보았던 do 파일에서는 이를 실행시키기 위해서는 사용자가 미리 해당 데이터 파일(data9_1.dta)을 불러와야 했다. 즉 do 파일에 데이터파일을 불러오는 명령문이 존재하지 않았다. 그런데 실제로 do 파일을 작성할 때에는 각종 명령문뿐만 아니라 데이터파일 지정, Stata 버전의 지정, 로그파일 지정 등도 포함되는 경우가 많다. 그런 식으로 앞의 그림 9.2의 do 파일을 다음과 같이 수정해 볼 수 있다.

```
cd c:\stata
use data9_1, clear
log using log9_1.log, replace

capture drop men fulltime
tab1 gender emp, nolabel
recode gender (1=1) (2=0), gen(men)
recode emp (1=1) (2/7=0), gen(fulltime)
reg income men fulltime

save data9_2 , replace
log close
```

그림 9.5 **do 파일 작성 사례 II**

둘째 줄에서 use 명령어를 사용하여 원하는 데이터파일(data9_1.dta)을 불러들인다. 셋째 줄은 실행결과들을 일괄적으로 한 곳에 모아 저장하기 위해 로그파일을 지정하는 것이다(로그파일에 대해서는 2장 참조). 그 다음 명령문들은 그림 9.2와 동일하다. 밑에서 두 번째 줄은 데이터파일을 새로운 이름(data9_2.dta)으로 저장하는 것이다. 이것이 필요한 이유는 데이터 작업 과정에서 새로운 변수가 추가되어 데이터파일에 수정이 가해졌기 때문에 이를 새로운 이름으로 저장하는 것이다. 마지막 줄은 앞에서 열어 놓은 로그파일을 닫는 명령문이다.

앞의 그림 9.5의 do 파일을 한 단계 더 발전시킨 것이 아래 그림 9.6이다. 여기에는 프로그래밍에서 자주 사용하는 기호들을 추가하였다.

```
* do 파일 예제
cd c:\stata
use data9_1, replace  // dta 파일 불러오기
log using log9_1.log , replace  //로그파일 지정

* 데이터 작업 시작
capture drop men fulltime
tab1 gender emp, nolabel

recode gender (1=1) (2=0), ///
gen(men)

recode emp (1=1) (2/7=0), ///
gen(fulltime)

reg income men fulltime  //선형회귀모형 추정

save data9_2,  replace
log close
```

그림 9.6 do 파일 작성 사례 III

그림 9.6의 do 파일은 기본적으로 그림 9.5의 do 파일과 내용상으로는 동일하다. 단지 여기에서는 몇 가지 기호와 설명들이 나온다. 먼저 *(asterisk) 기호가 나오는데,

이 기호가 맨 앞에 있는 줄은 명령문으로 인식되지 않는다. 따라서 이 기호는 중간에 소제목을 두거나 혹은 설명을 해두는 데 이용된다. 또는 당장 필요하지는 않지만 나중을 위해 참고로 놔두는 명령문에도 이용될 수 있을 것이다. 다음으로 //(double slash) 표기는 Stata 명령문의 끝에서 그 명령문에 대해 메모나 코멘트를 기록하고자 할 때 주로 사용된다. 사용자 자신도 명령어나 명령문의 구조에 대해 시간이 지나면 잊을 수 있기 때문에 //이나 혹은 *을 사용하여 많은 코멘트를 남겨 놓는 것이 바람직하다. 또 다른 표기인 ///(triple slash)는 하나의 명령문이 너무 길 때 사용하는 것으로 이 기호가 있으면 그 다음 줄까지 연속해서 하나의 명령문으로 인식하라는 의미이다.

do 파일에 이어 설명할 ado 파일은 Automatic do 파일의 약자로 do 파일의 일종이다. 양자의 차이점은 간단히 말해 실행이 자동(automatic)으로 되느냐 여부에 달려 있다. 즉 do 파일의 경우에는 작성 후에 이것을 찾아서 실행시켜 주는 절차가 필요하다. 예컨대 do 파일 편집창에서 작업하고 있는 것이라면 Do 아이콘을 클릭해주어야 한다. 혹은 do 파일이 저장되어 있는 상태라면 디렉터리를 지정하여 실행시켜야 한다(명령어 do 사용). 그러나 ado 파일 형식으로 저장된 do 파일은 Stata의 일반적인 명령어처럼 사용할 수 있다. 예를 들어 clear라는 명령어를 Command 창에 입력하고 엔터키를 치면 메모리에 있던 데이터파일이 사라진다. 이와 같은 clear라는 명령어 역시 ado 파일이다. 즉 clear.ado라는 이름으로 저장되어 있는 것이다. 그러나 이러한 ado 파일은 디렉터리를 지정하거나 do 파일 편집창으로 불러들이지 않고 이름만 입력하면 Stata가 관련 디렉토리에서 clear.ado 파일을 찾은 후 자동으로 그 파일을 실행시킨다. clear.ado 파일이 어떤 식으로 작성되어 있는지 보고자 한다면 Command 창에 adoedit clear라는 명령문을 입력하면 된다. 이때 adoedit 명령어가 실행되지 않는 경우에는 adoedit 관련 프로그램을 설치해야 한다. 이를 위해서는 다음의 명령을 실행한다.

```
. findit adoedit
```

이는 adoedit이라는 키워드를 인터넷에서 검색하여 결과를 보여주는 명령문이다. 이 명령을 실행하면 새로운 Viewer 창이 나타나고 거기에 몇 개의 웹 경로(Web resources from Stata and other users)가 제시되어 있는데, 그 중 adoedit과 가장 관련이 깊은 첫 번째 것을 선택하자. 그 다음의 화면에서 Click here to install을 선택하면 자동으로 프로그램이 설치된다. 이 상태에서 Command 창에 adoedit clear라는 명령문을 입력하면 다음과 같은 결과가 나온다.

```
. adoedit clear
C:\Program Files\Stata16\ado\base/c/clear.ado

Caution, you are requesting to edit an ado file provided by Stata.
If this is really what you want, consider first copying the file to
c:\ado\personal/ .
```

위의 결과를 보면 명령문 바로 다음 줄에 clear.ado 파일이 저장된 디렉터리가 나와 있다. 그 아래에는 빨간색의 경고문이 뜨게 되는데, 이는 Stata에 내장된 ado 파일의 내용을 사용자가 임의로 바꾸는 것에 대해 주의를 주는 것이다. 혹시 파일을 검토하는 과정에서 잘못된 수정이 가해질지 모르기 때문에 사전에 원본 파일을 따로 저장해 두는 것이 바람직하다.

이처럼 특정 do 파일을 ado 파일로 저장하면 Stata의 명령어처럼 손쉽게 활용할 수 있는 편리함이 있다. ado 파일의 아이디어를 활용하면 사용자가 직접 새로운 코드를 ado 파일로 만들어 Stata 명령어와 마찬가지로 자유롭게 활용할 수 있다. 그러나 이런 단계에 이르기 위해서는 Stata 프로그래밍에 대한 많은 지식이 필요하다. 단지 do 파일의 확장자를 ado 파일로 바꾼다고 해서 ado 파일로 기능하는 것은 아니다. 정해진 룰에 따라 ado 파일을 작성해야만 비로소 Stata 명령어로 작동할 수 있다. 9.5절에서 그 예를 제시하기로 한다.

2 매크로(macro)와 스케일러(scalar)

Stata에서 매크로는 특정한 숫자, 문자, 결과를 정의하는 방법이다. Stata 프로그래밍에서 매크로를 사용하지 않는 프로그램이 거의 없을 정도로 활용빈도가 높다. 매크로의 종류는 로컬 매크로(local macro)와 글로벌 매크로(global macro)가 있다. 로컬 매크로는 do 파일을 실행한 순간에만 활용될 수 있다는 점에서 "로컬"이라는 이름이 붙여졌다. 반면 글로벌 매크로는 한번 정의하면 반복적으로 사용할 수 있다. Stata에서는 어떤 하나의 데이터 파일을 불러놓은 상태에서 2개 이상의 do 파일을 이용하여 작업을 하는 것이 가능하다. 로컬 매크로의 경우에는 첫 번째 do 파일에서 정의된 매크로가 두 번째 do 파일에서는 인식되지 못한다. 반면 글로벌 매크로는 어느 하나의 do 파일에서 정의된 매크로가 다른 쪽의 do 파일에서도 인식된다.

먼저 로컬 매크로를 정의하는 방법에 대해 소개한다. 로컬 매크로의 지정은 다음과 같은 식이다.

```
. local iterate=0
```

즉 local이라는 명령어 다음에 로컬 매크로의 이름(즉 iterate)을 정하고 그 다음에 등호와 함께 주어진 이름에 저장할 값 또는 문자를 지정한다. 위 예에서는 iterate라는 이름에 0의 값을 지정하였다. 이 지정이 제대로 되었는지 다음과 같이 확인해보자.

```
. di `iterate'
0
```

위 명령문은 iterate라는 로컬 매크로에 저장된 값이나 문자를 보여 달라는 것이다(di는 display의 줄임말). 그 결과 당초 우리가 지정했던 0이라는 값이 나왔다. 위에서 주의할 것은 어떤 프로그램의 앞쪽에서 한 번 정의된 로컬 매크로를 해당 프로그램의 뒤쪽에서 다시 사용하기 위해서는 위에서 보는 것처럼 반드시 ` ' 기호를 매크로 이름에 붙여주어야 한다. 여기에서 앞에 있는 `는 컴퓨터 키보드의 ~ 기호와 같이 있는 기호(grave)이다. 또한 뒤에 있는 '는 "와 함께 있는 single quotation 기호로 앞과 뒤에 붙는 기호가 서로 다른 종류라는 것에 주의해야 한다.

위에서는 로컬 매크로를 숫자로 정의했지만, 문자로 정의할 수도 있다. 다음 예는 문자로 정의하는 경우이다.

```
. sysuse auto, clear
. local var1 price mpg weight
. su `var1'

    Variable |       Obs        Mean    Std. Dev.       Min        Max
-------------+--------------------------------------------------------
       price |        74    6165.257    2949.496       3291      15906
         mpg |        74     21.2973    5.785503         12         41
      weight |        74    3019.459    777.1936       1760       4840
```

그림 9.7 로컬 매크로(local macro) 정의 사례

여기에서 두 번째 명령문이 로컬 매크로를 정의하는 것으로서 var1이라는 로컬 매크로에 price mpg weight라는 세 변수의 이름을 지정하였다. 세 번째 줄의 명령문은 지정된 로컬 매크로를 사용하는 예를 보여준다. 즉 로컬 매크로로 정의한 세 변수의 요약 통계량을 보고자 할 때, 로컬 매크로 이름(즉 var1)을 사용하면 된다. 여기에서도 앞에서와 마찬가지로 반드시 ` ' 기호를 매크로 이름에 붙여주어야 한다. su `var1'은 su price mpg weight와 정확히 동일한 결과를 보여준다.

다음의 세 가지 예를 통해 로컬 매크로의 특성에 대해 좀 더 자세히 알아보자. 첫 번째 예는 다음과 같다.

```
. local country US UK DE FR

. di `country'
US not found
r(111);

. di "`country'"
US UK DE FR
```

위에서는 country라는 매크로를 US UK DE FR의 문자로 정의했다. 이처럼 로컬

매크로의 내용으로 문자를 지정하는 경우 그 내용을 보고자 di 명령어를 사용할 때 주의하여야 한다. 왜냐하면 di 다음에 문자가 올 때에는 반드시 " "(double quotation) 기호를 해주어야만 하기 때문이다. 위에서 보듯이 이 기호를 하지 않는 경우에는 country라는 로컬 매크로를 인식하지 못하기 때문에 에러 메시지가 나타나는 것을 알 수 있다. 따라서 "`country'"와 같이 로컬 매크로 기호(즉 `country')에 다시 " " 기호를 해주어야 한다. 이는 그림 9.7에서 로컬 매크로를 변수이름으로 정의한 것과는 구별된다.

두 번째 예는 다음과 같다.

```
. local code 23 45 89 97

. di `code'
23458997

. di "`code'"
23 45 89 97
```

여기에서는 로컬 매크로 code를 2자리 숫자 4개로 정의했다. 이런 식의 숫자는 code 다음에 등호(=) 기호를 쓰지 않는다. di 명령어를 이용하여 로컬 매크로의 값을 보고자 할 때 " " 기호를 하느냐 여부에 따라 결과가 달라짐에 주의하여야 한다. " "를 하지 않는 경우는 code에 저장된 값을 8자리로 구성된 하나의 숫자로 인식한다. 반면 " " 기호를 하는 경우는 2자리 숫자 4개로 인식한다.

세 번째 예는 다음과 같다.

```
. local a1 2+3
. local a2=2+3
. di `a1'
5
. di `a2'
5
. di 2*`a1'
7
. di 2*`a2'
10
```

위의 예제는 서로 비슷하게 보이는 2가지 방식의 매크로 정의에 대해 양자의 차이점을 설명하고자 한다. 로컬 매크로 a1의 경우 등호(=)를 사용하지 않은 데 반해, a2는 등호를 사용했다. 등호를 사용하지 않은 a1의 지정 방식을 copy라고 부르고, 등호를 사용한 a2의 지정 방식을 evaluate라고 부른다. 등호를 사용하지 않은 copy 방식에서 a1에 저장된 것은 2+3 그 자체이다. 반면 등호를 사용한 evaluate 방식에서 a2에 저장된 것은 5이다. 따라서 di `a1'은 di 2+3을 의미하므로 결과는 5가 된다. 또한 di `a2'의 경우에는 di 5이므로 이것 역시 결과는 5이다. 같은 방식으로 di 2*`a1'은 di 2*2+3을 의미하므로 값이 7인 반면, di 2*`a2'는 di 2*5이므로 값이 10이 된다. 이처럼 로컬 매크로에서 등호를 사용하여 정의하는 경우(evaluate)와 등호를 사용하지 않고 정의하는 경우(copy)의 차이점에 주의해야 한다. 문자로 정의할 때에는 등호를 사용하지 않고 copy 기능을 사용해야 한다.

로컬 매크로에 대한 몇 가지 규칙을 설명하면 다음과 같다. 첫째, 로컬 매크로를 정의할 때 이름은 영문자(숫자 포함)로 32글자까지 지정할 수 있으며, 매크로 이름 중간에 space를 둘 수 없다. 둘째, 하나의 매크로에서 문자를 최대 165,200글자까지 저장할 수 있다.[21] 셋째, Command 창에서 정의된 로컬 매크로는 다른 do 파일에서 사용될 수 없다. 왜냐하면 Stata는 Command 창에서의 작업을 하나의 do 파일 작업으로 인식하기 때문이다. 앞에서도 언급했지만 로컬 매크로의 경우에는 어떤 do 파일에서 정의된 매크로를 다른 쪽의 do 파일에서는 인식하지 못한다.

로컬 매크로로 동일한 이름을 다시 사용하는 경우 기존의 내용은 지워지고 새롭게 정의한 내용이 저장된다. 다음의 예를 살펴보자.

```
. local iterate=1
. local iterate=`iterate'+2
. di `iterate'
3
```

첫 번째 줄에서 iterate를 1로 정의한 후, 두 번째 줄에서 iterate라는 동일 이름으로

21) STATA IC 버전을 기준

또다시 정의하였다. 두 번째 줄에서 정의된 iterate의 값은 첫째 줄에서 정의한 iterate 값인 1에다 2를 더한 것이기 때문에 iterate의 최종 값은 3이 됨을 알 수 있다.

글로벌 매크로 역시 로컬 매크로처럼 문자나 숫자로 정의된다. 단지 차이점은 로컬 매크로의 경우에는 이를 사용할 때 ` ' 기호를 이용하지만 글로벌 매크로에서는 $ 기호를 이용한다. 또 한 가지 중요한 차이점은 앞에서도 언급했지만, 글로벌로 정의한 매크로는 다른 do 파일에서도 사용할 수 있다는 점이다. 다음 예를 보자.

```
. global var1 price mpg weight
```

위의 두 번째 명령문이 글로벌 매크로를 정의하는 것으로서 global 명령어 다음에 var1이라는 이름을 정하고 그 다음에 저장할 내용을 적는 방식이다. 위의 경우 세 변수의 이름(즉 price mpg weight)이 문자로 저장된다. 이제 '글로벌' 매크로의 특성을 알기 위해 그림 9.8과 같은 do 파일 편집창을 불러오자(명령어 doedit). 만약 var1을 글로벌 매크로로 정의하지 않았다면 do 파일 편집창에서 var1을 사용해봐야 이를 인식하지 못한다. 그러나 위에서처럼 글로벌 매크로로 지정했기 때문에 var1을 사용할 수 있다. 단 글로벌 매크로의 이름 앞에 그림 9.8과 같이 $ 표시를 해야 한다. do 파일 편집창에서 위와 같이 명령문을 작성한 후 Do 아이콘을 선택하면 su price mpg weight 명령문의 실행결과가 Results 화면에 제시된다.

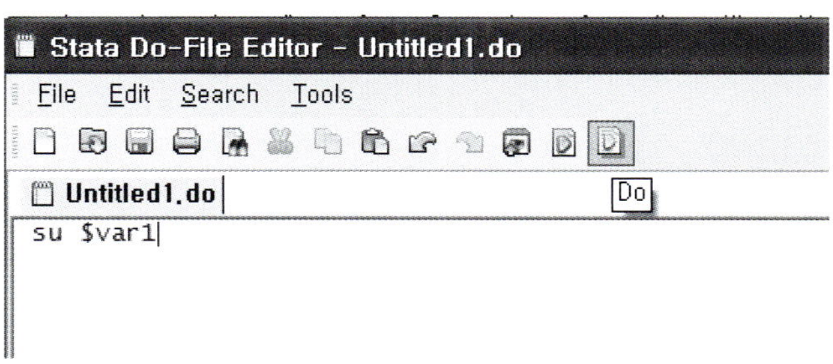

그림 9.8 do 파일 편집창에서 글로벌 매크로 사용

스케일러(scalar) 역시 매크로처럼 숫자 또는 문자로 정의할 수 있다. 이는 글로벌 매크로와 유사한 특징을 가지고 있다. 즉 한번 정의한 스케일러를 다른 do 파일에서도

사용할 수 있다. 스케일러는 문자보다는 주로 숫자를 지정하는 데 많이 사용된다. 다음이 스케일러를 지정하는 예이다.

```
. scalar ab=1000
. gen price1=price/ab
```

첫 번째 명령문이 스케일러를 정의하는 것으로 scalar 명령어 다음에 스케일러의 이름(즉 ab)을 적은 다음 등호(=)와 값(즉 1000)을 지정한다. 스케일러를 정의할 때는 반드시 등호(=)를 이용하여 문자 또는 숫자를 저장하여야 한다. 또한 이미 정의된 스케일러를 다시 사용할 때는 $와 같은 특정한 기호 없이 바로 이름을 사용하면 된다. 따라서 위의 경우 새로 만들어지는 price1 변수는 price 변수를 1000으로 나눈 값이 된다. 프로그래밍에서는 자주 사용되는 상수를 미리 스케일러로 지정하고 숫자 대신 스케일러를 사용하는 경우가 많다.

TIP 9.2 ● 스케일러 정의할 때 유의점

스케일러를 정의할 때 다음과 같은 경우에 주의해야 한다.

```
. sysuse auto, clear
. scalar p=100
. di p*5
20495
```

위에서 스케일러 p는 100으로 정의되었다. 따라서 di p*5의 결과를 p×5=100×5=500이 될 것으로 기대했지만, 결과는 전혀 다른 값인 20495가 도출되었다. 이는 di p*5에서의 p가 바로 윗줄에서 스케일러로 정의한 100이 아니라는 것을 의미한다. 사실 여기에서 p는 auto.dta 데이터세트의 변수 중의 하나인 price 변수의 첫 번째 관측치를 의미한다. Stata에서는 불러들인 데이터파일의 변수이름을 full name 이외에 줄임말로도 인식한다. 즉 price 변수는 줄여서 p라고 내부적으로 인식되고 있다. 따라서 di p*5에서 p를 price 변수이름으로 인식하고 price 변수의 첫 번째 관측치(즉 4099)를 사용해서 계산한 것이다. 이처럼 스케일러의 이름을 변수이름 p와 동일하게 정의하면 문제가 발생한다. Stata에서는 이런 충돌이 일어나는 경우 변수이름을 우선시하게 된다. 결국 스케일러의 이름을 정할 때는 변수이름과 겹치지 않도록 정할 필요가 있다.

TIP 9.3 ● 등호를 사용하여 문자를 저장할 때 유의점

로컬 매크로를 문자(string)로 정의하는 경우 한 가지 유의할 점이 있다. 다음 예를 보자.

```
. local country1 "US UK DE FR"
. local country2 US UK DE FR
. local country3="US UK DE FR"
. local country4=US UK DE FR
US not found
r(111);
```

위에서 보는 것처럼 로컬 매크로를 정의할 때 등호(=)를 사용할 때에는 반드시 " " 안에 문자를 포함시켜야 한다. 이를 지키지 않은 country4의 경우에는 에러 메시지를 얻게 된다. 문자의 경우에는 로컬 매크로를 사용하는 경우가 대부분이지만 스케일러로도 문자를 저장할 수 있다. 다음의 예를 보자.

```
. scalar country5="US UK DE FR"
. scalar country6=US UK DE FR
US not found
r(111);
```

스케일러로 문자를 저장하는 경우 유용성은 별로 없지만 어쨌든 " "를 사용하는 경우에만 저장이 가능하다. 요약하자면 로컬 매크로나 스케일러의 경우 등호를 사용하여 문자를 저장하는 경우에는 반드시 " "가 필요하다.

3 return list, ereturn list

Stata에서는 어떤 명령의 실행결과가 로컬 매크로, 스케일러, 행렬 등의 형태로 저장된다. 이 중 스케일러 형태로만 저장되는 경우를 r-class라고 부른다. 예제 데이터파일 data9_1.dta을 이용하여 r-class를 살펴보자. 그림 9.9에서 알 수 있듯이 요약 통계량을 보여주는 su 명령어를 실행하고 그 결과들이 r-class로 저장되는 것을 확인하기 위해서는 return list라는 명령문을 입력하면 된다.

```
. su income

    Variable |       Obs        Mean    Std. Dev.       Min        Max
-------------+--------------------------------------------------------
      income |      3034    1349.207    1245.701          0      12438

. return list
scalars:
                  r(N) =  3034
              r(sum_w) =  3034
               r(mean) =  1349.20698747528
                r(Var) =  1551772.071879942
                 r(sd) =  1245.701437696827
                r(min) =  0
                r(max) =  12438
                r(sum) =  4093494

. su sqfeet, de

                      Home size in sqft.
-------------------------------------------------------------
      Percentiles      Smallest
 1%     193.7504       64.58347
 5%     355.2091       86.11129
10%     441.3203        96.8752       Obs                3259
25%     613.5429        96.8752       Sum of Wgt.        3259

50%     871.8768                      Mean           944.7008
                        Largest       Std. Dev.      451.9864
75%     1216.322       3229.173
90%     1550.003       3229.173       Variance       204291.7
95%     1722.226       3444.452       Skewness        1.02949
99%     2368.061       3767.369       Kurtosis        4.95592

. return  list

scalars:
                  r(N) =  3259
              r(sum_w) =  3259
               r(mean) =  944.7008185303259
                r(Var) =  204291.6671106835
                 r(sd) =  451.9863572174314
           r(skewness) =  1.029489932224909
           r(kurtosis) =  4.955919779782535
                r(sum) =  3078779.967590332
                r(min) =  64.58346557617188
                r(max) =  3767.368896484375
```

```
   r(p1) =  193.7503967285156
   r(p5) =  355.2090759277344
  r(p10) =  441.3203430175781
  r(p25) =  613.5429077148438
  r(p50) =  871.8767700195313
  r(p75) =  1216.321899414063
  r(p90) =  1550.003173828125
  r(p95) =  1722.225830078125
  r(p99) =  2368.060546875
```

그림 9.9 su 명령어와 r-class 리스트

위 결과에서 보듯이 r-class 값은 r( ) 형태로 저장되는 것을 알 수 있다. 또한 동일한 명령어(예: su)라 하더라도 옵션을 어떻게 주었느냐에 따라(예: de 옵션) 생성되는 return list 값이 달라지는 것을 알 수 있다. 또한 모든 r( ) 값이 스케일러라는 것도 알 수 있다. r( )은 항상 마지막에 실행된 명령문의 결과만을 저장하고 있다. 위에서 보듯이 su income 다음에 있는 r(mean)은 소득변수의 평균임에 비해, su sqfeet, de 다음에 있는 r(mean)은 sqfeet 변수의 평균임에 유의해야 한다. 이 때문에 어떤 명령문을 실행한 다음에 나중을 위해 특정한 r-class 값을 스케일러로 지정해 놓을 필요가 있다. 다음의 예는 income 변수와 sqfeet 변수를 모두 표준화 변수로 만들어야 하는 상황을 상정하고 명령문을 작성한 것이다.

```
. qui su income
. scalar inc_mean=r(mean)
. scalar inc_sd=r(sd)

. qui su sqfeet
. scalar sq_mean=r(mean)
. scalar sq_sd=r(sd)

. gen inc_st=(income-inc_mean)/inc_sd
(306 missing values generated)
. gen sq_st=(sqfeet-sq_mean)/sq_sd
(81 missing values generated)

. su inc_st sq_st
```

```
    Variable |       Obs        Mean    Std. Dev.       Min        Max
-------------+--------------------------------------------------------
      inc_st |      3034   -2.36e-09           1   -1.08309   8.901646
       sq_st |      3259    7.10e-10           1  -1.947221    6.24502
```

위에서 qui(quietly의 약자)라는 명령어가 있는데, 이는 그 다음에 있는 su income 명령문의 실행결과를 Result 화면에 제시하지 않도록 하기 위한 것이다. su income 명령문 다음 줄에서 income 변수의 평균과 표준편차를 각각 스케일러로 저장하였다. 마찬가지로 su sqfeet 명령문 다음에 sqfeet 변수의 평균과 표준편차를 각각 스케일러로 저장하였다. 이와 같은 식으로 저장해 놓으면 su 명령어를 실행할 때마다 r-class 값들이 바뀌더라도 이미 저장해 놓은 값을 나중에 이용할 수 있다. 우리 예에서는 income 및 sqfeet 두 변수를 각각 표준화하는데 이들 저장해 놓은 스케일러를 이용하였다. 이와 같은 표준화 결과 두 변수(inc_st 및 sq_st)의 평균과 표준편차가 0과 1이 된 것을 알 수 있다. 다음으로 e-class(estimation class의 의미)는 Stata에서 모형을 '추정'한 후 도출되는 결과들이 스케일러, 매크로, 매트릭스, 함수 등의 형태로 저장되어 있는 것을 말한다. 추정의 가장 기본이라 할 수 있는 선형회귀모형의 결과를 이용하여 설명해 보자. 예를 들어 sqfeet를 종속변수로 하고 income을 독립변수로 하는 단순 회귀모형을 추정한 결과가 그림 9.10에 나와 있다.

```
. reg sqfeet income

      Source |       SS       df       MS              Number of obs =    2960
-------------+------------------------------           F(  1,  2958) =  103.63
       Model |  20395388.8     1  20395388.8           Prob > F      =  0.0000
    Residual |   582170807  2958  196812.308           R-squared     =  0.0338
-------------+------------------------------           Adj R-squared =  0.0335
       Total |   602566196  2959  203638.457           Root MSE      =  443.64

------------------------------------------------------------------------------
      sqfeet |      Coef.   Std. Err.      t    P>|t|     [95% Conf. Interval]
-------------+----------------------------------------------------------------
      income |    .066491   .0065316    10.18   0.000     .0536839     .079298
       _cons |   855.9444   12.00098    71.32   0.000     832.4133    879.4755
------------------------------------------------------------------------------
```

```
. ereturn list
scalars:
                  e(N) =  2960
               e(df_m) =  1
               e(df_r) =  2958
                  e(F) =  103.6286248865146
                 e(r2) =  .0338475489953834
               e(rmse) =  443.6353321080221
                e(mss) =  20395388.82785821
                e(rss) =  582170806.7522122
               e(r2_a) =  .0335209254487288
                 e(ll) =  -22240.26630689987
               e(ll_0) =  -22291.22809476056

macros:
            e(cmdline) : "regress sqfeet income"
              e(title) : "Linear regression"
                e(vce) : "ols"
             e(depvar) : "sqfeet"
                e(cmd) : "regress"
         e(properties) : "b V"
            e(predict) : "regres_p"
              e(model) : "ols"
          e(estat_cmd) : "regress_estat"

matrices:
                  e(b) :  1 x 2
                  e(V) :  2 x 2

functions:
             e(sample)
```

그림 9.10 단순회귀모형 추정 결과와 e-class 리스트

앞에서 보는 것처럼 reg 명령어를 이용하여 모형을 추정한 후 ereturn list라고 입력하면 e-class에 저장된 내용을 확인할 수 있다. 먼저 추정에 사용된 관측치의 수 e(N), 결정계수 e(r2), 수정된 결정계수 e(r2_a) 등은 스케일러의 형태로 저장되어 있다. 또한 추정과 관련된 각종 문자들은 매크로 형태로 저장되어 있다. 행렬의 경우 e(b)는 추정계수 행 벡터(row vector)이고, e(V)는 추정계수의 공분산 행렬이다. 행렬 값을 확인하기 위해서는 아래와 같이 mat list 명령어를 이용한다.

```
. mat list e(b)
e(b)[1,2]
        income      _cons
y1  .06649098  855.94439

. mat list e(V)
symmetric e(V)[2,2]
            income       _cons
income  .00004266
 _cons   -.057513  144.02359
```

행렬 형태로 저장된 e-class를 이용하여 앞의 그림 9.10에서 income 변수의 *t*값(10.18)을 도출하면 다음과 같다.

```
. mat coef_mat=e(b)
. mat cov_mat=e(V)

. scalar t_inc=coef_mat[1,1]/sqrt(cov_mat[1,1])
. di t_inc
10.179815
```

위에서 보듯이 e(b)와 e(V)를 각각 coef_mat와 cov_mat라는 이름으로 다시 정의했다. 이처럼 행렬 형태로 저장된 e-class는 그것을 사용하기 위해서는 반드시 다른 이름의 행렬로 다시 정의해야 한다. 행렬을 정의하는 명령어는 matrix define(줄여서 mat)이다. 한편 스케일러 t_inc를 정의할 때 이용된 coef_mat[1,1]은 추정계수 행렬인 e(b)의 (1,1)의 위치에 있는 값을 의미하기 때문에 다름 아닌 income 변수의 추정계수가 된다. 또한 cov_mat[1,1]은 추정계수 공분산 행렬인 e(V)의 (1,1) 위치에 있는 값이므로 income 변수 추정계수의 분산이 된다. 여기에 sqrt(squre root)를 취한 sqrt(cov_mat[1,1])은 추정계수의 표준오차가 된다. 따라서 추정계수를 그것의 표준오차로 나눈 스케일러 t_inc는 정의상 *t*값이 된다. Stata에서 행렬연산 등과 관련된 다양한 명령어가 존재하지만, 본서의 범위를 넘어서기 때문에 더 이상의 설명은 생략하기로 한다.

4 루프(Loop)를 이용한 프로그래밍

프로그래밍에서 루프를 이용하면 반복되는 작업을 간편하게 할 수 있는 경우가 많다. 자주 사용되는 루프는 forvalues 루프이다. 다음과 같은 do 파일을 살펴보자.

```
forvalues i=1/5 {
    di `i'
}
```

그림 9.11 간단한 루프 do 파일 작성 사례

여기에서 첫째 줄의 forvalues i=1/5의 의미는 로컬 매크로 i를 1부터 5까지 연속적인 정수값으로 정의한다는 의미이다. 그 다음에 있는 '{'은 루프가 시작되는 것을 가리키며, 마지막에 있는 '}'은 루프가 끝나는 것을 의미한다. 여기서 주의해야 할 부분은 '{' 다음에 아무 것도 써주지 않고 다음 줄로 넘어가야 하며 '}' 기호 역시 한 줄을 따로 차지해야 한다. { } 사이에 있는 부분이 연속적으로 실행되는 부분이다. 따라서 위의 do 파일은 i가 1에서 시작하여 5에 이르기까지 명령문 di `i'를 연속적으로 실행하게 된다. 따라서 위의 do 파일을 실행시키면 결과는 1부터 5까지 값이 순서대로 나타난다. 주의할 것은 i는 임의로 정한 로컬 매크로 이름이므로 i를 다시 언급할 때는 di `i'처럼 ` ' 기호를 이용해야 한다.

로컬 매크로를 다음과 같이 정의할 수도 있다.

```
forvalues j=0(5)100  {
    di `j'
}
forvalues k=0(0.01)1 {
    di `k'
}
```

위에서 j=0(5)100은 0에서 시작하여 5씩 더하여 100에 이르는 것을 의미한다. 마찬가지로 k=0(0.01)1은 0에서 시작하여 0.01씩 더하여 1에 이르는 것을 의미한다. 이러한 룰에 따라 di `j' 및 di `k'를 연속적으로 행하게 된다. 이를 실행하면 위의 규칙에 따라 일련의 숫자가 나타난다.

이번에는 데이터파일 data9_2.dta를 불러들여 다음의 do 파일을 실행시켜 보자.

```
forvalues i=1/4 {
      gen lngdp`i'=log(gdp`i')
      su lngdp`i'
}
```

위의 do 파일은 i가 1에서 시작하여 4에 이르기까지 { } 안의 명령을 연속적으로 실행하게 된다. 따라서 위의 경우에는 데이터파일에 있는 gdp1~gdp4 변수에 로그를 취하여 새로운 변수 lngdp1~lngdp4를 만들며, 그 각각에 대해 요약 통계량(su 명령어)을 명령하게 된다.

한편 foreach를 이용하면 숫자뿐 아니라 매크로, 변수, 파일이름들을 대상으로 루프를 만드는 것이 가능하다. 다음의 예를 살펴보자.

```
sysuse auto, clear
foreach v of varlist mpg-headroom {
      su `v'
      corr price `v'
}
```

앞의 내용을 보면 foreach 다음에 오는 v는 로컬 매크로이고 이것이 지정하는 대상이 변수들이면 그 다음에 of를 사용해야 한다. 이어 연속적으로 실행시킬 변수이름을 적어주어야 하는데, 이들 변수이름 앞에는 varlist를 써주어야 한다. 대상 변수이름인 mpg-headroom의 의미는 Variables 창에 나와 있는 위치상으로 mpg 변수부터 headroom 변수까지를 의미한다(본 예제에서는 총 3개의 변수). 따라서 3개 변수에 대해 연속적으로 su 결과(요약 통계량)가 제시되며, 동시에 price 변수와 각 변수들 간에 상관계수를 계산해 준다. 실행결과는 다음과 같다.

```
    Variable |       Obs        Mean    Std. Dev.       Min        Max
-------------+--------------------------------------------------------
         mpg |        74     21.2973    5.785503         12         41
(obs=74)

             |    price      mpg
-------------+------------------
       price |   1.0000
         mpg |  -0.4686   1.0000


    Variable |       Obs        Mean    Std. Dev.       Min        Max
-------------+--------------------------------------------------------
       rep78 |        69    3.405797    .9899323          1          5
(obs=69)

             |    price    rep78
-------------+------------------
       price |   1.0000
       rep78 |   0.0066   1.0000


    Variable |       Obs        Mean    Std. Dev.       Min        Max
-------------+--------------------------------------------------------
    headroom |        74    2.993243    .8459948        1.5          5
(obs=74)

             |    price headroom
-------------+------------------
       price |   1.0000
    headroom |   0.1145   1.0000

end of do-file
```

foreach를 이용하면 다음과 같이 규칙성 없이 이어지는 숫자를 루프에 적용시킬 수도 있다. 이 경우에는 of 대신 in을 사용한다는 것에 주의하여야 한다.

```
foreach k in 1 3 7 8 10 {
    di 5+`k'
}
```

다음은 루프를 만들 때 일반적으로 사용하는 while을 이용한 예이다.

```
local iterate=1
    while `iterate'<=6 {
    di `iterate'
    local iterate=`iterate'+1
}
```

그림 9.12 while을 이용한 루프 do 파일 작성 사례

여기에서는 먼저 로컬 매크로 iterate를 1로 정의한 다음 루프가 적용되는 { } 안에 local iterate=`iterate'+1을 적어줌으로써 iterate의 값을 1씩 증가하도록 하는 방법을 활용했다는 것을 알 수 있다. 이러한 루프가 iterate가 6에 이르기까지 하도록 했기 때문에(즉 while 'iterate'<=6) 위 do 파일의 실행결과는 1부터 6까지의 정수를 보여준다. forvalues를 이용한 다음의 루프 구문도 위와 동일한 결과를 제공한다.

```
forvalues iterate=1/6 {
    di `iterate'
}
```

예제 데이터파일 data9_3.dta을 이용하여 루프를 활용하는 예를 좀 더 구체적으로 살펴보자. 이 데이터파일은 KLIPS(Korea Labor and Income Panel Survey: 한국노동패널) 데이터를 활용한 것이다. 즉 KLIPS 가구용 데이터에서 각 가구에 대한 가구원의 특성을 wide type으로 구성한 변수들이 들어 있다. 각 가구에 대해 (최대 15명까지) 가구원의 성별, 연령, 가구주와의 관계 변수 등이 있다. 이 가구 데이터를 이용하여 회귀분석을 하는 경우 가구의 특성을 나타내는 설명변수로써 가구원 중 가구주(household head)의 성별이나 연령변수를 사용하는 경우가 많다. 본 예제에서는 KLIPS 7차년도 데이터에서 가구주의 성별(hsex) 변수와 가구주의 연령(hage) 변수를 루프를 이용하여 생성하는 방법을 제시한다.

```
use data9_3, clear
keep if hwave07==1 //7차년도에 응답한 가구원만을 남긴다.
gen hsex=.
gen hage=.

local i=1
while `i'<=15 {
  local i1=`i'+80
  local i2=`i'+65
  local i3=`i'+55

  replace hsex=v071`i2' if v071`i1'==10
  replace hage=v072`i3' if v071`i1'==10

  local i=`i'+1
}
```

여기에서는 가구주에 해당하는 변수만을 뽑아내는 것이 관건이다. 가구주와의 관계를 나타내는 변수는 v07181~v071816이고, 가구원의 성별 변수는 v07166~v07181, 가구원의 연령 변수는 v07256~v07271이다. 한 가구에서 조사된 최대 15명의 가구원 중 가구주와의 관계가 "10"(가구주 자신인 경우)이면 hsex 변수와 hage 변수의 값으로 선택하라는 루프 프로그램이다. 루프의 구조는 앞의 그림 9.12에서 설명한 while 구문을 이용하였다. 위 do 파일을 실행한 후 새로 생성된 두 변수(hsex와 hage)에 대한 요약 통계량 결과는 다음과 같다.

```
. tab  hsex

       hsex |      Freq.     Percent        Cum.
------------+-----------------------------------
          1 |      3,921       82.34       82.34
          2 |        841       17.66      100.00
------------+-----------------------------------
      Total |      4,762      100.00

. su hage

    Variable |       Obs        Mean    Std. Dev.       Min        Max
-------------+--------------------------------------------------------
        hage |      4762    49.54305    14.1817         17         91
```

이것을 보면 7차년도에 조사된 4,762가구 중에서 가구주가 남성인 경우는 전체의 82.3%이고, 가구주의 평균 연령은 49.5세임을 알 수 있다.

5 프로그램 구문(Program statement)

일반적인 통계패키지에서 procedure라고 부르는 것을 Stata에서는 프로그램(program)이라고 부른다. 프로그램 구문은 do 파일의 일종으로 연속된 명령문의 내용을 저장한 것으로서 나중에 프로그램의 이름만 입력하면 해당 작업을 실행시킬 수 있는 장점이 있다. 특히 프로그램 구문을 이용하면 9.1절에서 설명한 ado 파일을 사용자들이 직접 만들어 사용할 수 있다.

먼저 간단한 프로그램 예문을 살펴보자.

```
capture program drop count_num
program count_num
forvalues i=1/5 {
     di `i'
}

end
```

위의 프로그램 예문에서 두 번째 줄에 나온 것이 이 프로그램의 이름이다. 즉 count_num이라는 이름을 가진 프로그램이다. 이와 같은 프로그램이 작동하기 위해서는 동일한 이름을 가진 프로그램이 이미 메모리에 존재하는지를 확인해야 한다. 위의 첫 번째 명령문은 같은 이름(즉 count_num)의 프로그램이 존재하면 이를 삭제하라는 명령이다. 이를 위해 capture program drop의 명령문을 이용하였다. 프로그램 이름을 지정한 다음에는 원하는 내용을 코딩한다. 위의 예문에서는 이미 앞에서 다루었던 루프 명령문이 들어가 있다. 프로그램 구문은 반드시 end로 끝내야 한다. 위와 같은 프로그램 구문을 do 파일 편집창에서 작성한 후 Do 아이콘을 클릭하여 실행시켜보자. 그러면 이 프로그램의 내용이 메모리에 저장된다. 일단 프로그램이 메모리에 저장되면 그 다음부터는 해당 프로그램의 이름(즉 count_num)만 Command 창에 입력하면 프로그램이 실행된다. 본 예제에서는 1에서 5까지의 숫자가 나타날 것이다.

프로그램 구문은 다음과 같이 2개 이상의 Stata 작업을 하나의 프로그램에 저장하여 이를 한꺼번에 실행시키는데 활용될 수도 있다.

```
capture program drop reg_graph

program reg_graph
sysuse auto, clear
log using log_grah1.log, replace
reg price mpg
twoway (scatter price mpg) (lfit price mpg)
log close

end
```

그림 9.13 프로그램 구문(reg_graph) 작성 사례

여기에서 프로그램의 이름은 reg_graph이다. 그 내용은 auto.dta 데이터를 불러온 후 로그파일을 작성하고, price를 종속변수로 하고 mpg를 설명변수로 하는 선형회귀모형을 추정한 후, 추정회귀식과 산포도를 그려주는 작업을 하는 것이다. 이와 같은 내용의 do 파일을 실행시킨 후 Command 창에 프로그램의 이름인 reg_graph를 입력하면 다음과 같은 실행결과를 얻는다.

```
. reg_graph
(1978 Automobile Data)
-------------------------------------------------------------------------------
      log:  c:/stata/log_grah1.log
 log type:  text
opened on:   8 Sep 2020, 19:54:25

      Source |       SS           df       MS      Number of obs   =        74
-------------+----------------------------------   F(1, 72)        =     20.26
       Model |   139449474         1   139449474   Prob > F        =    0.0000
    Residual |   495615923        72  6883554.48   R-squared       =    0.2196
-------------+----------------------------------   Adj R-squared   =    0.2087
       Total |   635065396        73  8699525.97   Root MSE        =    2623.7

------------------------------------------------------------------------------
       price |      Coef.   Std. Err.      t    P>|t|     [95% Conf. Interval]
-------------+----------------------------------------------------------------
         mpg |  -238.8943   53.07669    -4.50   0.000    -344.7008   -133.0879
       _cons |   11253.06   1170.813     9.61   0.000     8919.088    13587.03
------------------------------------------------------------------------------
      log:  c:/stata/log_grah1.log
 log type:  text
closed on:   8 Sep 2020, 19:54:26
------------------------------------------------------------------------------
```

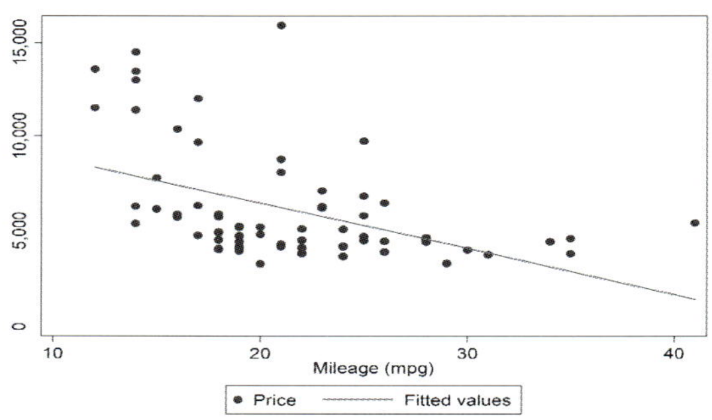

그림 9.14 프로그램(reg_graph) 실행 결과

앞에서 보았듯이 프로그램 구문을 이용하여 회귀모형 추정결과와 그래프를 동시에 그려줄 수 있다. 그러나 위의 활용은 auto.dta 데이터 내에서 price(종속변수)와 mpg(설명변수)에 대해서만 결과를 얻을 수 있으므로 매우 제약적이다. Stata에서 프로그래밍

코드를 활용하면 임의로 선택한 설명변수와 종속변수에 대해서도 이와 유사한 결과를 보여주는 프로그램 구문을 작성할 수 있다. 이에 대한 자세한 설명은 이 책의 범위를 넘어서는 것으로 판단되어 생략하기로 한다.

앞의 그림 9.13과 같은 프로그램을 do 파일로 저장하지 않고 ado 파일로 저장할 수도 있다. ado 파일로 저장하기 위해서는 do 파일 편집창에서 Save as를 선택한 후 파일형식을 *.do 대신 *.ado로 선택하여 저장한다. 프로그램을 do 파일로 저장하면 반드시 do 파일을 실행시켜야만 reg_graph 명령문이 작동한다. 그러나 ado 파일로 저장하면 먼저 실행시킬 필요가 없고 Command 창에 프로그램 이름만 입력하면 된다. 그러나 이를 위해서는 일정 조건이 필요하다. 즉 ado 파일로 저장할 때 파일이름과 디렉터리에 일정한 룰이 적용된다. 먼저 파일이름은 reg_graph.ado이어야 한다. 즉 사용자가 작성한 프로그램의 이름과 동일해야 한다. 또한 저장할 위치는 그림 9.15에 제시된 Stata ado 디렉터리 중 하나이어야 한다.

```
. adopath
  [1]  (UPDATES)   "C:\Program Files\Stata16\ado\updates/"
  [2]  (BASE)      "C:\Program Files\Stata16\ado\base/"
  [3]  (SITE)      "C:\Program Files\Stata16\ado\site/"
  [4]  (PERSONAL)  "c:\ado\personal/"
  [5]  (PLUS)      "c:\ado\plus/"
  [6]  (OLDPLACE)  "c:\ado/"
```

그림 9.15 프로그램을 ado 파일로 저장할 수 있는 디렉터리

Command 창에 adopath라고 입력하면 위와 같이 ado 파일이 저장될 수 있는 디렉터리의 리스트가 주어진다. 그림 9.13과 같이 사용자가 개별적으로 만든 ado 파일의 경우 [5]의 personal 디렉터리에 저장하기를 권한다. 만약 해당 디렉터리가 없다면 이를 만든 후 저장하면 된다.

6 프로그래밍 예제

본 절에서는 프로그램 구문을 이용한 do 파일과 ado 파일의 활용예제를 구체적으로 제시하고자 한다. 첫 번째 예제는 선형회귀모형을 최소자승법(OLS; ordinary least squares)으로 추정할 때 추정량의 일치성(consistency)을 보여주는 do 파일이다. 다음과 같은 단순 선형회귀모형을 가정하자.

$$y_i = \beta_0 + \beta_1 x_i + e_i, \qquad i = 1, 2 \cdots, n$$

우리는 여기에서 오차항의 분포가 정규분포(normal distribution)가 아닐지라도 OLS 추정량이 일치 추정량이라는 것을 보이고자 한다. 우선 위 모형에 있어서 β_0와 β_1에 대한 OLS 추정량과 e_i를 정규분포로 가정했을 때의 최우추정량(MLE; Maximum Likelihood Estimator)은 서로 정확히 일치한다는 것은 잘 알려진 사실이다. 따라서 만약 오차항의 진정한 분포가 정규분포가 아니면 정규분포를 가정한 MLE(즉 OLS 추정량)는 올바른 분포를 가정한 MLE에 비해 비효율적일 것이다. 그러나 OLS와 관련하여 한 가지 잘 알려진 사실은 표본의 크기가 무한히 커질 때 OLS 추정량이 모수 참값과 일치한다는 사실이다. 이 사실들을 종합하면 표본의 크기가 작을 때(finite sample)에는 정규분포를 가정한 MLE(즉 OLS 추정치)의 RMSE(Root Mean Squared Error)가 올바른 분포를 가정한 MLE의 RMSE에 비해 상대적으로 크지만 표본의 크기가 커짐에 따라 RMSE 격차가 줄어들게 될 것이다. 이를 보이기 위해 우리는 오차항 e_i의 분포를 t 분포로 가정하고, 그 분포의 형태를 결정짓는 자유도(*df*; degrees of freedom) 모수를 3과 10 두 가지로 설정하고 시뮬레이션을 수행한다.[22] 다음과 같이 do 파일을 작성한다.

```
capture program drop min_t
program define min_t, rclass
        drop _all
        capture version 10.0
```

22) t 분포는 자유도의 값이 커질수록 정규분포에 수렴한다.

```
        local nn 300
        local df 10
        local b0 1
        local b1 1
        set obs `nn'
        tempvar e y x
        gen `e'=invttail('df',uniform())
        gen `x'=uniform()*5
        gen `y'=`b0'+`b1'*`x'+`e'
        reg `y' `x'

        tempname b00 b11
        scalar `b00'=_b[_cons]
        scalar `b11'=_b['x']
        return scalar bhat0=`b00'
        return scalar bhat1=`b11'
        return scalar rmse0=(`b00'-`b0')^2
        return scalar rmse1=(`b11'-`b1')^2
end

set seed 1234
simulate "min_t" bhat0=r(bhat0) bhat1=r(bhat1)  ///
rmse0=r(rmse0) rmse1=r(rmse1) ,reps(500)

qui su bhat0
di r(mean)
qui su bhat1
di r(mean)
qui su rmse0
di sqrt(r(mean))
qui su rmse1
di sqrt(r(mean))
```

그림 9.16 프로그램 구문 작성 예제(OLS 추정량의 일치성)

그림 9.16의 각 코드에 대한 설명은 이 책의 범위를 넘어서는 것으로 판단되어 생략하기로 한다. 구체적인 코드에 대한 설명은 민인식 · 최필선(2008c)을 참고하기 바란다. 위의 do 파일의 시뮬레이션 결과를 정리하면 다음과 같다($\beta_0=\beta_1=1$ 가정).

표 9.1 프로그램(min_t) 실행 결과(OLS 추정치의 평균과 RMSE)

	$n=20$		$n=100$		$n=300$	
	$df=3$	$df=10$	$df=3$	$df=10$	$df=3$	$df=10$
$\widehat{\beta}_0$	1.027 (0.765)	1.017 (0.530)	0.988 (0.358)	0.998 (0.230)	1.001 (0.195)	0.999 (0.129)
$\widehat{\beta}_1$	0.992 (0.277)	0.995 (0.181)	1.005 (0.122)	1.002 (0.079)	0.999 (0.068)	1.000 (0.046)

주: 괄호 안은 RMSE를 나타냄.

모든 시뮬레이션(500회)에서 OLS 추정량 $\widehat{\beta}_0$과 $\widehat{\beta}_1$의 평균은 모수의 참값 1과 거의 일치함을 알 수 있다. 이는 오차항의 분포에 상관없이 (표본의 크기가 작을지라도) OLS 추정량의 불편성(unbiasedness)이 성립하는 것을 의미한다. 그러나 추정량의 표준편차라고 할 수 있는 RMSE는 자유도(df) 값이 작을수록 또는 표본의 크기가 작을수록 커짐을 알 수 있다. 이는 곧 오차항의 분포가 정규분포와 차이가 있을수록 RMSE가 커진다는 의미이다. 그러나 표본의 크기가 20에서 100, 300으로 커짐에 따라 OLS 추정량의 RMSE가 크게 줄어드는 것을 알 수 있다. 이는 자유도가 3인 경우와 10인 경우 모두에 해당하는 것으로서 OLS 추정량이 일치(consistent) 추정량이라는 것을 암시한다.

두 번째 예제로는 각 개인의 생일을 의미하는 주민번호 앞 6자리를 경과기간으로 손쉽게 변환해 주는 프로그램을 ado 파일로 저장하여 사용하는 코드를 소개한다(날짜변수와 경과기간에 대해서는 3장 참조). 그림 9.17은 주민번호 앞 6자리를 경과기간으로 변환하는데 필요한 명령문들을 하나의 파일에 모아 놓은 프로그램이다. 이 do 파일을 min_date.ado라는 이름으로 c:\ado\personal 디렉터리에 저장한다(해당 디렉터리가 없으면 이를 생성시킨다).

```
capture program drop min_date
program define min_date

syntax varname(numeric) [if] [in], GENerate(name)
marksample touse
tempvar yy mm dd
gen `yy'=int(`varlist'/10000) if `touse'
gen `mm'=int((`varlist'-`yy'*10000)/100) if `touse'
gen `dd'='varlist'-`yy'*10000-`mm'*100 if `touse'

gen `generate' =mdy(`mm',`dd',1900+`yy') if `touse'
format `generate' %td if `touse'
end
```

그림 9.17 **프로그램 구문 작성 예제(주민등록번호 경과기간 변환)**

그림 9.17의 각 코드에 대한 자세한 설명은 생략하기로 한다. 위의 ado 파일을 해당 디렉터리에 저장한 다음 이를 이용하는 방법을 익혀보자. 예제 데이터파일(data9_4.dta)에서 date5 변수는 주민번호 앞 6자리에 해당하는 숫자변수이다. 이를 경과기간으로 바꾸기 위해서는 Command 창에 아래와 같이 입력하기만 하면 된다.

```
. min_date date5, gen(date5_1)
```

여기에서 min_date 명령어 바로 다음에 있는 변수는 주민번호 앞 6자리를 저장하고 있는 숫자변수이고, gen( ) 괄호안의 date5_1은 새로 생성하는 날짜변수의 이름이다. 실행결과는 다음과 같다.

	date5	date5_1
1	551205	05dec1955
2	711025	25oct1971
3	650317	17mar1965
4	820920	20sep1982
5	250101	01jan1925

그림 9.18 **프로그램(min_date) 실행 결과**

7 Stata do file

```
cd c:\stata
use data9_1,clear
tab1 gender emp, nolabel
capture drop men fulltime
recode gender (1=1) (2=0), gen(men)
recode emp (1=1) (2/7=0), gen(fulltime)
reg income men fulltime

doedit

do do9_1.do
cmdlog using do9_2.do
cmdlog close

cd c:\stata
use data9_1, clear
log using log9_1.log, replace

capture drop men fulltime
tab1 gender emp, nolabel
recode gender (1=1) (2=0), gen(men)
recode emp (1=1) (2/7=0), gen(fulltime)
reg income men fulltime

save data9_2, replace
log close

* do 파일 예제
cd c:\stata
use data9_1, replace  // dta 파일 불러오기
log using log9_1.log , replace  //로그파일 지정

* 데이터 작업 시작
capture drop men fulltime
tab1 gender emp, nolabel

recode gender (1=1) (2=0), ///
gen(men)
```

```
recode emp (1=1) (2/7=0), ///
gen(fulltime)

reg income men fulltime  //선형회귀모형 추정

save data9_2,  replace
log close

findit adoedit

local itereate=0
di `iterate'

sysuse auto, clear
local var1 price mpg weight
su `var1'

local country US UK DE FR
di `country'
di "`country'"
local code 23 45 89 97
di `code'
di "`code'"

local a1 2+3
local a2=2+3
di `a1'
di `a2'
di 2*`a1'
di 2*`a2'

local iterate=1
local iterate=`iterate'+2
di `iterate'

global var1 price mpg weight
su $var1

scalar ab=1000
gen price1=price/ab

sysuse auto, clear
```

```
scalar p=100
di p*5

local country1 "US UK DE FR"
local country2 US UK DE FR
local country3="US UK DE FR"
* local country4=US UK DE FR // error message

scalar country5="US UK DE FR"
* scalar country6=US UK DE FR  // error message

use data9_1, clear
su income
return list
su sqfeet, de
return list

qui su income
scalar inc_mean=r(mean)
scalar inc_sd=r(sd)

qui su sqfeet
scalar sq_mean=r(mean)
scalar sq_sd=r(sd)

gen inc_st=(income-inc_mean)/inc_sd
gen sq_st=(sqfeet-sq_mean)/sq_sd
su inc_st sq_st
reg sqfeet income

ereturn list
mat list e(b)
mat list e(V)
mat coef_mat=e(b)
mat cov_mat=e(V)
scalar t_inc=coef_mat[1,1]/sqrt(cov_mat[1,1])
di t_inc

forvalues i=1/5 {
    di `i'
}
```

```
forvalues j=0(5)100  {
     di `j'
}
forvalues k=0(0.01)1 {
     di `k'
}

use data9_2, clear
forvalues i=1/4 {
     gen lngdp`i'=log(gdp`i')
     su lngdp`i'
}

sysuse auto, clear
foreach v of varlist mpg-headroom {
     su `v'
     corr price `v'
}

foreach k in 1 3 7 8 10 {
     di 5+`k'
}

local iterate=1
     while `iterate'<=6 {
     di `iterate'
     local iterate=`iterate'+1
}

forvalues iterate=1/6 {
    di `iterate'
}

use data9_3, clear
keep if hwave07==1 //7차년도에 응답한 가구원만을 남긴다.
gen hsex=.
gen hage=.

local i=1
while `i'<=15 {
  local i1=`i'+80
  local i2=`i'+65
```

```
  local i3=`i'+55

  replace hsex=v071`i2' if v071`i1'==10
  replace hage=v072`i3' if v071`i1'==10

  local i=`i'+1
}

tab hsex
tab hage

capture program drop count_num
program count_num
forvalues i=1/5 {
     di `i'
}

end

capture program drop reg_graph

program reg_graph
sysuse auto, clear
log using log_grah1.log, replace
reg price mpg
twoway (scatter price mpg) (lfit price mpg)
log close

end

reg_graph

capture program drop min_t
program define min_t, rclass
drop _all
      capture version 10.0
      local nn 300
      local df 10
      local b0 1
      local b1 1
      set obs `nn'
      tempvar e y x
```

```
        gen `e'=invttail('df',uniform())
        gen `x'=uniform()*5
        gen `y'=`b0'+`b1'*`x'+`e'
        reg `y' `x'

        tempname b00 b11
        scalar `b00'=_b[_cons]
        scalar `b11'=_b['x']
        return scalar bhat0=`b00'
        return scalar bhat1=`b11'
        return scalar rmse0=(`b00'-`b0')^2
        return scalar rmse1=(`b11'-`b1')^2
end

set seed 1234
simulate "min_t" bhat0=r(bhat0) bhat1=r(bhat1)  ///
rmse0=r(rmse0) rmse1=r(rmse1) ,reps(500)

qui su bhat0
di r(mean)
qui su bhat1
di r(mean)
qui su rmse0
di sqrt(r(mean))
qui su rmse1
di sqrt(r(mean))

capture program drop min_date
program define min_date
        syntax varname(numeric) [if] [in], GENerate(name)
        marksample touse
        tempvar yy mm dd
        gen `yy'=int(`varlist'/10000) if `touse'
        gen `mm'=int((`varlist'-`yy'*10000)/100) if `touse'
        gen `dd'='varlist'-`yy'*10000-`mm'*100 if `touse'

        gen `generate' =mdy(`mm',`dd',1900+`yy') if `touse'
        format `generate' %td if `touse'
end

use data9_5, clear
min_date date5, gen(date5_1)
```

CHAPTER 10 | 인터넷 활용하기

1장에서 설명하였듯이 Stata는 인터넷과의 상호작용을 통해 활용도를 높일 수 있다. 본 장에서는 전 세계의 Stata 사용자들이 ado 코드를 통해 통계분석과 데이터관리에 필요한 다양한 새로운 명령어나 프로그램을 서로 공유하는 방법, 그리고 Stata와 관련된 각종 자료를 활용하는 방법에 관해 설명하고자 한다.

1 search와 findit 명령어 활용

많은 Stata 사용자들이 각종 프로그램 구문을 ado 파일로 만들어 특정 웹사이트에 올리고 있다. 사용자들은 이런 ado 파일들을 찾아서 다운로드 함으로써 필요할 때 명령어로 사용할 수 있다. 특정 주제(key word)에 대한 도움말이나 ado 파일을 찾고자 한다면 Command 창에서 다음과 같이 search 명령어를 이용한다. 옵션으로 all을 추가하면 인터넷에 있는 관련 자료까지 한꺼번에 찾아준다.

```
. search dynamic panel, all
```

위 명령문은 dynamic panel과 관련된 모든 자료를 Stata help 메뉴와 웹 상에서 찾으라는 의미이다. 실행결과는 다음과 같다.

```
. search dynamic panel, all

Keyword search

        Keywords:  dynamic panel
          Search:  (1) Official help files, FAQs, Examples, SJs, and STBs
                   (2) Web resources from Stata and from other users

Search of official help files, FAQs, Examples, SJs, and STBs

[XT]    xtabond . . . . . . Arellano-Bond linear dynamic panel-data estimation
        (help xtabond)

- 중 략 -

Example . . . . . . . . . . . . . . . . . . .  Seminar: What's new in Stata 10
        . . . . . . . . . . . . . . . . . . . UCLA Academic Technology Services
        9/07    provides an overview of what's new in Stata 10
                http://www.ats.ucla.edu/stat/stata/seminars/stata10/

SJ-7-2  st0125  . . . . . . . Estimation of nonstationary heterogeneous panels
        (help xtpmg if installed) . . .  E. F. Blackburne, III and M. W. Frank
        Q2/07   SJ 7(2):197--208
        estimates nonstationary heterogeneous panels in which the
        number of groups and number of time-series observations
        are both large

- 중 략 -

Web resources from Stata and other users

(contacting http://www.stata.com)

10 packages found (Stata Journal and STB listed first)
------------------------------------------------------

st0106 from http://www.stata-journal.com/software/sj6-2
    SJ6-2 st0106.  Maximum simulated likelihood estimation of... / Maximum
    simulated likelihood estimation of random effects / dynamic probit models
    with autocorrelated errors / by Mark B. Stewart, University of Warwick,
    Coventry, UK / Support:  mark.stewart@warwick.ac.uk / After installation,

- 중 략 -

5 references found in tables of contents
----------------------------------------

http://www.stata-journal.com/software/sj6-2/
    Update: Maximum R-squared and pure error / lack-of-fit test / Update:
    Concordance correlation coefficient / and associated measures, tests, and
    graphs / Update: Multivariate probit regression using / simulated maximum
```

```
    likelihood / Calculation of multivariate normal probabilities / by
- 중 략 -
(end of search)
```

그림 10.1 search dynamic panel, all 실행 결과

위의 내용을 잠깐 살펴보면, dynamic panel과 관련된 Stata 내부의 help 메뉴, 그리고 미국 Stata 본사의 홈페이지인 www.stata.com에 올려진 관련 자료들이 링크되어 있다. 또한 전 세계의 Stata 사용자들이 dynamic panel과 관련된 ado 파일을 올려놓은 사이트를 보여주고 있다. 주어진 링크를 클릭함으로써 구체적인 내용에 대해 확인할 수 있고, 또한 웹 상에서 ado 파일과 도움말 파일을 다운로드 받을 수도 있다.

사용자가 Stata 명령어 이름을 알고 있다면 다음과 같이 findit 명령어를 사용할 수 있다. 실행결과는 그림 10.2와 같다.

```
. findit tsmktim
```

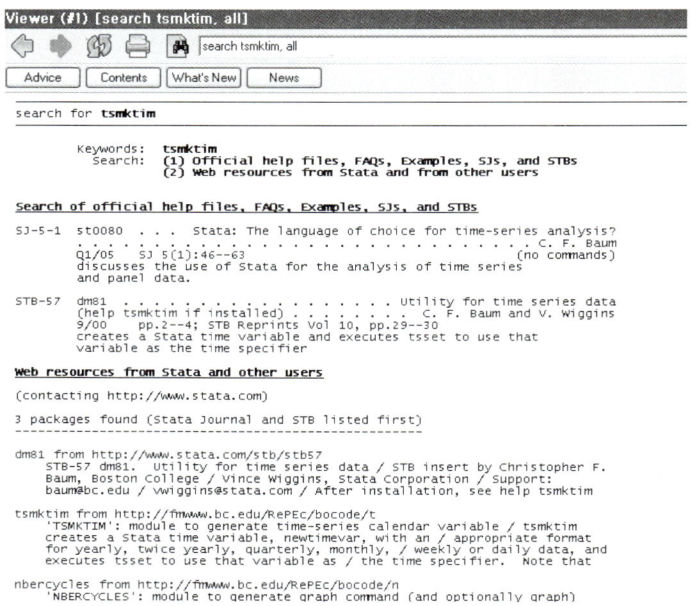

그림 10.2 findit tsmktim 실행결과

위 실행결과를 보면 tsmktim 명령어를 바로 다운로드 받을 수 있는 링크들이 나와 있다. 이처럼 사용자가 찾아야 할 명령어를 정확히 알고 있는 경우에는 search를 사용하는 것보다 findit을 사용하면 보다 직접적으로 관련된 링크들을 얻을 수 있다.

2 Stata 본사 홈페이지

Stata 본사 홈페이지(www.stata.com)에는 명령어 또는 도움말에 관련된 많은 리소스들이 있다. Stata 화면 상단의 메뉴 중 Help를 선택하면 다음과 같은 메뉴들을 확인할 수 있다.

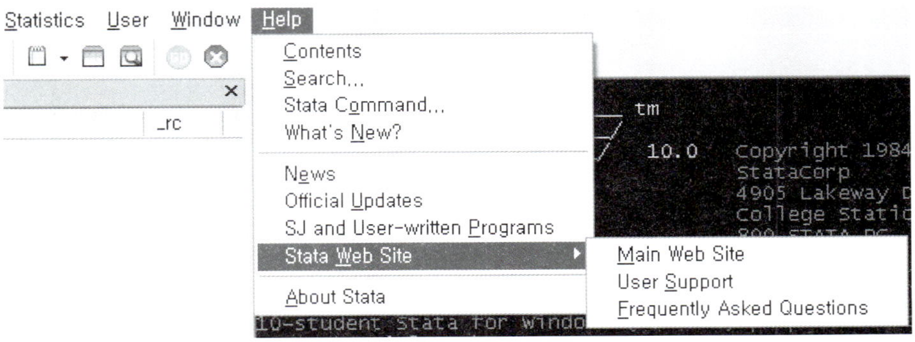

그림 10.3 Stata의 Help 메뉴

여기에서 News를 선택하면(또는 Command 창에 news라고 입력해도 됨) Stata 프로그램과 관련된 최신 뉴스들과 관련 링크들을 보여준다. Official Updates를 선택하면 업데이트가 필요한지 알려주고 거기에서 관련 링크를 클릭하면 업데이트를 직접 실행할 수 있다. SJ and User-Written program을 선택하면 Stata 본사에서 정기적으로 발행되는 Stata journal(SJ)에서 제공하는 Stata 명령어 패키지를 다운로드 받을 수 있다. 또한 전 세계의 Stata 사용자들이 특정 사이트에 올려놓은 User-written program(ado 파일)을 다운로드 받을 수 있다. Stata Web Site를 선택하면 Stata 본사 홈페이지에 있는 사용자 지원센터나 자주 묻는 질문과 답변(FAQ)에 대한 페이지로 이동할 수 있다.

3 SSC

Stata 본사 홈페이지에서는 공식적으로 검증된 ado 파일 패키지만 사이트에 올려놓는데 반해 Stata 사용자가 개인적으로 특정 사이트에 자신의 프로그램 코드를 올려놓기도 한다. 그 중 사용자들이 가장 자주 접속하는 사이트 중의 하나가 SSC(Statistical Software Components) 자료실이다. SSC 자료실은 미국 Boston College에서 운영하고 있으며, 홈페이지 주소는 http://ideas.repec.org/s/boc/bocode.html이다. Stata의 Command 창에서 바로 SSC 자료실에 접속하는 것이 가능하다. 즉 Command 창에 다음과 같이 입력하면 그림 10.4와 같은 Viewer 창이 나타난다.

```
. help ssc
```

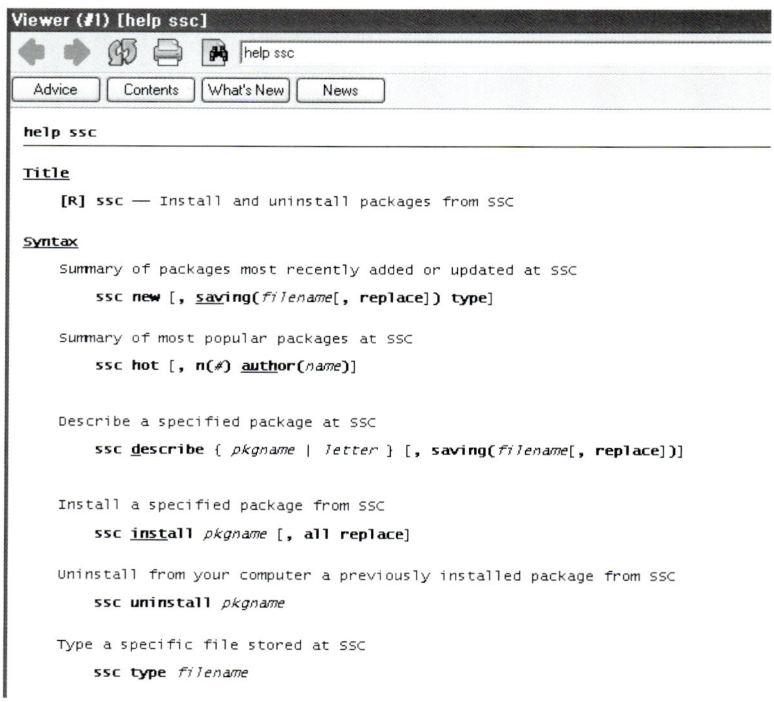

그림 10.4 SSC 자료실 도움말 창

만약 SSC 자료실에서 다운로드 받고자 하는 패키지나 명령어의 이름을 알고 있다면 Command 창에 다음과 같이 ssc describe나 ssc install 명령문들을 사용하면 된다.

```
. ssc describe metagen
. ssc install metagen
```

여기에서 ssc describe는 지정된 패키지에 대한 도움말을 보여주는 것이고, ssc intall은 다운로드 페이지에 접속하여 해당 프로그램(metagen)을 바로 설치하라는 명령문이다. SSC에서 다운로드 받은 프로그램을 나중에 삭제하고자 하면 다음과 같이 ssc uninstall 명령문을 이용한다.

```
. ssc uninstall metagen
```

4 한국 STATA학회 사이트

최근 한국에서도 Stata 사용자들이 급격하게 늘어나면서 Stata 사용자들이 서로 의견을 교환할 수 있는 공간이 필요해짐에 따라 2007년 8월 한국 STATA학회(www.kastata.org)가 출범하였다. 한국 SATAT학회에서는 기존의 Stata 관련 책이나 매뉴얼이 영어로 되어 있다는 점을 보완하기 위해 관련 자료의 한글화 작업을 시도하고 있다. 이와 함께 학회지(The Korean Journal of STATA: KJS) 발간을 통해 Stata의 다양한 활용방법을 소개하고 있다. 또한 강의를 통해 Stata의 방대한 내용을 체계적으로 교육하는데 노력하고 있다. 학회 홈페이지에 Q&A 게시판을 설치하여 학회 회원들 간에 질의와 응답을 통해 문제점을 해결할 수 있도록 돕고 있다.

참고문헌

민인식·최필선 (2008a), "STATA에서 날짜 데이터 변환방법", *The Korean Journal of STATA*, Vol 1. No 1., 93-106.

민인식·최필선 (2008b), "STATA의 다양한 그래프 작성 기능", *The Korean Journal of STATA*, Vol 1. No 1., 23-38.

민인식·최필선 (2008c), "STATA를 이용한 몬테카를로 시뮬레이션", *The Korean Journal of STATA*, Vol 1. No 1., 1-10.

민인식·최필선 (2019c), "STATA 패널데이터 분석", 지필미디어.

Acock, Alan. C. (2006), *A Gentle Introduction to Stata*, STATA Press.

Kohler, Ulrich and Franke Kreuter (2005), *Data Analysis using Stata*, STATA Press.

Hamilton, Lawrance C. (2006), *Statistics with Stata*, Brooks/Cole.

Mitchell, Michael N. (2008), *A Visual Guide to Stata Graphics*, STATA Press.

찾아보기

저자 약력

• 민인식

서울대학교 사회과학대학 경제학부 졸업
Texas A&M University 경제학과 대학원 졸업 (경제학 박사)
정보통신정책연구원 책임연구원
(현) Adjunct Professor, School of Public Health, Texas A&M University
(현) 경희대학교 정경대학 경제학과 교수

• 최필선

서울대학교 사회과학대학 국제경제학과 및 동 대학원 졸업
Texas A&M University 경제학과 대학원 졸업 (경제학 박사)
예금보험공사 연구위원, 금융감독원 팀장
(현) 건국대학교 상경대학 국제무역학과 교수

STATA 기초적 이해와 활용 3판
STATA Introduction and Practical Applications

발 행 일 2021년 1월 20일 3판 1쇄
저　　자 민인식, 최필선
발 행 인 김성남
발 행 처 (주)지필미디어

주　　소 경기도 파주시 문발로 115 세종벤처타운 404호
전　　화 031-957-4504
팩　　스 031-957-4503
이 메 일 book@jiphil.co.kr
홈페이지 www.jiphil.co.kr
등록번호 제 312-1997-000043호(1997년 7월 16일)

I S B N 979-11-86674-76-5 / 93310
편　　집 디자인 콤마
인　　쇄 성신프린팅
가　　격 30,000원